PROTOPLASMATOLOGIA
HANDBUCH
DER PROTOPLASMAFORSCHUNG

HERAUSGEGEBEN VON

L. V. HEILBRUNN UND F. WEBER
PHILADELPHIA   GRAZ

MITHERAUSGEBER

W. H. ARISZ - GRONINGEN · H. BAUER - WILHELMSHAVEN · J. BRACHET -
BRUXELLES · H. G. CALLAN - ST. ANDREWS · R. COLLANDER - HELSINKI ·
K. DAN - TOKYO · E. FAURÉ - FREMIET - PARIS · A. FREY - WYSSLING - ZÜRICH ·
L. GEITLER - WIEN · K. HÖFLER - WIEN · M. H. JACOBS - PHILADELPHIA ·
D. MAZIA - BERKELEY · A. MONROY - PALERMO · J. RUNNSTRÖM - STOCKHOLM ·
W. J. SCHMIDT - GIESSEN · S. STRUGGER - MÜNSTER

BAND III
CYTOPLASMA-ORGANELLEN

D

VACUOME

1

LE VACUOME DE LA CELLULE VÉGÉTALE. MORPHOLOGIE

2

LE VACUOME ANIMAL

3 a

CONTRACTILE VACUOLES OF PROTOZOA

3 b

FOOD VACUOLES

WIEN
SPRINGER-VERLAG
1956

LE VACUOME DE LA CELLULE VÉGÉTALE MORPHOLOGIE

PAR

PIERRE DANGEARD

BORDEAUX

AVEC 26 FIGURES

LE VACUOME ANIMAL

PAR

RAYMOND HOVASSE

CLERMONT-FERRAND

AVEC 16 FIGURES

CONTRACTILE VACUOLES OF PROTOZOA

BY

J. A. KITCHING

BRISTOL

WITH 20 FIGURES

FOOD VACUOLES

BY

J. A. KITCHING

BRISTOL

WITH 24 FIGURES

WIEN

SPRINGER-VERLAG

1956

ISBN-13: 978-3-211-80423-0   e-ISBN-13: 978-3-7091-5770-1
DOI: 10.1007/978-3-7091-5770-1

Protoplasmatologia
  III. Cytoplasma-Organellen
    D. Vacuom
      1. Le vacuome de la cellule végétale. Morphologie

Le vacuome de la cellule végétale. Morphologie

Par

PIERRE DANGEARD

Laboratoire de Botanique, Faculté des Sciences, Université de Bordeaux

Avec 26 Figures

Table des matières

Introduction

Le vacuome est le terme généralement employé de nos jours pour désigner l'appareil vacuolaire de la cellule et particulièrement celui de la cellule végétale [1]. C'est en effet chez les Végétaux que l'appareil vacuolaire

---

[1] Le terme de vacuome, créé par P. A. DANGEARD (1919), a fini par s'imposer non seulement aux Botanistes mais également aux Zoologistes qui l'ont adopté (P. P. GRASSÉ, 1952). Il remplace les anciennes dénominations d'*appareil* ou de *système vacuolaire* et, de même que le *chondriome* désigne l'ensemble des chondriosomes, le vacuome représente l'ensemble des vacuoles.

des cellules a été le mieux caractérisé et il apparaît que l'importance du vacuome combinée avec l'existence de la membrane celluloso-pectique, rigide mais élastique, crée pour la cellule végétale des conditions physiologiques particulières qui n'ont pas leur équivalent dans la plupart des cellules animales.

La présence dans les cellules végétales adultes de vacuoles importantes riches en eau donne aux tissus, avec le concours des membranes résistantes, cette rigidité jointe à la souplesse qui caractérise les Végétaux dans la plupart des milieux où ils vivent. Il n'est donc pas étonnant que les physiologistes aient de bonne heure concentré leur attention sur le fonctionnement de la vacuole ou des vacuoles cellulaires en relation avec les échanges de l'eau si importants chez les Végétaux et que les phénomènes osmotiques dont les cellules végétales sont le siège aient suscité d'importants travaux. L'étude du pouvoir osmotique du suc cellulaire, l'étude de la plasmolyse, de la turgescence, de la contraction cellulaire, ont donné lieu à des recherches essentielles pour qui veut comprendre le fonctionnement cellulaire.

A côté de ces travaux si importants de biologie cellulaire que nous venons d'évoquer, on peut se demander si la morphologie du vacuome présente un intérêt comparable. Cependant nous verrons que si la morphologie n'explique pas tout, elle est tout de même indispensable si l'on veut comprendre la physiologie. C'est à cette part de morphologie nécessaire que nous voulons consacrer l'exposé qui va suivre.

A plusieurs reprises déjà l'appareil vacuolaire de la cellule végétale a fait l'objet de mises au point parmi lesquelles nous citerons les Mémoires de Guilliermond (1934) et de Zirkle (1937), ainsi que l'exposé consacré au vacuome dans Cytologie végétale et Cytologie générale (P. Dangeard 1947).

Historique

La connaissance des vacuoles végétales a suivi les progrès de la cytologie générale : c'est donc seulement lorsque la structure du protoplasme a pu être précisée que fût reconnue l'existence dans toute cellule végétale, à l'exception toutefois des cellules jeunes des méristèmes, de vacuoles plus ou moins nombreuses et plus ou moins considérables contenant un liquide, le suc cellulaire, liquide riche en eau et tenant en dissolution différentes substances minérales et même organiques.

L'importance des vacuoles dans la morphologie et dans la physiologie cellulaire chez les Végétaux fut particulièrement soulignée par van Tieghem qui leur donnait le nom d'*hydroleucites* et par de Vries et Went qui les désignaient, ou plutôt leur paroi, considérée comme vivante et partie essentielle, sous le nom de *tonoplaste*.

Alors que l'école de de Vries et Went voyait dans les vacuoles végétales des éléments permanents de la cellule, incapables de naître autrement qu'à partir d'éléments préexistants, l'école de Sachs et Pfeffer considérait que les vacuoles étaient susceptibles de naître *de novo* au sein de la matière vivante et qu'elles n'avaient donc pas le caractère d'éléments permanents. La controverse instaurée entre ces deux écoles, cependant, n'avait pas abouti à un résultat susceptible d'être adopté par l'ensemble des botanistes et de nouvelles recherches avec l'emploi de nouvelles méthodes furent nécessaires pour faire évoluer cette question.

Les travaux de WENT sur la présence de vacuoles dans les cellules les plus jeunes des méristèmes étaient passibles de sérieuses critiques et ceux de PFEFFER qui cherchait à démontrer la néoformation des vacuoles par un exemple emprunté à un Myxomycète, le *Chondrioderma difforme*, étaient facilement réfutés par les partisans de la thèse opposée : il n'est pas en effet évident *a priori* que les vacuoles alimentaires, donc exogènes, des Myxomycètes et des Protistes aient même valeur que les vacuoles des cellules végétales proprement dites.

Les travaux de BENSLEY (1910) sur les formations canaliculaires rencontrées dans les méristèmes végétaux, ceux de PENSA (1917), LÖWSCHIN (1914), GUILLIERMOND (1913, 1918), sur les états multiformes de l'anthocyane dans les jeunes folioles de Rosier auraient pu conduire à la découverte de l'origine des vacuoles dans les méristèmes. Cependant BENSLEY conclut seulement à l'existence dans les cellules végétales d'un appareil canaliculaire comparable à celui observé dans les cellules animales.

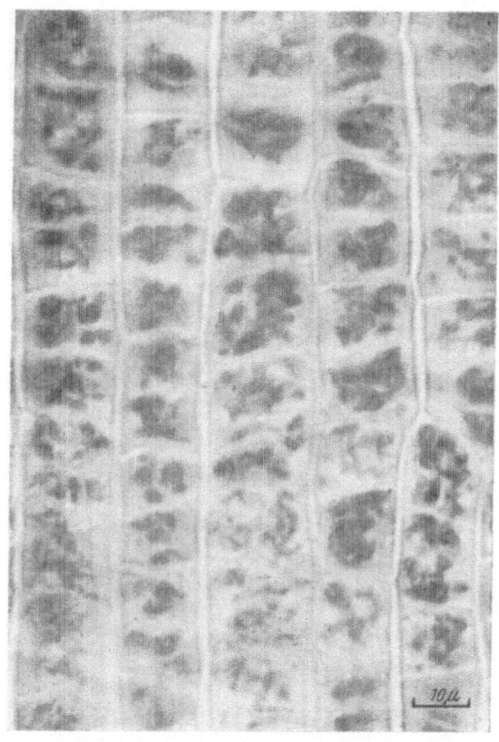

Fig. 1. Le vacuome coloré vitalement par le rouge neutre dans la radicule de Blé, au voisinage du méristème terminal. (On note la présence de filaments et de réseaux qui évoluent ensuite en grandes vacuoles.)

LÖWSCHIN et PENSA interprétèrent les granulations, les filaments, ou les réseaux, observés par eux, comme des états colloidaux présentés par le pigment anthocyanique au moment de son apparition. GUILLIERMOND (1913), de son côté, vit, dans les filaments colorés flexueux qu'il observait, des chondriocontes élaborateurs d'anthocyane, imprégnés par ce pigment qui, plus tard, se déversait dans les vacuoles.

Cette confusion entre mitochondries et *primordia* des vacuoles et plus tard l'opinion émise par P. A. DANGEARD à propos des *Saprolegnia* que l'appareil vacuolaire possédait les caractères du « chondriome des auteurs » furent le point de départ de controverses dont l'intérêt n'apparaît aucunement aujourd'hui, car la distinction entre chondriome et vacuome n'a pas

1*

besoin d'être soulignée tellement elle paraît évidente au cytologiste de notre époque.

La méthode des colorations vitales employée par P. A. Dangeard (1916—1920) devait permettre d'interpréter les grains, les filaments et les réseaux observés dans les cellules méristématiques, comme des états primordiaux de l'appareil vacuolaire qui évoluaient plus tard en grandes vacuoles dans les cellules adultes. Ces recherches eurent beaucoup de retentissement et elles furent suivies de nombreux travaux sur le *vacuome* (P. Dangeard, Guilliermond, en particulier).

Les travaux sur le vacuome végétal ont abouti à démontrer que toute cellule végétale renferme des éléments rattachables à ce système qu'il s'agisse de cellules jeunes, embryonnaires, ou de cellules déshydratées plus ou moins complètement telles que spores, cellules de graines, etc. Le vacuome, suivant son état d'hydratation dans la cellule, se présente par contre suivant des aspects notablement différents les uns des autres. Le passage de ces états les uns dans les autres représente ce qu'on appelle l'évolution vacuolaire et qui constitue un aspect aujourd'hui classique de la différenciation cellulaire.

Évolution du vacuome dans les méristèmes

La méthode de choix pour cette étude est l'observation vitale avec l'aide de colorants vitaux qui ont la propriété de se fixer électivement sur le vacuome. Les principaux colorants employés pour la coloration vitale du vacuome sont le rouge neutre et le bleu de crésyl auxquels il faut ajouter le bleu de méthylène et le bleu de toluidine qui sont moins employés parce que plus toxiques.

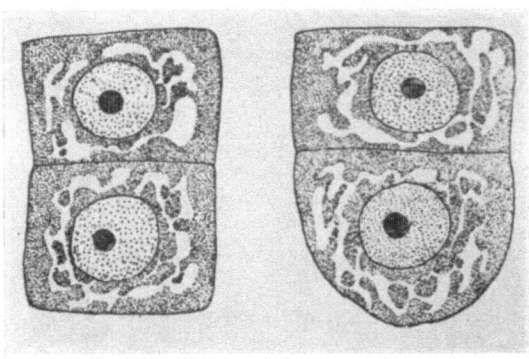

Fig. 2. Cellules du méristème de la radicule de Haricot traitée par la méthode de Regaud montrant le vacuome en forme de réseau se détachant en clair (le chondriome n'a pas été représenté)

Cette méthode permet de suivre avec facilité l'évolution des vacuoles dans les méristèmes sur de jeunes radicules de Blé ou d'Orge plongées dans une solution diluée de rouge neutre. Dans les cellules les plus voisines du point de végétation le vacuome se présente sous un état dispersé composé de grains et de petits filaments. Ces éléments de consistance demi-fluide peuvent confluer en un réseau (Fig. 1). En s'éloignant du sommet de la racine on constate que le vacuome prend de plus en plus d'importance, qu'il se gonfle en s'hydratant et que se développent ainsi des vacuoles de plus en plus importantes, toujours colorables vitalement. Toutefois, à mesure que le suc vacuolaire se dilue, il change de propriétés et au lieu de rester homogène, il tend de plus en plus à donner des précipitations sous forme de globules plus ou moins gros qui retiennent fortement le colorant : P. A. DANGEARD a donné le nom d'*endochromidies* à ces grains ou à ces sphérules nées à l'intérieur des vacuoles, au cours de la coloration vitale, par un phénomène de floculation au sein du milieu colloïdal représenté par le suc vacuolaire.

La mise en évidence des stades jeunes du vacuome (*primordia* des vacuoles) dans les méristèmes radiculaires peut encore se réaliser par la méthode des fixations suivies de colorations : en effet, sur une coupe longitudinale axiale d'une radicule de Pois ou de Haricot fixée par le liquide de Regaud et colorée par l'hématoxyline, le vacuome apparaît sous forme d'espaces clairs, non colorés, comme s'ils étaient vides de toute substance (Fig. 2). Or ces lacunes, dans les cellules jeunes du méristème terminal, sont très réduites et peuvent affecter l'apparence de canalicules anastomosés. En somme il s'agit de l'aspect *négatif* du vacuome se détachant comme des cavités au sein du protoplasme coloré. BENSLEY qui, dès 1910, avait observé cette image du système vacuolaire dans les radicules de diverses plantes (*Allium, Lilium, Iris*) l'avait comparée à celle décrite auparavant par Holmgren dans les cellules animales (cellules hépatiques). C'est pourquoi BENSLEY proposa d'admettre que les canalicules de Holmgren et l'appareil de Golgi de la cellule animale s'identifiaient au système vacuolaire de la cellule végétale. Cette manière de voir, soutenue ensuite, surtout par GUILLIERMOND, a soulevé de nombreuses controverses qu'il n'y a pas lieu d'examiner ici.

Dans les méristèmes caulinaires et particulièrement dans les très jeunes feuilles des bourgeons le vacuome se présente encore assez souvent sous forme de très petites granulations, de filaments ou d'un réticulum colorables *in vivo* par le rouge neutre ou le bleu de crésyl. Des exemples de cette sorte ont été décrits particulièrement par P. A. DANGEARD (jeunes feuilles de *Pelargonium*, méristèmes d'*Asparagus*), par P. DANGEARD (jeunes feuilles de *Taxus baccata*), par GUILLIERMOND (1936), ZIRKLE (1932). M. HOCQUETTE (1936) a décrit de délicats réseaux formés de canalicules étroits dans les cellules terminales des poils sécréteurs de *Primula obconica*.

Un très bel exemple, très démonstratif, de vacuome réticulé est offert par les très jeunes feuilles du bourgeon de la plantule de *Pinus pinaster* (Fig. 3). Dans les *Pinus*, comme chez les *Taxus*, le vacuome des cellules très jeunes est dépourvu de tannin, aussi demeure-t-il invisible sans le secours des colorations vitales, mais, à un moment donné, dans les cellules plus évoluées, des tannins apparaissent qui imprègnent le vacuome et lui donnent une réfringence particulière ainsi qu'une visibilité parfaite dans la cellule vivante. Comme le vacuome, à ce stade, se présente encore souvent comme un délicat réseau, celui-ci devient très apparent (Fig. 3). On constate qu'il a la propriété de se modifier constamment dans la cellule vivante. La présence des tannins permet encore de mettre en évidence le vacuome par l'action des sels de fer, par le bichromate de potasse ou par les fixateurs osmiés. Ces derniers fixateurs permettent une excellente fixation des réseaux vacuolaires les plus délicats en même temps que leur coloration.

Or on sait que l'imprégnation osmique est l'un des moyens les plus employés pour mettre en évidence l'appareil de Golgi de la cellule animale.

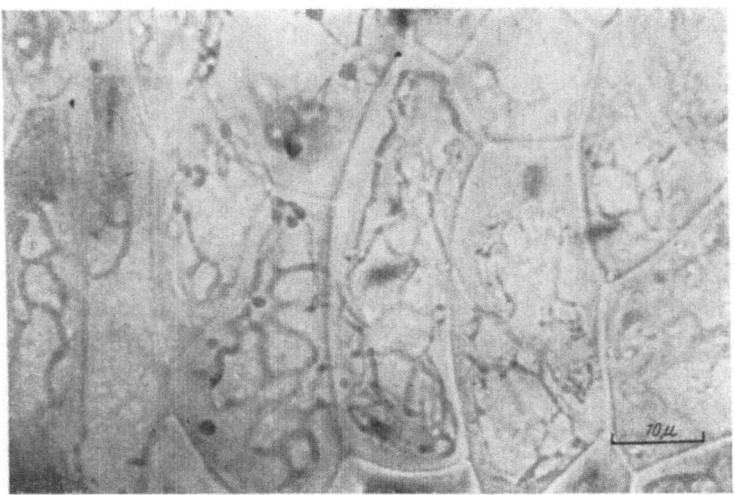

Fig. 3. Vacuome filamenteux ou réticulé dans l'épiderme des jeunes feuilles d'une plantule de Pin maritime *(Pinus maritima)*. (Coloration vitale au rouge neutre.)

Malgré les rapprochements qui viennent à l'esprit entre un vacuome de cellule végétale à disposition réticulée et réduisant l'acide osmique à son

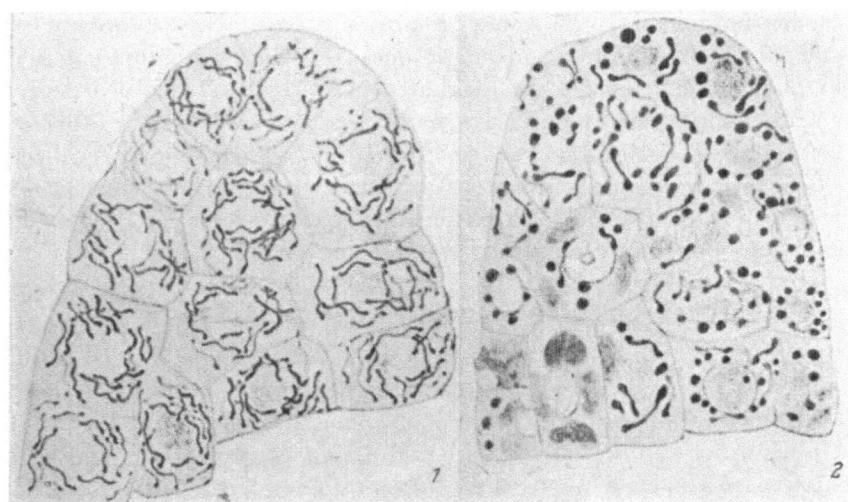

Fig. 4. *(1)* Extrémité d'une dent d'une jeune feuille de Rosier au début de la pigmentation; *(2)* extrémité d'une dent d'une jeune feuille de Rosier au début de la pigmentation, à un stade avancé. (Grossiss.: 1200.)
(D'après Guilliermond 1913.)

niveau et l'appareil de Golgi des cellules animales, il ne faut pas pousser l'analogie trop loin, car le vacuome végétal ne se trouve qu'exceptionnellement à l'état de réseau fixant l'osmium, tandis que les méthodes osmiques en cytologie animale constituent, d'après les zoologistes, une méthode quasi-universelle de déceler l'appareil golgien.

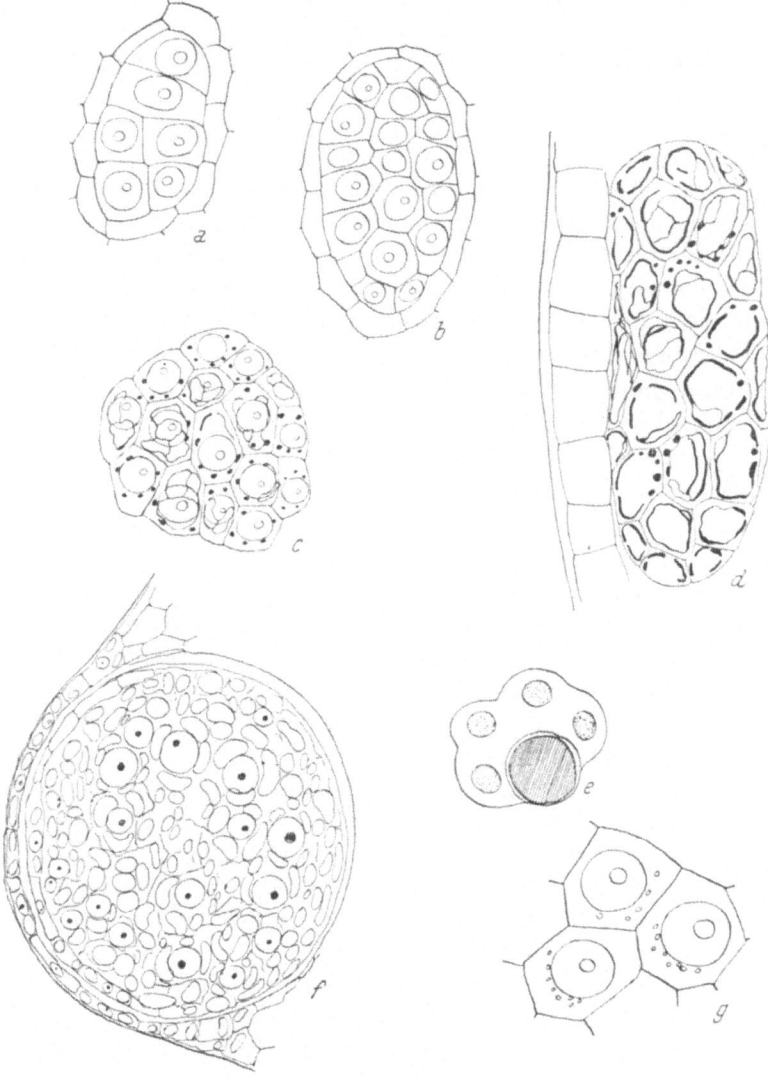

Fig. 5. *Hypericum perforatum.*

a, b Jeunes massifs glandulaires formés de cellules hyalines, dont le vacuome est invisible. *c* Jeune glande sur le bord d'un pétale de la fleur en bouton, montrant le début de la pigmentation d'un vacuome en grande partie filamenteux. *d* Jeune glande sur le bord d'une feuille jeune, montrant des cellules à vacuome pigmenté par l'anthocyane. *e* Coupe transversale d'une anthère jeune montrant les sacs polliniques et la glande à anthocyane du connectif. *f* Coupe dans la glande à anthocyane du connectif, dans une anthère jeune ; les vacuoles à composés phénoliques ont été laissées en blanc. × 1.200 environ. *g* Trois cellules d'une glande à l'état embryonnaire et dépourvues de vacuome visible.

L'évolution vacuolaire peut être suivie sans coloration vitale lorsque le vacuome est coloré de bonne heure naturellement par des pigments anthocyaniques : c'est ce qui a lieu dans les dents des jeunes folioles chez diverses espèces de Rosier où il s'agit d'un exemple classique (Fig. 4) ;

on trouve également un très bel exemple de cette évolution dans les glandes à anthocyane chez les *Hypericum* (Fig. 5). Chez certains Mille-pertuis en effet (*H. perforatum* en particulier), il existe de petits massifs sécréteurs constitués uniquement de cellules à anthocyane et qui s'observent sur le bord des pièces florales et aussi sur la marge des feuilles ordinaires. Or la jeune glande consiste en un massif de cellules hyalines, encore peu nombreuses, ayant un gros noyau et un vacuome encore indistinct en raison de sa faible réfringence. Le vacuome ne devient visible qu'au moment où il commence à se pigmenter légèrement en violet et, dans chaque cellule, se montrent alors des grains, des filaments contournés très fins, ou un réseau vacuolaire, colorés faiblement en rose violacé. L'évolution s'achève par une formation toujours plus considérable d'anthocyane et par le déve-loppement de grandes vacuoles aux dépens des formations filamenteuses qui caractérisaient les stades de début ou *primordia* des vacuoles (Fig. 5).

L'évolution dans les jeunes folioles de Rosier est analogue, avec cette différence que les *primordia* vacuolaires s'y montrent généralement sous forme de grains ou de filaments très réfringents imprégnés de composés phénoliques, avant de se colorer par l'anthocyane (Fig. 4).

Ce type d'évolution vacuolaire à partir des cellules méristématiques à vacuome condensé et dispersé, à l'état de grains ou de filaments, d'une substance avide de colorants vitaux et susceptible de se gonfler en absorbant de l'eau est sans doute très répandu. Cependant on a remarqué que certaines cellules de méristème renfermaient un vacuome à l'état de vacuoles assez grandes (point de végétation de la tige d'*Elodea canadensis*) et que les cellules apicales des Mousses et des Ptéridophytes renfermaient des va-cuoles typiques de taille importante.

Les cellules du cambium ont été particulièrement étudiées par Bailey (1930) qui a montré l'existence de vacuoles dans tous les cas, mais leur disposition varie beaucoup suivant l'état physiologique du tissu. Souvent les vacuoles, dans ce méristème, sont de taille assez grande et elles ne se présentent pas sous la forme de *primordia* mitochondriformes comme il arrive parfois dans les méristèmes primaires.

L'évolution du vacuome au cours de la différenciation cellulaire que nous venons de décrire est essentiellement réversible : lorsqu'intervient la dédifférenciation cellulaire on observe que la vacuole se condense peu à peu en se déshydratant et en se morcelant jusqu'à atteindre l'état dispersé qui caractérise la plupart des cellules embryonnaires.

Évolution du vacuome dans les organes subissant un fort dessèchement (tissus de la graine, spores)

Lorsque les graines des Phanérogames mûrissent, elles subissent une forte déshydratation, de sorte que les tissus de la graine ne peuvent plus renfermer de grandes vacuoles liquides. Le plus souvent il arrive alors que le vacuome se présente sous forme dispersée, à l'état de grains tous semblables, ou bien à l'état de corpuscules assez gros qui ont accumulé des substances protéiques de réserve. La déshydratation qui provoque le morcellement et la dispersion du vacuome s'accompagne en effet bien souvent d'une élaboration de substances albuminoïdes et c'est ainsi que se déposent à l'intérieur de beaucoup de graines, soit dans les diverses parties de l'embryon, soit dans l'albumen, des corps particuliers connus depuis longtemps sous le nom de *grains d'aleurone*. Les grains d'aleurone constituent donc une réserve albuminoïde des graines et ils se rattachent au vacuome en raison de leur origine au cours de la maturation.

Étude des grains d'aleurone

Les grains d'aleurone ont été décrits pour la première fois par Hartig (1855) et depuis cette époque de nombreux travaux leur ont été consacrés parmi lesquels nous citerons ceux de Gris (1860), Pfeffer (1872), Wakker (1888), Werminski (1888), Lüdtke (1890), Belzung (1900), Beauverie (1908), P. Dangeard (1920—1923), Guilliermond (1908, 1921), Mottier (1921), Vouk (1925), Wieler (1943), P. Dangeard (1944—1947), Quilichini (1952), Muschik (1953).

La nature protéique des grains d'aleurone fut reconnue de bonne heure (Pfeffer 1872), mais l'origine de l'aleurone a donné lieu à des opinions diverses jusqu'à ce qu'il fût établi avec certitude que ces corps protéiques dérivaient de vacuoles déshydratées au cours de la maturation des graines et contenant des albuminoïdes de réserve. Cependant comme divers auteurs, encore récemment, ont mis en avant d'autres interprétations nous ferons un bref historique de cette question.

L'origine *plasmique* de l'aleurone a été soutenue par Pfeffer (1872) et cette idée a été reprise par différents auteurs : c'est ainsi que Wieler (1943) invoque un mode de naissance par précipitation au sein du protoplasme.

L'origine *plastidogène* de l'aleurone, ou bien encore l'origine à partir du chondriome, a été défendue, dans les travaux déjà anciens de Mottier (1921), Vouk (1925), Arnold (1927), mais il ne semble pas que cette thèse ait rencontré beaucoup de crédit. Comme nous l'avons montré, pour les travaux de Mottier, il semble y avoir eu confusion entre des granules chromatiques nés dans les vacuoles aleuriques par précipitation et des chondriosomes. Des Mémoires plus récents de Khudjak (1949), Muschik (1953), ont tenté de reprendre cette idée, mais d'une manière moins affirmative, car le premier auteur admet pour l'aleurone la possibilité d'une double origine, vacuolaire et plastidiale et Muschik n'est pas pleinement affirmative au sujet du rôle présumé des plastes. Notons enfin que pour Yasui (1949) étudiant l'exemple pourtant classique de l'albumen de Ricin, les grains d'aleurone tireraient leur formation de granules émanant du noyau.

L'origine vacuolaire des grains d'aleurone a été soutenue de bonne heure (Wakker, Werminski, 1888), mais c'est seulement l'étude de l'évolution du vacuome au cours de la maturation des graines, suivie au moyen de colorants vitaux, qui a permis une démonstration complète. Les travaux de

P. Dangeard et de Guilliermond, à partir de 1920, ont pu ainsi réfuter les thèses de Mottier et de Vouk basées sur des préparations fixées.

L'origine vacuolaire de l'aleurone, bien que tout à fait classique aujourd'hui est encore mise en doute par quelques auteurs dans des cas particuliers. C'est ainsi que Wieler (1943) juge l'origine vacuolaire improbable pour les graines de Légumineuses qu'il a étudiées. D'après lui les grains d'aleurone ont une origine plasmique et ils proviendraient d'une précipitation. Ce savant tire aussi argument de la structure soi-disant ponctuée des grains d'aleurone pour les comparer à des *sphérites* dont ils auraient les caractères et le mode de croissance.

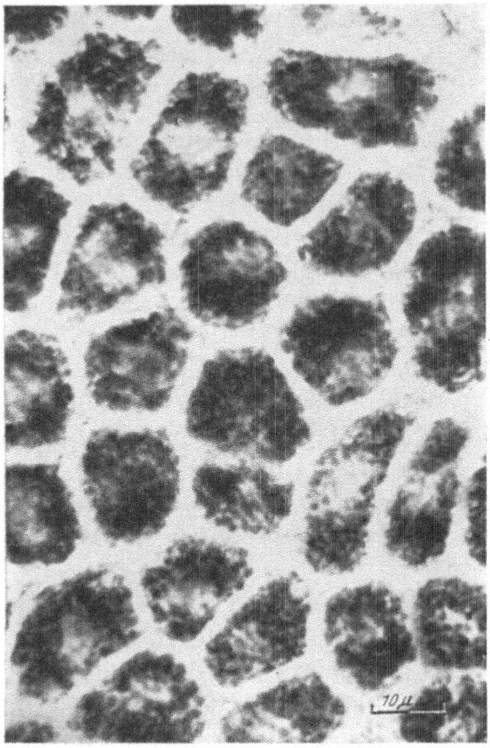

En réalité il résulte de nos recherches que l'explication est la suivante : dans certaines graines de Légumineuses, comme dans les Lupins ou dans les Sojas, l'aleurone apparaît de bonne heure au cours de la maturation sous forme de corpuscules précipités à l'intérieur des vacuoles et qui, ensuite, peuvent paraître indépendants au sein du cytoplasme, ce qui pourrait faire croire à leur formation directe en dehors du vacuome. Ainsi l'aleurone peut apparaître, chez certaines Légumineuses, à un moment où la graine est encore assez peu déshydratée et non, comme c'est le cas général, pendant la phase finale de la maturation (P. Dangeard 1944–1947 ; Quilichini 1952).

Fig. 6.   Grains d'aleurone colorés vitalement par le rouge neutre dans l'épiderme cotylédonaire du Haricot *(Phaseolus vulgaris)* au début de la germination.

On voit donc que l'aleurone ne se forme pas toujours à la suite de la division d'une grande vacuole en autant de parties destinées à se déshydrater et à se solidifier qu'il y aura finalement de grains d'aleurone indépendants. Il peut arriver en effet, comme nous venons de le voir, que les grains d'aleurone naissent par précipitation au sein du contenu protéidique colloïdal des vacuoles à un moment où la fragmentation du vacuome est peu avancée et où ce dernier est encore peu déshydraté.

Chez les Graminées où l'évolution de l'aleurone a été suivie au moyen de colorations vitales (Chaze 1933, 1934), pendant la maturation des caryopses, il ne se produit pas de formes réticulées du vacuome au cours de la déshydratation et les nombreuses vacuoles indépendantes qui existent avant maturité se transforment directement en grains d'aleurone.

De toutes manières il est donc bien établi aujourd'hui que l'aleurone dérive de vacuoles solidifiées riches en matériaux protéiques, mais, en raison de l'importance plus ou moins grande de ces matériaux, en raison aussi du dépôt de substances accessoires à l'état d'inclusions, les grains d'aleurone des graines se présentent dans des conditions très diverses et souvent caractéristiques.

On reconnaît deux sortes principales de grains d'aleurone : les grains d'aleurone sans inclusions et les grains à inclusions. Les premiers sont homogènes et ils sont constitués par une masse fondamentale protéique dépourvue d'enclaves. Bien qu'ils puissent se rencontrer dans des plantes très diverses ils sont surtout caractéristiques du groupe des Légumineuses et aussi des Graminées. Dans les graines de diverses Papilionacées où ils constituent une réserve azotée associée à une réserve amylacée (cotylédons de Pois, de Haricot) ils sont en général petits et nombreux et de forme arrondie ; ils se colorent facilement par le rouge neutre dans les cellules vivantes (Fig. 6, 7). Dans les Graminées ils sont présents dans les couches protéiques vivantes de l'albumen, mais ils font défaut dans les cellules pro-

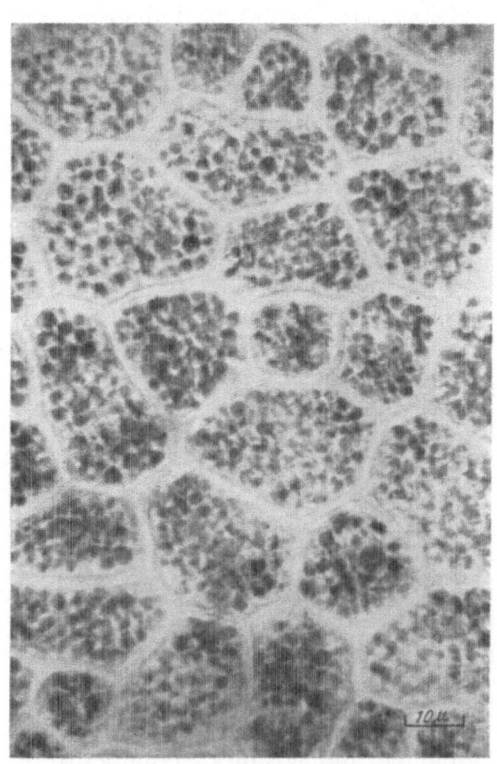

Fig. 7. Grains d'aleurone colorés vitalement par le rouge neutre dans l'épiderme cotylédonaire du Lupin blanc *(Lupinus albus)* au début de la germination.

fondes de l'albumen, où la matière protéique se dépose d'une manière amorphe autour des gros grains d'amidon de réserve et constitue le *gluten*.

Les grains d'aleurone sans inclusions se présentent comme des corps homogènes, soit à l'état vivant, soit après l'action des colorants vitaux. Sous l'effet de réactifs fixateurs ils peuvent apparaître finement granuleux en raison de la précipitation de la substance fondamentale protéique.

Les grains d'aleurone les plus complexes s'observent dans l'albumen des graines oléagineuses comme dans l'albumen du Ricin (Fig. 8) : ce sont des corpuscules à contour elliptique, limités par une fine membrane et pouvant atteindre une taille de 5 à 10 μ, dans leur plus grand diamètre, taille comparable à celle du noyau cellulaire. On y rencontre au sein d'une substance fondamentale protéique deux sortes d'inclusions : un ou plusieurs corps globuleux, réfringents, solubles dans l'acide acétique et constitués

par de l'hexaphosphate d'inositol (phytine), nommés *globoïdes*, puis une
inclusion d'aspect cristallin et de nature protéique, le *cristalloïde*.

La substance fondamentale, ainsi que le cristalloïde, sont constitués par
des holoprotéides parmi lesquelles figurent des globulines ou des albumines.
Beauverie et Guilliermond ont supposé, d'après certaines réactions colorées,
qu'il existerait dans les globoïdes une substance voisine de la métachromatine.

Dans certains grains d'aleurone, comme ceux de l'albumen des graines
de la Vigne (*Vitis vinifera*), dans les *Amygdalus* et dans les *Acer*, dans

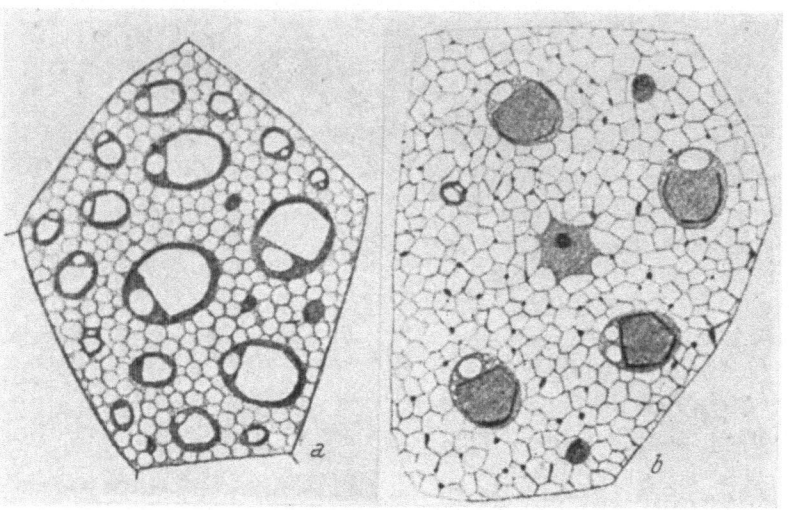

Fig. 8. *a* Cellule de la couche interne de l'albumen dans une graine de Ricin ayant deux jours de germination (coloration vitale de l'aleurone et sphérules d'huile incolores). Gr.: 1.200. *b* Cellule de la masse de
l'albumen mûr (méthode de Regaud, l'huile est dissoute; le réseau cytoplasmique, extrêmement ténu, est
faiblement coloré et contient des plastes). Gr.: 1.200.

l'albumen des graines d'Ombellifères (*Aethusa cynapium*), les grains
d'aleurone renferment des inclusions constituées par de véritables cristaux
isolés ou maclés d'oxalate de chaux. Ces cristaux sont accompagnés le plus
souvent d'un cristalloïde protéique ou parfois ils peuvent être isolés.

Chez plusieurs Graminées les vacuoles aleuriques renferment des
oxyflavones qui peuvent se transformer en pigments anthocyaniques au
cours de la maturation des graines. Certaines variétés de Maïs à grains
noirs se distinguent ainsi par la coloration violet foncé de leurs grains
d'aleurone (Chaze 1934).

Des grains d'aleurone peuvent assez souvent ne renfermer qu'une seule
sorte d'inclusions : soit globoïdes, soit cristalloïdes, comme on le voit dans
l'*Eleis guyanensis,* où les grains d'aleurone possèdent un cristalloïde ou
parfois plusieurs, à l'exclusion de globoïdes. L'inverse peut s'observer dans
certains grains d'aleurone de la Vigne où les inclusions sont uniquement des
globoïdes. De très nombreux globoïdes s'observeraient également, d'après
Pfeffer, dans le *Lupinus varius.* Chez les Graminées, des grains d'aleurone
sans cristalloïdes, mais pourvus de globoïdes, ont souvent été décrits.

Lorsque les grains d'aleurone sont petits et nombreux dans une même cellule, leur taille est souvent uniforme. Autrement il n'est pas rare d'observer dans les cellules un grain d'aleurone d'une taille plus considérable.

Au cours de la germination des graines, les grains d'aleurone absorbent de l'eau, se gonflent peu à peu (Fig. 9) ; les inclusions qu'ils pouvaient renfermer se dissolvent et finalement les grains d'aleurone s'anastomosent entre eux et se transforment en grandes vacuoles. Cette évolution de l'aleurone est connue depuis longtemps, mais il est bon de souligner que la formation de vacuoles, par l'hydratation et la fusion des grains d'aleurone, représente le seul mode de naissance des vacuoles pendant cette période. Il apparaît que, sous l'influence de l'eau, le vacuome repasse par une série d'étapes tout à fait comparables, mais inverses, à celles qui se manifestent pendant la maturation. Les courants de cyclose, actifs pendant cette phase, peuvent étirer le vacuome demi-fluide provenant des grains d'aleurone sous forme de filaments ou de réseaux. Des précipitations prennent souvent naissance dans le suc vacuolaire rempli d'un contenu colloïdal abondant. Sous l'influence de diastases, les globulines de la substance fondamentale des

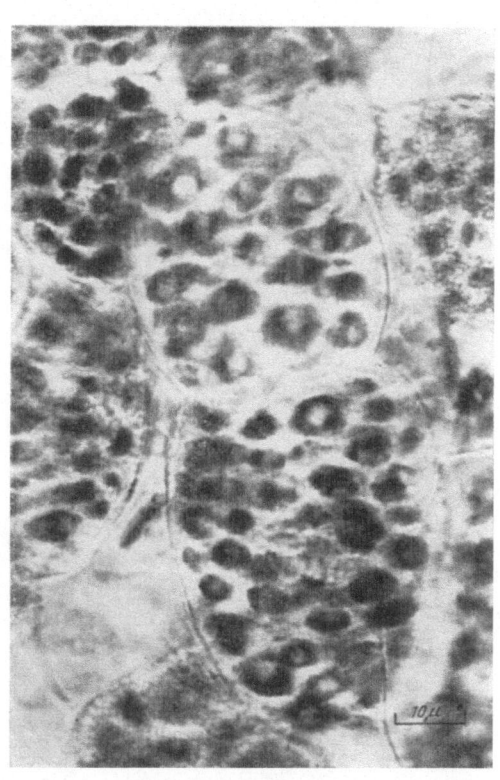

Fig. 9.   Cellules d'albumen du Ricin *(Ricinus communis)* avec grains d'aleurone colorés vitalement au début de la germination.

grains sont solubilisées, tandis que les globoïdes et les cristalloïdes subissent le même sort, souvent après s'être fragmentés.

L'évolution vacuolaire est essentiellement réversible et, par exemple, au cours de la dédifférenciation des tissus, le vacuome passe par une série de stades qui correspondent, mais en sens inverse, à ceux qui se produisent pendant la différenciation. Il en est de même, comme nous l'avons vu, pour l'évolution du vacuome dans les graines et dans les spores.

Cette réversibilité de l'évolution vacuolaire se manifeste encore dans le phénomène décrit sous le nom d'*agrégation* par CH. et F. DARWIN (1875—1876) chez les plantes carnivores, et qui fût interprété exactement quelques années plus tard par GARDINER (1885) et surtout par DE VRIES (1885) chez les *Drosera*, comme une fragmentation des grandes vacuoles à anthocyane des cellules épidermiques sur le pédicelle des tentacules dans

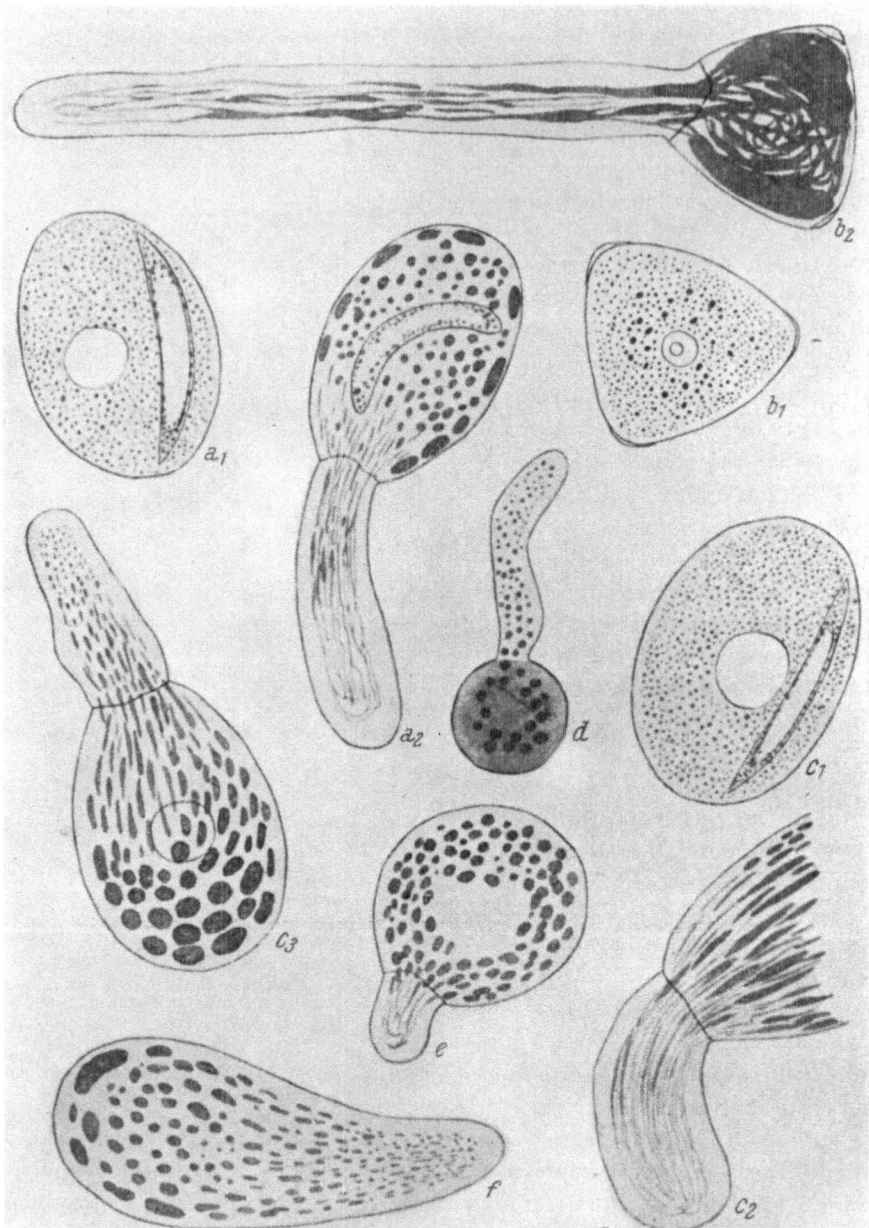

Fig. 10. Le vacuome des grains de pollen mûrs, germés ou non, a été seul figuré en gris ou en noir, sauf dans la Fig. *d*, où l'exine du grain fortement colorée, a été représentée par une teinte d'ensemble. Pour la désignation des espèces: Fig. *a 1*, *a 2 Allium neapolitanum: (a 1)* grain de pollen mûr; *(a 2)* germination dans l'eau distillée sucrée à 5%. — Fig. *b 1*, *b 2 Lobelia Dortmanna*; *b 1* grain de pollen mûr; *b 2* germination dans l'eau de source additionnée de rouge neutre. — Fig. *c 1*, *c 2*, *c 3 Amaryllis lutea*; *(c 2)* germination dans l'eau sucrée à 5% montrant le réticulum vacuolaire; *(c 3)* autre type de germination. — Fig. *d Punica granatum*: germination dans l'eau distillée sucrée à 10%. — Fig. *e Petunia violacea*: début de germination dans l'eau de source additionnée de saccharose à 5%. — Fig. *f Tradescantia virginica*: germination dans l'eau de source additionnée de saccharose à 5%, et coloration au rouge neutre.

ces plantes carnivores. Alors que, pendant le repos, les cellules à anthocyane apparaissent fortement colorées en rouge d'une manière homogène grâce à la présence de grandes vacuoles pigmentées, des changements frappants s'observent au cours de la digestion : sous l'influence des courants cytoplasmiques, subitement accrus, les vacuoles sont découpées peu à peu en fragments de plus en plus petits, qui prennent des formes variées et se montrent souvent étirés en longs filaments. Le vacuome se disperse ainsi de plus en plus sous forme de globules ou de filaments dont la consistance demi-fluide est attestée par les changements incessants dont ils sont le siège au sein du cytoplasme. Il est certain que ce phénomène d'agrégation dans les cellules de *Drosera* est conditionné par des échanges d'eau rapides qui se produisent entre le cytoplasme et le vacuome et qui aboutissent à déshydrater fortement ce dernier.

Les vacuoles fragmentées, chez les *Drosera,* ne montrent d'ordinaire aucune orientation particulière dans la cellule. Dans certains cas cependant, signalés par MANGENOT (1929) chez les *Drosophyllum,* il est possible de constater un alignement des vacuoles filamenteuses qui se disposent plus ou moins parallèlement au grand axe des cellules épidermiques et il arrive également que les petites vacuoles rondes viennent s'accumuler à l'un des pôles de ces cellules (pôle proximal c'est-à-dire le plus éloigné du plateau des tentacules).

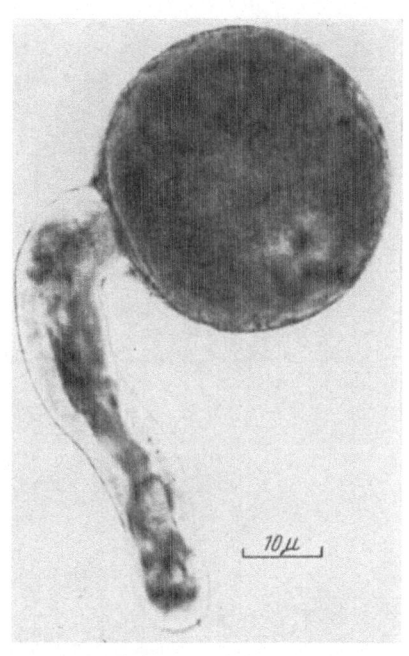

Fig. 11. Pollen de Primevère *(Primula grandi-flora)* en germination, coloré vitalement par le rouge neutre.

D'après MANGENOT, l'orientation des vacuoles filamenteuses, ou la disposition polarisée des vacuoles fragmentées, traduirait l'existence d'un courant liquide traversant les cellules en question pendant la période d'activité sécrétoire ou digestive des tentacules.

D'autres cas de répartition dissymétrique du vacuome ont été signalés et interprêtés comme la manifestation d'un courant liquide au travers de ces cellules, comme dans l'exemple des cellules axiales de Bonnemaisoniacées étudiées par M. et Mme J. FELDMANN (1945). D'après nous cependant (P. DANGEARD 1947), les raisons invoquées en faveur d'un rôle conducteur de ces cellules axiales, comme la disposition agrégée des vacuoles, leur situation polarisée, la grande longueur de ces éléments axiaux ne sont nullement décisives. Les mêmes remarques peuvent s'appliquer sans doute aux conclusions de MANGENOT à la suite de ses travaux sur les Plantes carnivores.

Les faits observés chez les Plantes carnivores soulignent ce que l'on appelle parfois l'*instabilité vacuolaire,* c'est-à-dire la propriété qu'ont les vacuoles de modifier constamment leurs contours : examinée dans la cellule vivante, en effet, la paroi des vacuoles montre des changements incessants ; c'est au cours de ces changements qu'interviennent les fragmentations vacuolaires si fréquentes ou encore les fusions de vacuoles les unes avec les autres. L'instabilité vacuolaire se traduit dans les cellules de certaines algues par la formation de protubérances protoplasmiques endovacuolaires (Phillips 1928).

En dehors des graines, il nous faut considérer le cas des spores de diverses natures, où le vacuome peut se trouver dans un état de particulier

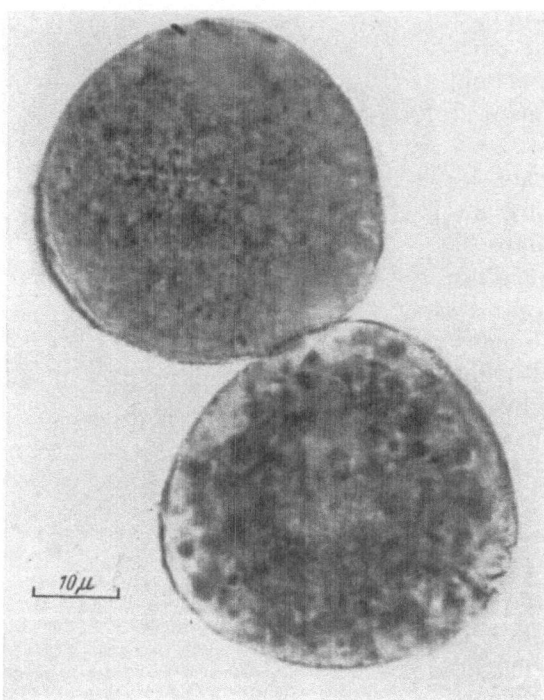

Fig. 12.   Pollen de *Prunus* sp., coloré vitalement au rouge neutre.

dessèchement. Dans beaucoup de spores en effet, sous l'influence d'une déshydratation accentuée, il n'existe plus à proprement parler de vacuoles, mais le vacuome se retrouve cependant sous la forme de particules minuscules et dans un état de grande dispersion. Seul l'emploi des colorations vitales a permis de s'assurer de cette persistance du vacuome dans les spores mûres.

Le vacuome dans les spores

Les microspores des Phanérogames ont particulièrement été étudiées : il convient de s'adresser à des grains de pollen résistant à l'eau, ou bien de traiter ceux-ci par une solution sucrée isotonique à laquelle est ajouté un peu de colorant vital (rouge neutre par exemple). On peut constater alors, assez souvent, que le colorant vital, après avoir pénétré à l'intérieur du grain, se fixe électivement sur une multitude d'éléments très petits, évidemment préformés et qui représentent bien le vacuome, car ils ne tardent pas à se gonfler pour donner de petites vacuoles rondes très nombreuses (Fig. 12, 13). Lorsque le grain de pollen germe, ces vacuoles hydratées pénètrent dans le tube pollinique : sous l'influence des mouvements de cyclose, très actifs dans ces conditions, les vacuoles demifluides sont souvent étirées en longs filaments qui s'anastomosent en réseau (Fig. 10, 11). Dans le tube pollinique s'établit une polarisation remarquable du vacuome : alors que la partie antérieure du tube en voie de croissance est occupée par du cytoplasme dense, et que de petites vacuoles rondes ou filamenteuses apparaissent un peu en arrière, la région distale du tube et le cytoplasme demeurés dans l'enveloppe du grain possèdent de très grosses vacuoles dites *vacuoles de poussée*.

Dans certains exemples favorables, le vacuome se colore non seulement dans la cellule principale du grain de pollen (cellule végétative), mais aussi dans la cellule générative (*Cephalotaxus, Amaryllis lutea, Endymion nutans*). Les vacuoles de la cellule générative se signalent par le virage de teinte du colorant vital (différence de pH) et souvent aussi, comme chez les Monocotylédones, par leur réfringence accentuée qui permet de les distinguer facilement sans coloration (Fig. 10, a_1).

La notion d'un vacuome très dispersé, constitué de minuscules sphérules vacuolaires, ou même de grains très petits, ne doit pas cependant être généralisée à tous les pollens. Il n'est pas très rare en effet que ceux-ci soient dotés de vacuoles importantes.

Lorsque le grain de pollen contient un vacuome sous forme de granules distincts, ceux-ci sont fréquemment visibles grâce à leur réfringence accentuée avant coloration vitale. La nature chimique de ces grains n'est pas connue. On a pu comparer les éléments vacuolaires solidifiés du pollen aux grains d'aleurone dont ils ont quelques unes des propriétés. Certains grains de pollen colorés naturellement (*Raphanus, Papaver*) renferment de très petites vacuoles ou sphérules vacuolaires teintes en bleu.

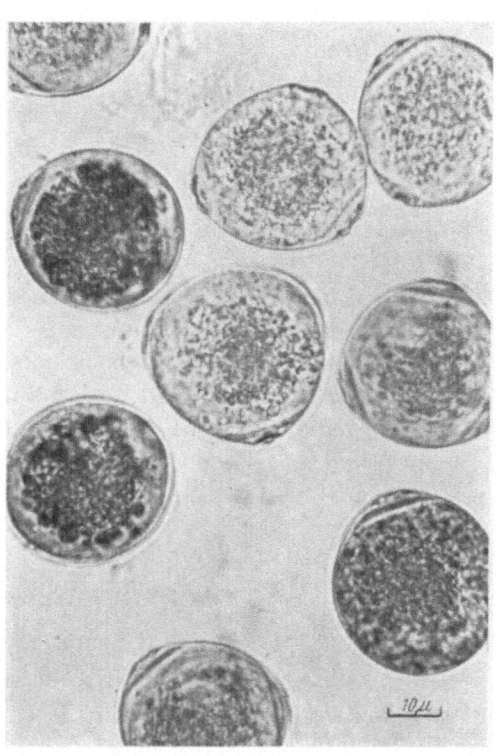

Fig. 13.   Pollen de Noisetier *(Corylus avellana)*, coloré vitalement par le rouge neutre. Le vacuome se trouve représenté par de minuscules granulations, ou par des sphérules colorées (à gauche).

Parmi les spores de Cryptogames vasculaires nous pouvons citer les spores de Prêles qui se distinguent par leur grande taille et par la facilité de leur coloration vitale. Si l'on emploie le rouge neutre en solution diluée on observe qu'il se fait rapidement une coloration rose sur le pourtour des spores et que cette coloration s'étend peu à peu en profondeur : elle est due à la fixation du rouge neutre sur de minuscules granules très nombreux. Ceux-ci sont présents non seulement en surface, mais aussi en profondeur et ils se distinguent avant toute coloration par leur réfringence accentuée : ce sont donc très nettement des éléments préformés. Ces granulations augmentent de grosseur à la longue et ils se transforment le plus souvent

en des filaments simples ou ramifiés en voie d'incessantes modifications
(Fig. 14). Dans les exemples favorables la coloration vitale s'étend jusque
dans la région centrale où de nombreuses granulations ou des filaments se
colorent autour du noyau (Fig. 14, *b*). Parfois un véritable réseau du
vacuome se colore dans la région périnucléaire. Le vacuome à l'état dispersé

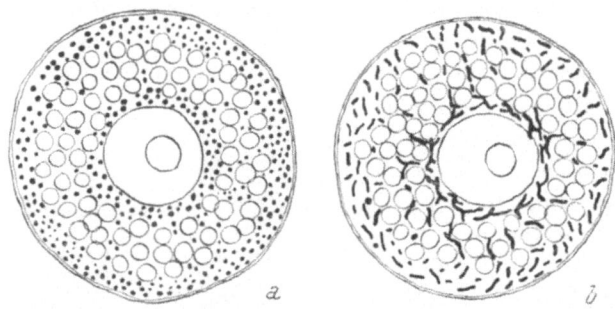

Fig. 14. Le vacuome dans les spores d'*Equisetum maximum*, colorées vitalement par le rouge neutre. En *a*,
spores au repos; en *b*, spores après quelque temps de séjour dans l'eau (vacuome filamenteux ou réticulé,
surtout autour du noyau). Les chloroplastes sont représentés par les vésicules claires.

des spores d'*Equisetum* renferme sans doute des composés phénoliques, car
il se colore en brun par le bichromate de potasse et noircit avec OsO_4.

Lorsque les spores d'*Equisetum* germent, elles se cloisonnent et forment
un rhizoïde ; à ce moment les cellules vertes contiennent de grandes
vacuoles, surtout groupées dans la partie centrale et ces vacuoles, que
l'on peut colorer vitalement, dérivent évidemment des éléments qui fixent
le rouge neutre dans la spore mûre et, comme ces derniers, elles se montrent
osmio-réductrices.

Les corps figurés endovacuolaires

Le vacuome est essentiellement, dans la cellule, un réservoir d'eau et
de substances dissoutes constituant le suc cellulaire. Ce suc cellulaire est
le plus souvent limpide et incolore ; cependant il arrive qu'il contienne
des éléments figurés, soit à l'état amorphe, soit à l'état cristallin. Cela tient
à ce que le suc cellulaire peut être riche en substances du type colloïdal,
susceptibles de précipiter. Nous avons déjà vu l'exemple des grains
d'aleurone et des inclusions qui se rencontrent à leur intérieur. Mais il y
en a d'autres et les inclusions du vacuome ou *corps endovacuolaires* sont
très variées.

Parmi les inclusions du type amorphe nous citerons celles qui ont été
décrites tout d'abord par Mirande (1923—1925) sous le nom de *stérinoplastes* dans les écailles bulbaires du Lis blanc. Ces corps arrondis et
réfringents, souvent plus volumineux que le noyau cellulaire, donnent les
réactions principales des stérides et sont constitués dans leur partie centrale
par une solution lipoïde d'un phytostérol (*liliostérol* de Mirande). Le liliostérol, d'après Mirande, serait très fréquent chez les diverses espèces du
genre *Lilium*, mais c'est seulement dans le Lis blanc qu'il existerait sous
forme de « stérinoplastes » ; ailleurs il se trouverait en dissolution dans les

vacuoles ou sous forme d'amas concrétionnés déposés dans le suc cellulaire. On sait aujourd'hui, d'après les recherches de MIRATON et EMBERGER que les « stérinoplastes » sont eux-mêmes dans les vacuoles (ils se colorent d'ailleurs vitalement par le rouge neutre et le bleu de crésyl) et qu'ils n'ont pas de rapport par conséquent avec les plastes.

La présence de stérides, déposés dans les vacuoles sous forme de corps endovacuolaires, a encore été signalée par REILHES (1936) dans les feuilles et dans les pièces florales des *Iris*, ainsi que dans les cellules du méristème des racines de Blé et d'Orge. Dans les feuilles et les fleurs d'Iris, les corps endovacuolaires peuvent se présenter comme des globules réfringents incolores ou chargés de pigment anthocyanique. Dans ce dernier cas ils correspondent aux éléments décrits par POLITIS (1914) sous le nom de *cyanoplastes* et à ceux décrits par LIPMAA (1926) dans les fleurs d'*Erythraea* sous le nom d'*anthocyanophores*.

Les lipides intravacuolaires ont encore été étudiés par BUVAT (1936) dans les méristèmes de diverses racines.

Il ne faudrait pas croire cependant que tous les corps endovacuolaires, observés sous forme de concrétions ou de globules, sont des phytostérides ou des phospholipides. Il y a lieu d'y comprendre également les phytines représentées sous la forme des globoïdes des grains d'aleurone et les cristalloïdes protéiques signalés dans des exemples assez nombreux (grains d'aleurone, vacuoles des *Epiphyllum*, des Cactacées). En dehors des Plantes supérieures, des corps figurés endovacuolaires, de nature chimique diverse, s'observent chez les Champignons ou les Algues (cristalloïdes de *mucorine* des Mucorinées et d'autres Mycètes, boules épineuses des Characées, cristalloïdes des *Cladophora*, des *Derbesia*, inclusions vacuolaires des *Vaucheria*, corpuscules métachromatiques des Diatomées).

Les corps endovacuolaires appartenant au groupe des véritables cristaux sont représentés par le sulfate de chaux hydraté, présent dans les vacuoles des Desmidiées, particulièrement dans les vacuoles des *Closterium*, où ils se montrent animés de mouvements browniens. C'est surtout sans doute sous forme d'oxalate de chaux que les cristaux endovacuolaires sont le plus souvent rencontrés chez les Phanérogames. L'oxalate de chaux s'y trouve sous différents états cristallins et souvent à l'intérieur de cellules spéciales (*idioblastes* ou *cellules oxalifères*). Des cristaux octaédriques isolés ou maclés du système quadratique, dits *cristaux en oursins*, sont parmi les plus fréquents : ils correspondent à de l'oxalate trihydraté. Les *raphides*, qu'on observe chez beaucoup de Monocotylédones et surtout chez les Liliacées, sont des paquets d'aiguilles cristallines en forme de prismes très allongés (Fig. 15). Ces aiguilles très fines et acérées sont disposées parallèlement les unes aux autres et retenues ensemble probablement par du mucilage. Elles appartiennent au système monoclinique et sont formées par de l'oxalate monohydraté. Au même oxalate appartiennent les *styloïdes* qui sont des cristaux isolés en forme de grosses aiguilles et souvent de grande taille qu'on observe en particulier chez les Iridacées.

C'est à WAKKER (1888) que l'on doit d'avoir établi l'origine intravacuolaire des cristaux d'oxalate de chaux. On admettait en effet auparavant que les cristaux d'oxalate se formaient très souvent dans le protoplasme pour émigrer ensuite à l'intérieur des vacuoles. Leur présence dans certains grains d'aleurone, comme ceux de la Vigne et de quelques Ombellifères, confirme bien leur origine vacuolaire.

Aujourd'hui, si l'on met à part certains cas assez exceptionnels rencontrés surtout chez les Champignons où l'oxalate de chaux est en relation avec la membrane, l'origine vacuolaire des cristaux de ce sel semble générale. Cependant, on est assez mal renseigné sur la manière dont les cristaux se développent et grossissent et sur les caractères cytologiques des cellules oxalifères. Ce sont surtout d'ailleurs les cellules à raphides qui ont été étudiées. Or, d'après Robyns (1928), dans les cellules à raphides du périblème de la racine d'*Hyacinthus orientalis*, le cytoplasme montrerait une région fortement colorable que l'auteur assimile à de l'*ergastoplasme* et qui serait en relation avec la fonction sécrétrice de ces cellules. D'après Mme Hurel-Py (1942), les vacuoles des cellules à raphides pourraient être colorées, bien qu'avec difficulté, au moyen de colorants vitaux. La présence de mucilages dans ces cellules est affirmée par les uns et niée par les autres. La

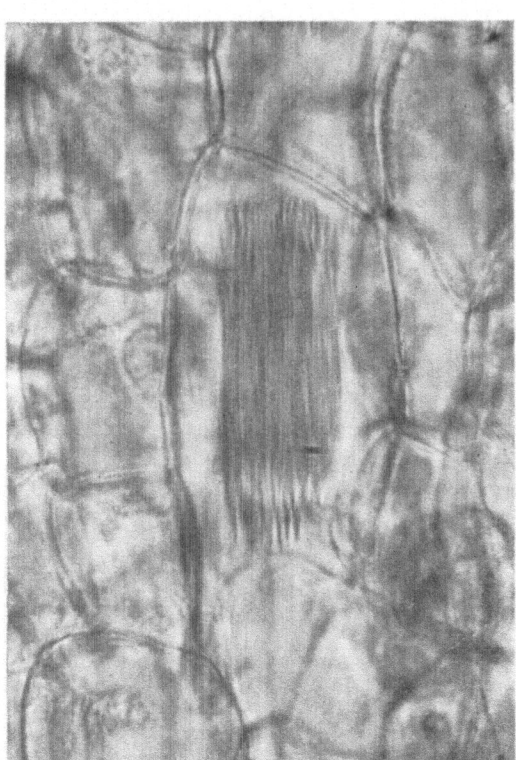

Fig. 15.   Cellules à raphides (idioblaste) dans le bourgeon de *Ruscus aculeatus (in vivo)*.

cytologie et le développement des cellules à raphides ont encore été étudiées chez le *Cissus gongylodes* et le *Monstera deliciosa* par Becker et Ziegenspeck (1931). La coloration vitale des cellules à raphides de l'*Haemaria discolor* a été étudiée récemment par A. Diskus et Kiermayer (1954).

L'oxalate de calcium est très répandu dans la plupart des familles de Phanérogames. Les raphides caractérisent surtout la plupart des Monocotylédones et aussi certaines familles de Dicotylédones. Il y a d'autre part des rapports assez nets entre les formes des oxalates et les différents Végétaux : c'est ainsi que chez les Iridées on ne trouve que du monohydrate, tandis que chez certains *Allium* ou certaines Cactacées, le trihydrate est seul représenté. Dans certains cas la forme des cristaux rencontrés chez une espèce donnée est assez caractéristique pour être utilisée dans la classification comme l'ont montré JACCARD et FREY (1928) pour les diverses espèces du genre *Allium*.

Les vacuoles spécialisées

Le vacuome n'a pas toujours une constitution uniforme et il n'est pas rare chez les Phanérogames d'observer que ce système est formé de plusieurs sortes de vacuoles différant par leur composition chimique. Ce fait était apparu déjà à d'anciens auteurs comme WENT et KLERCKER et ce dernier avait noté l'existence, dans certaines cellules, de vacuoles spéciales tannifères. GUILLIERMOND (1931), MANGENOT (1928), P. DANGEARD (1947) ont montré que ces « vacuoles spécialisées » se montrent principalement en rapport avec l'élaboration des tannins ou encore des pigments anthocyaniques. Ainsi les vacuoles d'une même cellule peuvent se montrer les unes réfringentes et donnant les réactions des composés phénoliques (vacuoles tannifères), les autres incolores, mais non réfringentes, dépourvues de composés tanniques. Ou bien encore les différentes vacuoles d'une même cellule peuvent être, les unes pigmentées, en raison de la présence d'anthocyane, les autres tout à fait incolores. Parfois toutes les vacuoles se montrent colorées naturellement, mais avec des teintes différentes par suite d'un pH différent. GUILLIERMOND a insisté sur la grande fréquence des vacuoles spécialisées dans les cellules des fleurs et des fruits qui élaborent des pigments anthocyaniques.

Bien que l'origine de ces vacuoles spécialisées n'ait pas été précisée en général, il semble probable qu'elles dérivent de vacuoles qui étaient tout d'abord semblables et homogènes et dont certaines, à l'exclusion des autres, ont accumulé des composées phénoliques ou des pigments. L'existence de ces vacuoles traduit donc l'apparition d'une différenciation à l'intérieur du vacuome, et elle montre une fois de plus comment la cellule peut manifester des propriétés élaboratrices différentes, dans un espace fort restreint. Les vacuoles spécialisées sont, d'autre part, encore plus répandues chez les Végétaux inférieurs et comme elles diffèrent souvent considérablement des vacuoles ordinaires, il n'est pas toujours possible d'affirmer qu'elles se rattachent au vacuome (vacuoles pulsatiles, vacuoles à glycogène, enclaves constituées par les « grains de fucosane », etc.).

L'origine des vacuoles

L'origine des vacuoles est un sujet largement controversé. Il y a déjà longtemps en effet que ce problème a reçu des solutions différentes de la part des botanistes et des physiologistes. Les vacuoles représentant au sein du cytoplasme des enclaves liquides occupées par de l'eau et par les matières qu'elle tient en solution, il a paru naturel, pendant longtemps, que de telles vacuoles fussent essentiellement transitoires, pouvant apparaître ici ou là suivant les circonstances et disparaître de même sans laisser de trace. C'est bien l'idée que se faisait PFEFFER des vacuoles végétales lorsqu'il les comparaît et les assimilait aux vacuoles créées de toutes pièces chez un Myxomycète, le *Chondrioderma,* en faisant absorber au plasmode de ce dernier des cristaux d'asparagine : les cristaux ingérés ne tardent pas en effet à se dissoudre en donnant sur leur emplacement autant de vacuoles nées ainsi artificiellement. Mais toute la question est de savoir si les vacuoles alimentaires des Myxomycètes et des Protistes d'une manière générale, qui ont une origine exogène, peuvent être assimilées aux vacuoles ordinaires du vacuome. Or il ne le semble pas.

On sait que DE VRIES considérait la paroi des vacuoles comme une membrane vivante. En accord avec la terminologie de STRASBURGER (chloro-plastes, leucoplastes, chromoplastes) toujours en vigueur aujourd'hui, DE VRIES usa du terme de *tonoplaste* pour désigner cette paroi vivante des vacuoles. D'après lui les cellules les plus jeunes possèdent des tonoplastes susceptibles de se multiplier par division. WENT (1888), un peu plus tard, soutient la même idée d'une multiplication des vacuoles par division et de leur présence constante dans les méristèmes des Végétaux les plus divers. Les vacuoles normales, d'après lui, ne sont jamais néoformées, mais elles tirent leur origine de la division de vacuoles préexistantes. Il ne faut pas en effet, dit-il, confondre les vacuoles normales avec les vacuoles patholo-giques qui, elles, peuvent se former directement en des points quelconques du protoplasme et aussi à l'intérieur des plastes ou dans le noyau.

Les idées de DE VRIES et de WENT furent fortement critiquées en leur temps en particulier par PFEFFER. En France, VAN TIEGHEM les adopta en comparant les vacuoles végétales à des *leucites* aquifères pour lesquels il créa le terme d'*hydroleucites.*

A la suite de nos recherches sur l'aleurone (1923), nous nous sommes rallié à la thèse de la permanence du vacuome et de l'origine du vacuome uniquement aux dépens de vacuoles préexistantes. En s'appuyant sur la méthode des colorations vitales, il est possible de démontrer que toute cellule végétale possède un vacuome et que les organes desséchés (graines, spores) n'en sont point dépourvus. BAILEY et ZIRKLE (1931) ont conclu égale-ment de leurs recherches sur les cellules du cambium chez les Phanérogames qu'un appareil vacuolaire était toujours présent et qu'il n'était pas nécessaire, pour l'expliquer, de faire appel à une néoformation de vacuoles.

Naturellement, le fait que toute cellule végétale renferme un vacuome ne prouve nullement que des vacuoles ou des substances vacuolaires ne peuvent pas se former dans certaines circonstances au sein du protoplasme vivant. Considérant que les cellules des Plantes supérieures ne sont pas favorables à une démonstration de l'origine des vacuoles, GUILLIERMOND (1930—1934) s'est tourné du côté des Champignons qui, d'après lui, montreraient quelques exemples probants d'une néoformation de vacuoles : c'est ainsi que, d'après ce savant, la formation de vacuoles, nées *de novo,* s'observerait dans les jeunes filaments nés de la germination des spores de *Saprolegnia.* Egalement, dans le mycélium de *Penicillium glaucum* ou de *Geotrichum lactis,* de petites vacuoles apparaîtraient dans les rameaux du mycélium, sans avoir de relations avec la grosse vacuole du filament qui

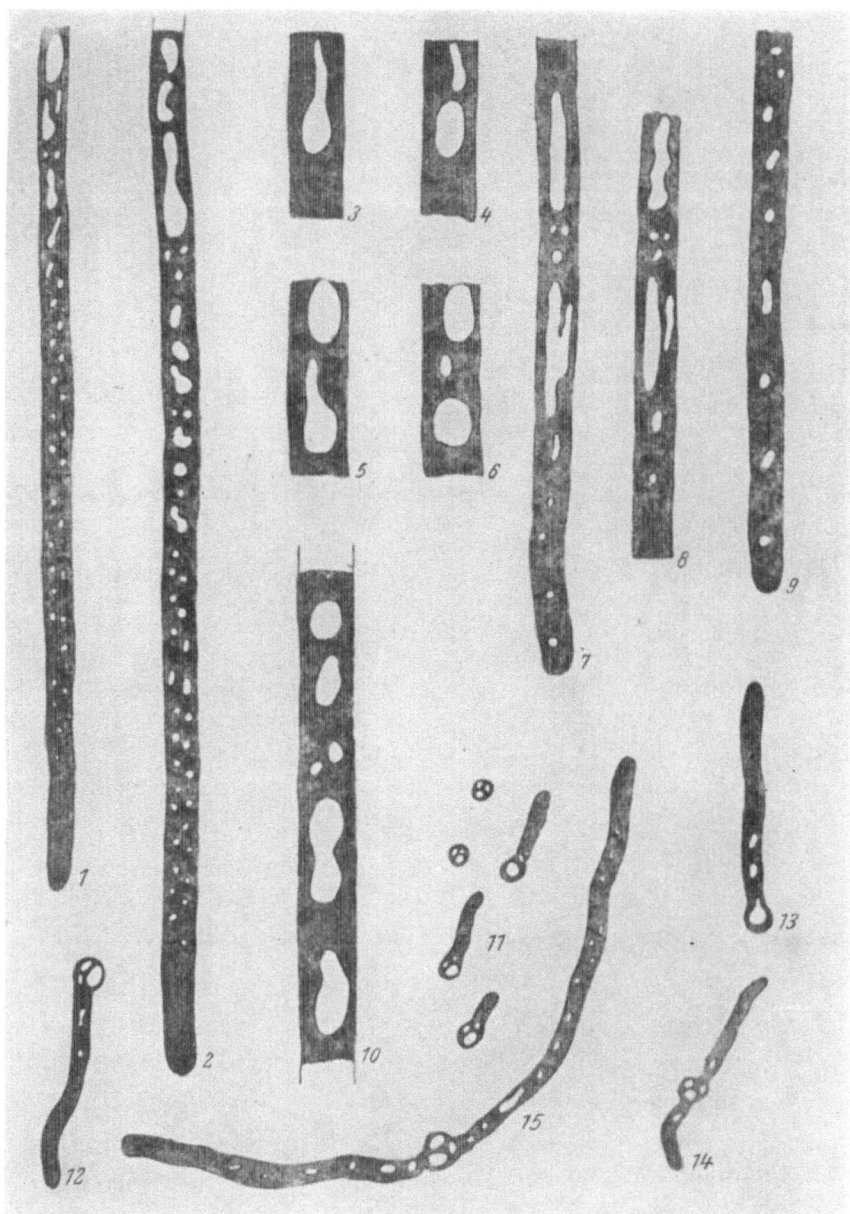

Fig. 16. *Penicillium glaucum*. *1, 2* extrémités de filaments montrant la disposition des vacuoles dont plusieurs sont en voie de se diviser; *3, 4* deux états successifs du bourgeonnement d'une vacuole; *5, 6* autre exemple du même phénomène; *7, 8* exemple de division longitudinale d'une vacuole; *9* extrémité d'un filament qui contient un petit nombre de vacuoles assez grosses; *10* article dans un région adulte du champignon; *11, 12, 13, 14, 15* spores et stades divers de leur germination.

(D'après P. DANGEARD.)

a produit le rameau. Chez les Levures, une élève de GUILLIERMOND, Mlle CASSAIGNE (1931), a décrit la transmission du vacuome de la cellule-mère à la cellule-fille au cours du bourgeonnement, dans la plupart des cas,

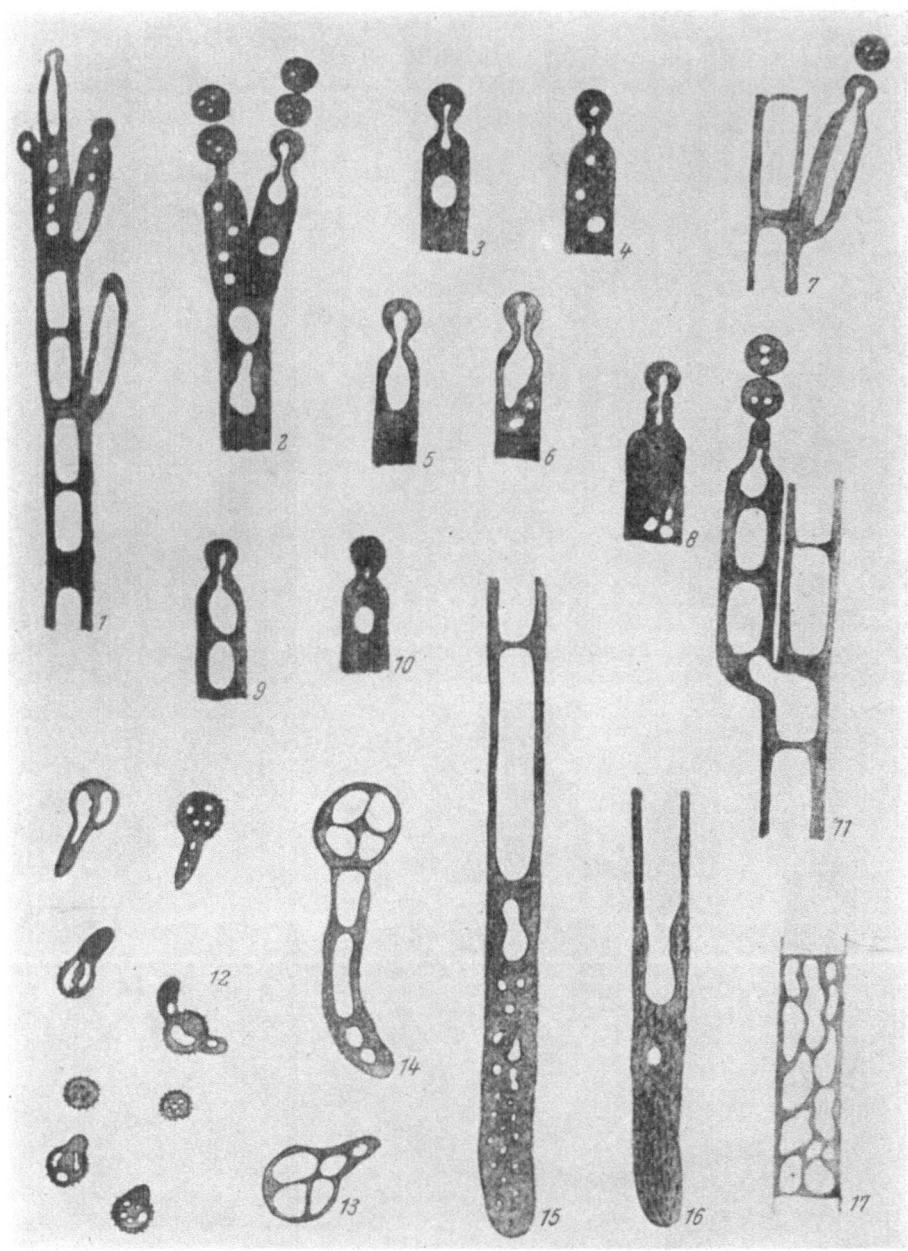

Fig. 17.   *1, 2, 3, 4, 5, 6, 7, 8, 9, 10, 11* stades divers de la formation des conidies chez le *Penicillium glaucum*. *12* conidies de *Sterigmatocystis nigra* et stades divers de leur germination. *13, 14* deux stades de la germination des spores de *Rhizopus nigricans*. *15, 16, 17* filaments de *Geotrichum candidum (Oidium lactis)*; le vacuome est en clair (observations vitales).
(D'après P. Dangeard.)

mais aussi l'apparition de vacuoles néoformées dans certains cas à l'intérieur du bourgeon.

Par contre, au cours de l'étude vitale de divers Champignons, nous avons montré (P. Dangeard 1927) que le vacuome se transmettait par division de vacuoles préexistantes, aussi bien au cours de la formation des spores qu'au moment de leur germination et que certaines dispositions du vacuome interprétées par Guilliermond en faveur d'une néoformation de vacuoles pouvaient fort bien recevoir une autre explication (Fig. 16, 17).

Notons également que d'après Chadefaud (1937), un vacuome s'observe dans les asques et dans les basides et qu'il se transmet aux ascospores et aux basidiospores (Fig. 25).

Chez les Algues, il est prouvé que les spores de diverses natures (aplano-spores, zoospores) possèdent toujours un vacuome colorable vitalement et qui tire son origine des éléments vacuolaires présents auparavant dans les aplanosporanges ou dans les zoosporanges. On constate, en effet, que si ces sporocystes renferment tout d'abord des vacuoles importantes, celles-ci subissent une fragmentation de plus en plus poussée, au cours de la sporogénèse, avant de s'incorporer finalement aux spores en formation. Cependant, il peut arriver aussi qu'une partie du vacuome des sporocystes demeure inutilisée (P. Dangeard 1932) (Fig. 20).

On voit donc que cette question de l'origine des vacuoles se présente aujourd'hui assez différemment de ce qu'elle était autrefois, car s'il est impossible de prouver qu'une néoformation de vacuoles n'intervient pas dans certains cas, on est obligé d'admettre que la multiplication des vacuoles, nécessitée par l'évolution des cellules et par leur reproduction, s'effectue normalement par division de vacuoles préexistantes. Cela tient, sans doute, non à l'existence d'une substance spécifique du vacuome (théorie de la métachromatine de P. A. Dangeard), mais au fait que la vie de la cellule est liée à l'existence d'une certaine quantité de substance de ségrégation hydrophile, distincte du protoplasme, et apte à faire converger vers elle l'eau en excès et divers métabolites. Ainsi, le vacuome de la cellule végétale ne peut pas être envisagé comme un simple dépôt transitoire de gouttelettes liquides au sein du protoplasme, mais comme un système permanent assurant des fonctions physiologiques importantes.

Caractères particuliers du vacuome dans les différents groupes systématiques

Algues

Chez les Algues, le vacuome a les mêmes caractères morphologiques essentiels que chez les Plantes Supérieures, avec cette différence, toutefois, qu'une certaine diversité s'observe plus souvent entre les vacuoles, surtout chez les Algues inférieures. Ceci est en rapport avec la différenciation cellulaire souvent très accentuée chez les Protistes (Phytoflagellés en particulier).

Cyanophytes, Euglénophytes

Chez les Algues bleues (Myxophycées), des vacuoles importantes sont rarement représentées. Cependant divers auteurs les ont mises en évidence au moyen des colorants vitaux (P. A. Dangeard 1933, Chadefaud 1937,

Guilliermond). Elles se présentent le plus souvent comme des sphérules très petites se colorant d'une manière homogène où dans lesquelles des corpuscules sont précipités. Ce sont, d'après les auteurs, des vacuoles à contenu colloïdal riche en une substance albuminoïde la *métachromatine* ou *volutine*. D'après P. A. Dangeard (1945—1950), la métachromatine serait abondante au niveau du corps central, ce qui expliquerait la coloration vitale fréquente de cette région cellule.

La formation de vacuoles importantes semble correspondre, la plupart du temps, à une phase de dégénérescence. Cependant, chez certaines Oscillariées comme *Oscillatoria Borneti*, on observe fréquemment, dans la cellule vivante, un mode de vacuolisation très poussé des protoplastes qui conduit à donner aux éléments cellulaires un aspect alvéolaire caractéristique. Il s'agit du phénomène connu sous le nom de *Kéritomie* lequel se montre parfaitement réversible (Geitler 1932). La Kéritomie consiste dans une vacuolisation qui débute à la périphérie de la cellule et s'étend progressivement vers le centre ; il se forme ainsi un réseau de mailles qui vont en s'élargissant ; sous cette apparence la cellule continue de se diviser normalement et les filaments de l'algue conservent leur motilité. A un stade avancé de la Kéritomie les cellules renferment un ensemble de lacunes vacuolaires séparées par de très minces travées cytoplasmiques, de sorte qu'elles apparaissent plus ou moins incolores. Dans des conditions de nutrition plus favorables l'algue reprend sa couleur et sa structure normale.

Geitler (1936, p. 13) et P. A. Dangeard (1945—1950) ont souligné l'impossibilité de l'existence d'un noyau dans une cellule à structure de Kéritomie en raison de la disposition du protoplasme suivant de fines travées absolument transparentes, ce qui exclut toute possibilité de méconnaître un noyau, s'il existait.

Les vacuoles à métachromatine des algues bleues semblent bien correspondre au vacuome des cellules dans les autres groupes végétaux. Par contre, les éléments désignés sous le nom de *pseudo-vacuoles*, observés surtout chez les Myxophycées planktoniques, seraient bien différentes, puisque, suivant l'opinion généralement admise, il s'agirait de *vacuoles à gaz*. On les distingue à leur couleur brune et à leur contour souvent irrégulier.

Les Euglénophytes ont été considérés pendant longtemps comme possédant un cytoplasme dense dépourvu de vacuoles. Au moyen de colorants vitaux nous avons montré pour la première fois, dans le genre *Euglena*, l'existence d'un vacuome à l'état d'éléments dispersés de petite taille (P. Dangeard 1924—1928) (Fig. 18). Ces éléments ont été retrouvés par différents auteurs (P. Grassé, Hall). Hall les désigne sous le nom de *neutral red granules* et il les assimile à l'appareil de Golgi en raison de leur noircissement par l'acide osmique. Cependant, dans la plupart des cas, ces corpuscules se comportent comme de minuscules vacuoles sans action sur l'acide osmique, tandis que ce sont d'autres corps, situés superficiellement, qui noircissent et semblent d'une nature différente (*corpuscules mucifères*).

Chez les Eugléniens, comme chez beaucoup de Phytoflagellés, une catégorie particulière de vacuoles est représentée par les vésicules ou *vacuoles pulsatiles*. Du fait que la vacuole pulsatile peut noircir par l'acide osmique et en raison de sa fonction de sécrétion, certains auteurs l'ont assimilée à l'appareil de Golgi. Cependant d'après les travaux de

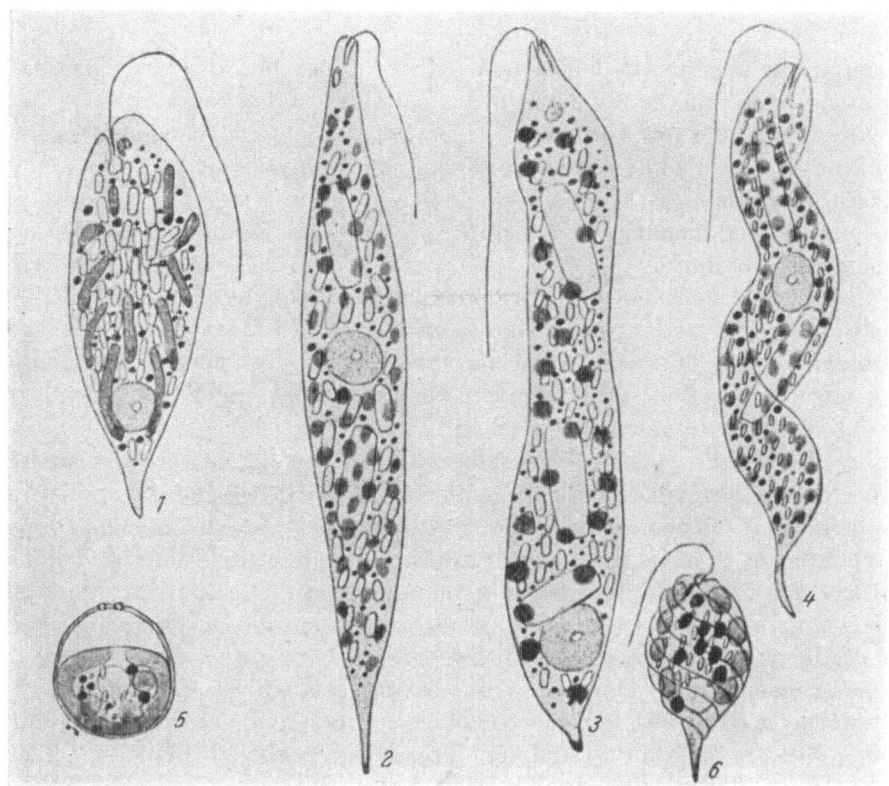

Fig. 18. *1 Euglena viridis* Ehrb. *2 Euglena acus* Ehrb. *3 Euglena deses* Ehrb. *4 Euglena tripteris* (Duj.) Klebs. *5 Trachelomonas* sp. *6 Phacus pyrum* Ehrb. (Stein). Dans toutes les figures, les vacuoles sont figurées en noir foncé.
(D'après P. DANGEARD.)

HOLLANDE et de HOVASSE, de véritables corps de Golgi ou *dictyosomes* pourraient être mis en évidence dans la cellule des Eugléniens et ces corpuscules seraient indépendants du vacuome, des corps mucifères et des vacuoles pulsatiles.

Chrysophytes et Pyrrophytes

Dans le groupe des Chrysophytes un vacuome colorable vitalement et qui, d'après les auteurs, pourrait renfermer de la métachromatine, s'observe à tous les stades du développement. On sait que, dans les représentants des Chrysophytes, le produit du métabolisme le plus caractéristique est une substance hydrocarbonée, la *leucosine,* glucide dont les propriétés chimiques sont voisines de la *laminarine* (QUILLET 1955). On ne sait guère si la leucosine se trouve à l'état dissous dans les vacuoles du vacuome, ou si elle forme des enclaves spéciales. D'après Gavaudan (1932), chez les *Chloro-chromonas*, les plages de leucosine correspondraient au vacuome et fixeraient les colorants vitaux. Pour Chadefaud (1935), également, chez une Chrysomonadine, le *Chromulina Rosanofii*, le « globule de leucosine » présent dans la cellule représente à lui seul le vacuome et il figure le seul élément à se colorer vitalement au moyen de bleu de crésyl qui lui communique une teinte violet pourpre. La leucosine, d'après Chadefaud, serait associée dans le vacuome à des colloïdes métachromatiques.

En résumé, d'après Chadefaud (1935), « les Chrysomonadines paraissent pourvues d'un vacuome formé d'une seule ou d'un petit nombre de vacuoles métachromatiques, relativement assez peu volumineuses, et dans lesquelles s'accumule fréquemment la substance de réserve réfringente connue sous le nom de *leucosine* ».

Chez les Hétérokontées les vacuoles contiennent fréquemment des inclusions réfringentes qui constituent ce que Chadefaud appelle *sable vacuolaire* et en outre des *sphérules vacuolaires*, bien moins réfringentes. Il s'agirait de « deux états d'une même substance, peut-être glucidique, accumulée dans le vacuome ».

Les Diatomées possèdent généralement un certain nombre de vacuoles importantes, homogènes, ou contenant normalement des globules précipités. La présence de métachromatine (ou volutine) y est signalée depuis longtemps. Les corpuscules précipités forment des inclusions globuleuses qui fixent les colorants vitaux avec métachromasie : il s'agit là de *corpuscules métachromatiques* dont le mode de formation a particulièrement été étudié par P. A. Dangeard (1916).

Le vacuome des Diatomées se distingue aussi, assez souvent, par l'existence, à côté des grandes vacuoles normales, d'éléments vacuolaires plus petits, se colorant d'une manière plus intense et pouvant affecter la forme de sphérules ou de filaments.

Chez les Dinoflagellés il existe, comme nous l'avons montré (1923), chez divers Péridiniens marins, un vacuome formé de sphérules vacuolaires colorables *in vivo* au moyen de rouge neutre. On sait d'autre part que des vacuoles particulières s'ouvrant à l'extérieur et qualifiées de *pusules* s'observent chez les Péridiniens marins et qu'elles semblent avoir un rôle excréteur.

Chlorophytes

Les Volvocales et les Protococcales se distinguent par un vacuome formé de petits éléments à suc concentré qui peuvent, dans certains cas, s'étirer en filaments ou s'anastomoser en réseau. Ce même type de vacuome peut s'observer dans maintes zoospores d'Algues vertes (P. A. et P. Dangeard 1924 ; de Puymaly 1924 ; P. Dangeard 1932) (Fig. 19, 20). On peut constater ainsi que le vacuome se transmet par les zoospores des Algues vertes.

Dans les cellules végétatives des diverses Chlorophycées filamenteuses les vacuoles peuvent être de diverses sortes : c'est ainsi que d'après P. Dangeard (1930), Chadefaud (1935), Lanz (1942), il existe chez diverses

Cladophoracées (*Cladophora, Rhizoclonium*) des vacuoles pariétales, disposées dans le cytoplasme périphérique entre le chromatophore et la membrane et qui se distinguent par leur suc vacuolaire concentré et leurs formes souvent filamenteuses. C'est ce vacuome externe qui contribue, seul, à former le vacuome des zoospores au moment de la sporulation (Fig. 20, *h*).

Chez les Desmidiées, comme les *Closterium*, une distinction peut être faite également entre des vacuoles siègeant dans le protoplasme périnucléaire, et qui sont généralement de grande taille, et des vacuoles souvent

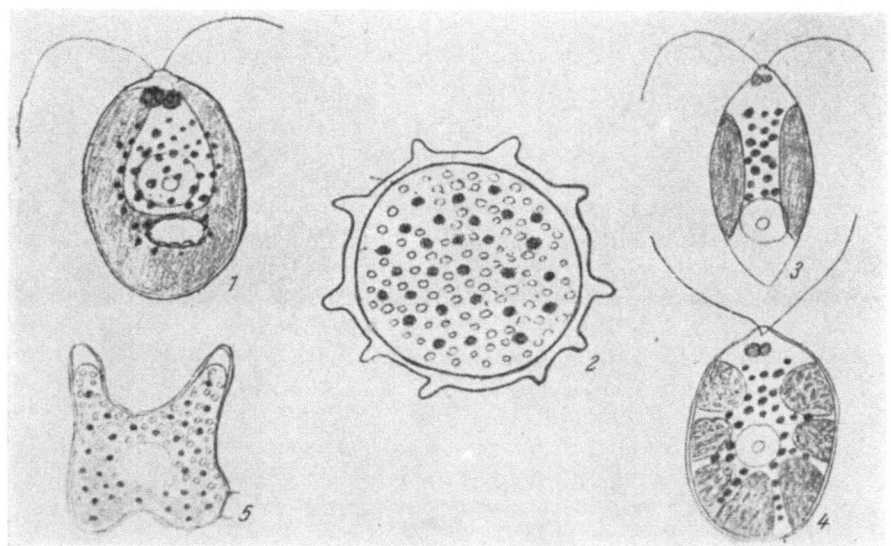

Fig. 19. *1 Chlamydomonas* sp., vacuome ordinaire et vacuoles pulsatiles colorées vitalement; *3 Chlamydomonas ovata; 4 Chlamydomonas reticulata; 5* cellule de *Pediastrum* sp.; *2* œuf de *Volvox globator.* Coloration vitale par le rouge neutre; le vacuome est représenté en noir dans les figures.
(D'après P. A. et P. DANGEARD.)

allongées et filamenteuses, parfois anastomosées en un réseau et qui sont situées entre les ailes du chromatophore. Il existe également, comme on sait, des vacuoles polaires renfermant de petits cristaux de sulfate de chaux animés de mouvements browniens. Ces vacuoles à gypse appartiennent, comme les autres, au vacuome : on peut les voir fusionner avec de petites vacuoles ordinaires qui viennent à leur contact, ou bien encore se fragmenter pour engendrer des sphérules vacuolaires entraînées par la cyclose ; en outre, elles fixent, comme les autres vacuoles, les colorants vitaux.

Chez les *Hormidium* (Fig. 21) où il existe, comme chez d'autres Ulothricales, un type de vacuome à grandes vacuoles polaires, ces dernières peuvent subir un morcellement en éléments de petite taille à contenu plus concentré, phénomène que CHADEFAUD (1935) attribue à l'instabilité protoplasmique et qu'il compare à l'« agrégation vacuolaire », décrite chez les Plantes Supérieures. Au cours de ce phénomène, le vacuome transformé en petits éléments à contenu épais et visqueux, se disperse suivant des filaments souvent anastomosés en un réseau. Le mécanisme qui modifie ainsi le vacuome est tout à fait comparable à celui que nous avons signalé dans les méristèmes des Plantes Supérieures.

Le vacuome des Chlorophycées renferme assez souvent des corps figurés qui se présentent sous des états très divers et, par exemple, comme des globules *vacuolaires* chez des Chaetophorales et des Ulvales. Ces globules

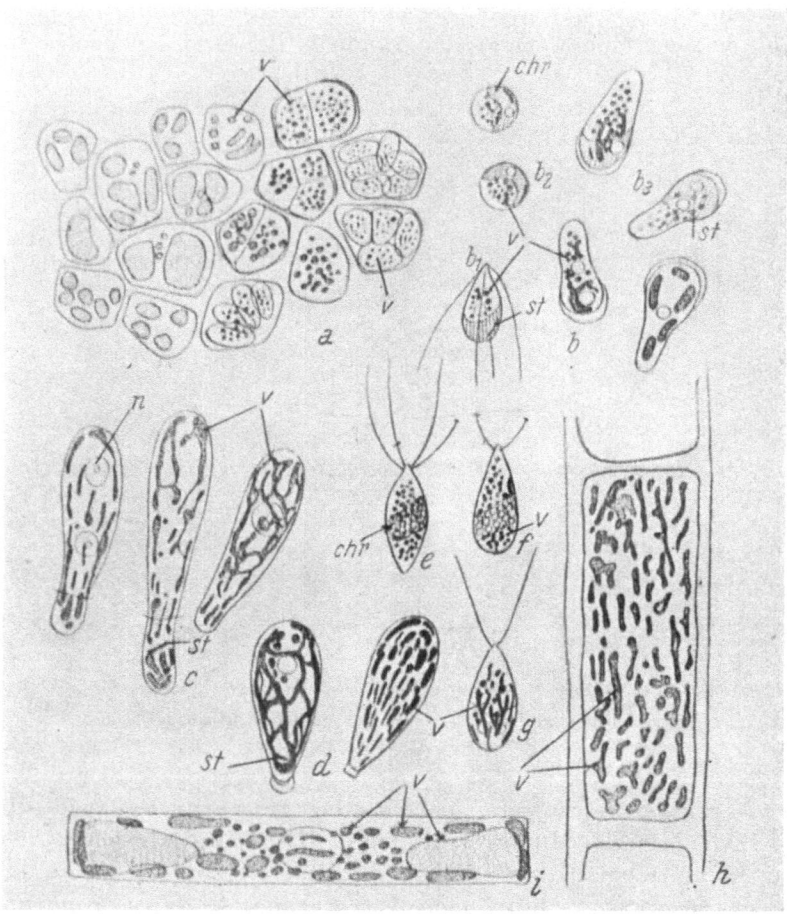

Fig. 20. *A Enteromorpha compressa*. Stades divers de la formation des zoospores, montrant l'évolution du vacuome *(v)*. — *B* Zoospores et leur germination: b_1 zoospore à 4 cils; b_2 zoospores venant de se fixer; b_3 début de la germination; *v* vacuome; *chr* chromatophore; *st* stigma. — *C* Zoospores de *Cladophora refracta* au début de la germination; *n* noyau; *v* vacuome réticulé; *st* stigma. — *D* Zoospores fixées de *Cladophora* sp. avec vacuome *(v)*. — *e* Zoospore de *Chœtomorpha œrea:* *f* gamète. — *G* Gamète de *Bryopsis plumosa:* *v* vacuome. — *H* Cellule de *Cladophora refracta* avec vacuome périphérique *(v)*, coloré vitalement. — *I* Cellule de *Fragilaria hyalina*, colorée vitalement.

sont distincts, en général, des corpuscules métachromatiques et ils ne se colorent pas vitalement ; certains cependant semblent pouvoir être formés de volutine, floculée spontanément. Chez les *Vaucheria* des inclusions particulières, d'aspect bourgeonnant, s'observent fréquemment à l'intérieur de la grande vacuole centrale et peuvent s'attacher à la paroi des siphons ; ils se colorent vitalement par le rouge neutre et le bleu de crésyl et, d'après MANGENOT (1934), ils donneraient les réactions des tannoïdes (Fig. 22).

Phéophytes

Chez les Algues brunes l'appareil vacuolaire correspond le plus souvent à des vacuoles assez larges, séparées par de minces travées de cytoplasme, ce qui donne au corps cellulaire une *structure spumeuse* ou alvéolaire souvent décrite. Mais de nombreuses variantes s'observent, surtout si l'on s'adresse à des algues au thalle différencié comme les Fucacées, les Desmarestiacées, les Laminariacées. Chez certaines de ces grandes Algues brunes on observe, en particulier, des *vacuoles spéciales*, colorables vitalement mais différant par leur aspect (grande réfringence), leur situation dans la cellule, leur constitution chimique, des vacuoles ordinaires. Chez les *Desmarestia*, où elles ont été décrites par CHADEFAUD (1930, 1935), les vacuoles spécialisées sont le lieu d'accumulation des sels acides qui donnent à ces algues la saveur de l'Oseille. Les Laminaires peuvent aussi renfermer dans leur tissu cortical profond des vacuoles spécialisées réfringentes. Leur aspect rappelle celui des globules de leucosine des Chrysophycées.

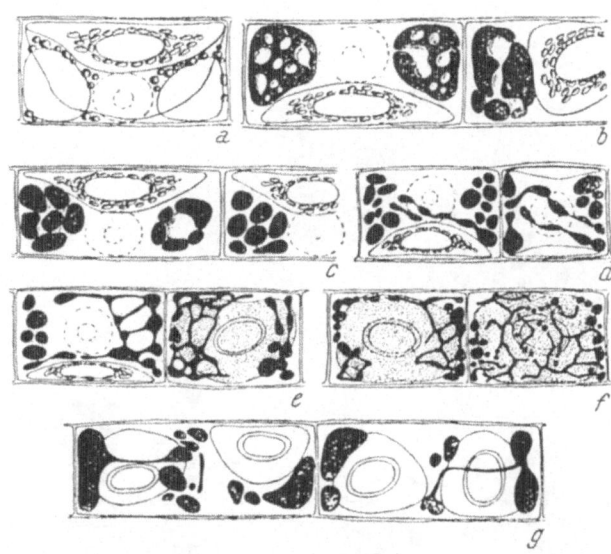

Fig. 21. *Hormidium* sp., vacuome: *a* chromatophore, vacuoles polaires globules lipidiques et noyau dans une cellule non coloré; *b* et *c* coloration vitale au bleu de crésyl montrant le vacuome coloré en violet pourpre; *d, e, f* vacuome aggrégé après coloration vitale, les petites vacuoles deviennent filamenteuses et s'anastomosent en réseau; *g* comportement du vacuome pendant la division cellulaire.

(D'après CHADEFAUD 1935.)

Les cellules d'une algue brune vivant en profondeur appartenant à un groupe différent, le *Sporochnus pedunculatus*, se signalent également par l'hétérogénéité de leur vacuome (P. DANGEARD 1933). En effet, dans les poils unisériés de cette Phéophycée, on trouve de grandes vacuoles qui se colorent vitalement d'une teinte métachromatique par le bleu de crésyl, et des vacuoles beaucoup plus petites, rondes où filamenteuses, disposées au voisinage du noyau et qui prennent une teinte violet foncé. On trouve aussi, dans les mêmes cellules, 5 à 8 vacuoles particulières renfermant des inclusions et dont l'aspect rappelle beaucoup les « ioduques » des algues rouges.

Enfin, chez diverses Fucacées comme les *Pelvetia*, les *Ascophyllum* et les *Fucus*, ainsi que nous l'avons montré (P. DANGEARD 1930), les cellules épidermiques du thalle ont un vacuome dispersé, sous forme de très nombreuses et minuscules granulations fixant les colorants vitaux, auxquels ils donnent une teinte métachromatique. Le fait, cependant, ne serait pas général chez les Fucacées (Chadefaud 1935), car les *Cystoseira ericoides* auraient dans les mêmes conditions des sphérules vacuolaires petites mais aqueuses.

Il existe encore, chez les Phéophycées, un constituant cellulaire que beaucoup d'auteurs rattachent au système vacuolaire et qui est extrêmement caractéristique de ce groupe d'algues : il s'agit des éléments connus sous le nom de *grains de fucosane* depuis Hansteen et auxquels Crato (1892) a donné le nom de *physodes*. Ce sont des corps très réfringents, accumulés souvent en abondance autour du noyau ou le long des travées du cytoplasme ; leurs formes sont variées ainsi que leurs tailles ; tantôt de consistance ferme et tantôt se comportant comme des inclusions liquides ou demifluides, on peut les voir se déformer au sein du cytoplasme vivant. Leur nature chimique en fait des tannoïdes donnant les principales réactions de ce groupe de corps : coloration rouge par la vanilline chlorhydrique, noircissement par OsO_4, coloration violette par le bleu d'indophénol naissant. Ils fixent avidement les colorants vitaux vacuolaires, de sorte qu'ils peuvent se colorer d'une manière intense, même dans des solutions extrêmement diluées de rouge neutre ou de bleu de crésyl (Fig. 23).

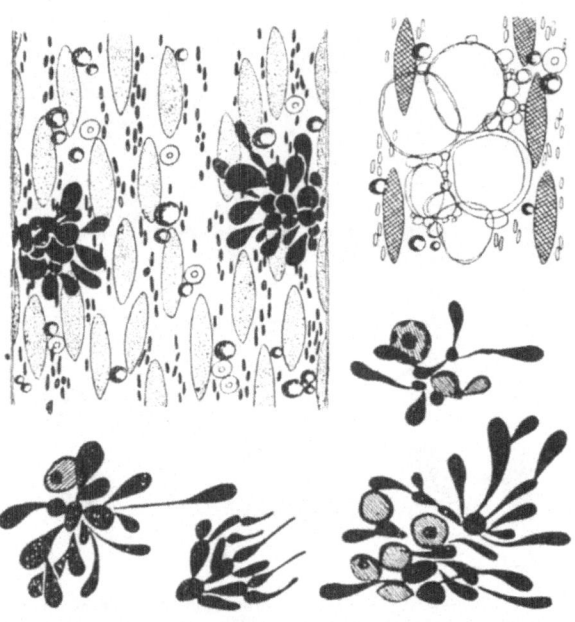

Fig. 22.   *Vaucheria* sp. En haut et à gauche, portion de thalle coloré vitalement au rouge neutre; en grisé les chloroplastes et en noir les physodes qui circulent entre les plastes et que le rouge neutre a colorées en rouge ainsi que les inclusions endovacuolaires bourgeonnantes. En bas inclusions vacuolaires bourgeonanntes colorées vitalement en violet par le bleu de crésyl.
(D'après Chadefaud 1935.)

L'étude approfondie des physodes des Algues brunes à laquelle s'est livrée Chadefaud (1935), lui a permis de reconnaître une très grande variété de ces corps : c'est ainsi qu'en dehors des physodes classiques à fucosane, ce savant a montré l'existence de *physodes sans fucosane* et de *physodes métachromatiques* où se forment des grains rouges par coloration vitale : certains physodes sont très réfringents, d'autres d'aspect mat, la plupart se colorant vitalement, mais cependant certains sont incolorables. On est donc amené à penser que la notion purement morphologique de physodes, chez les Algues brunes, s'étend à un ensemble d'inclusions sans doute rattachées les unes aux autres par leur origine, mais différant par leur nature chimique. Finalement, comme l'écrit Chadefaud, « un physode peut avoir tout à fait aspect et les propriétés d'un élément du vacuome ».

Il vient à l'esprit naturellement que les physodes des Phéophycées pourraient être des vacuoles spécialisées et, de cette façon, rattachées au vacuome. C'est l'idée de MANGENOT (1930) qui les compare aux vacuoles tannifères, spécialisées elles aussi, des Plantes Supérieures (Mimosées, *Berberis*, *Oxalis*, etc.). Malgré l'opinion énoncée plus haut et malgré bien des analogies avec le vacuome, CHADEFAUD (1935) est d'avis de rattacher les physodes au chondriome.

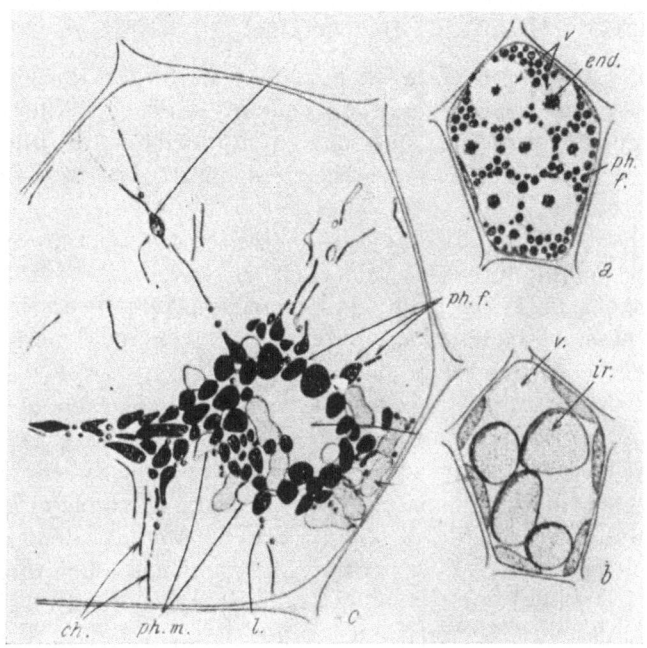

Fig. 23. *Cystoseira ericoides* Ag., colorations vitales au bleu de crésyl. *a* cellule superficielle du thalle, coupe optique passant près de la face externe; *b id.* coupe optique profonde; *c* cellules du tissu profond. *v* vacuoles; *end.* endochromidies cristallisées, pourprées; *ph. f.* physodes à fucosane; *ph. m.* physodes (mitochondriaux) mats, non colorables; *ir.* corps (iridescents).
(D'après CHADEFAUD 1935.)

En réalité, les physodes ne sont pas des éléments absolument propres aux algues brunes, car on retrouve des inclusions cytoplasmiques assez analogues, d'une part chez des Hétérokontées (Tribonémacées), d'autre part chez les *Vaucheria* et chez les *Zygnema*.

Chez les *Tribonema*, où ils ont été étudiés par CHADEFAUD (1936), les corps physodaires sont des corpuscules intracytoplasmiques, indépendants du vacuome et renfermant un contenu tannoïdique rappelant le fucosane. Ils ont la propriété de fixer énergiquement les colorants vitaux comme l'a montré P. A. DANGEARD (1916).

Chez les *Vaucheria*, il existe dans le cytoplasme des corps de petite taille, assez peu réfringents, qui s'accumulent parfois en grande abondance dans certains siphons. Ces éléments, qui se rapprochent par leur taille des chondriosomes, en diffèrent par leur réfringence et surtout par leur coloration vitale, facile au moyen de rouge neutre ou de bleu de crésyl.

Ils donnent, d'après Mangenot (1935), les réactions des phloroglucotannoïdes et aussi certaines réactions propres aux mucilages (métachromasie, coloration par le rouge de ruthénium) ; aussi Mangenot qualifie-t-il ces corps d'inclusions tanni-mucifères et il les compare aux physodes des Phéophycées. La distinction entre physodes et chondriosomes est parfois délicate, comme nous l'avons souligné (1939), chez diverses Vauchéries, aussi semble-t-il que ces corpuscules soient plus voisins du chondriome que du vacuome.

Rhodophytes

C'est aux vacuoles spécialisées que peuvent être rattachés, dans certains cas, les *corps irisants* dont on connaît l'existence chez un certain nombre d'Algues Floridées et qui sont en rapport avec le phénomène de l'iridescence signalé fréquemment chez ces algues vivant dans les mers chaudes.

De nombreux auteurs ont étudié les inclusions iridescentes des Floridées parmi lesquels nous citerons Berthold (1892), von Faber (1913), Mangenot (1933), P. Dangeard (1933—1940), J. Feldmann (1937). D'après nos observations, les inclusions iridescentes ont le plus souvent une structure finement granuleuse, et ce caractère de milieu trouble serait responsable de leur rôle vis-à-vis de la lumière. Au point de vue cytologique, les inclusions iridescentes correspondent soit à des vacuoles spécialisées indépendantes (*Chondria coerulescens, Laurencia pinnatifida (pro parte)*, soit au vacuome lui-même qui accumule des matériaux granuleux (*Wrangelia penicillata*). Il n'est pas toujours possible de définir exactement la valeur cytologique de ces enclaves spéciales qui se présentent comme des amas plus ou moins bien délimités, à l'intérieur du cytoplasme, de substances à l'état de fine émulsion, ou affectant parfois une disposition feuilletée (*Chylocladia*).

Chez les *Laurencia* iridescents, les cellules renferment deux sortes de vacuoles qui coexistent côte à côte, dont l'une seulement se colore vitalement et paraît correspondre au vacuome. Les unes et les autres semblent actives dans l'iridescence.

La nature chimique des inclusions iridescentes est variée : il s'agit parfois de corps à constitution protéidique (*Callithamnion caudatum*) ou bien encore de composés phénoliques (*Wrangelia, Laurencia*). Certaines inclusions peuvent même donner les réactions des lipides (*Gigartina acicularis*).

On pourrait peut-être encore rattacher au vacuome les vacuoles spéciales très réfringentes des *cellules glandulaires* connues, depuis Sauvageau, sous le nom d'*ioduques* et de *bromuques,* en particulier chez les Bonnemaisoniacées et les Céramiacées. Peut-être en est-il de même pour les « corps en cerise » de *Laurencia obtusa* ou les globules réfringentes des cellules de *Plocamium coccineum.*

Champignons

L'appareil vacuolaire des Champignons ne semble pas différer essentiellement de celui des autres Végétaux. Dans les hyphes mycéliennes les vacuoles sont souvent visibles sans coloration, *in vivo*, comme des espaces clairs au sein cytoplasme. Le suc vacuolaire est souvent assez épais et constitué par une solution colloïdale de *métachromatine* comme le montre une coloration vitale au moyen de rouge neutre ou de bleu de crésyl : au bout de quelque temps, en effet, ou parfois immédiatement, le contenu des vacuoles précipite sous forme de globules colorés, les *corpuscules métachromatiques.* Il semble aussi que ce soit dans les vacuoles du vacuome que s'accumule dans certains cas le glycogène qui, comme l'on sait, n'est pas rare comme produit du métabolisme chez beaucoup de Champignons. Il est possible aussi que les vacuoles à glycogène constituent des vacuoles spéciales reconnaissables par leur coloration rouge-brun par le réactif iodo-ioduré.

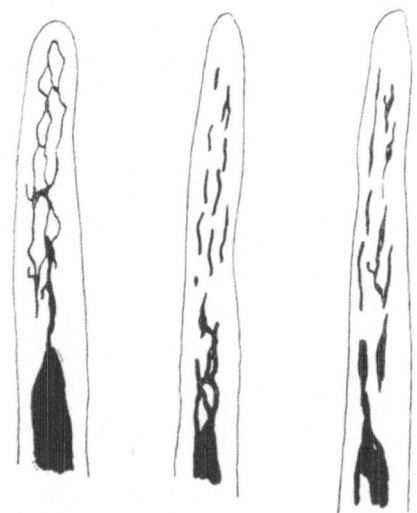

Fig. 24. Vacuome d'un *Saprolegnia* dans l'extrémité des hyphes en voie de croissance après coloration vitale par le rouge neutre.
(Schéma, d'après les travaux de P. A. DANGEARD et de GUILLIERMOND.)

Dans beaucoup d'hyphes mycéliennes en voie de croissance il est facile de constater que la région apicale renferme seulement de petites vacuoles rondes qui, un peu plus loin de l'extrémité, grossissent, puis fusionnent entre elles, pour donner dans les parties âgées du mycélium une ou plusieurs grandes vacuoles occupant le centre du filament et réduisant le protoplasme vivant à une mince couche pariétale.

Il arrive aussi, particulièrement dans les *Saprolegnia,* les *Achlya,* que le vacuome dans la région apicale des hyphes soit représenté par un ensemble de filaments minces ressemblant à des chondriosomes, ou par un réseau vacuolaire résultant de la confluence des filaments

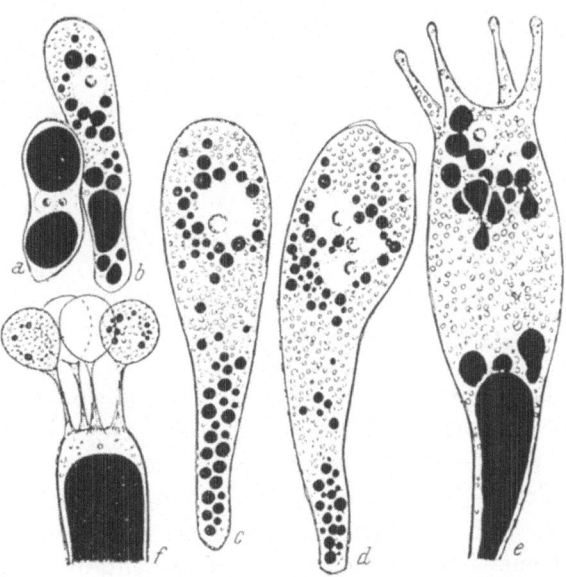

Fig. 25. *Amanita citrina :* états successifs des basides dans lesquelles le vacuome, coloré vitalement par le rouge neutre, a été représenté en noir.
(D'après CHADEFAUD 1937.)

entre eux (Fig. 24). La possibilité de colorer vitalement cet appareil par le

3*

rouge neutre et les colorants vitaux vacuolaires, comme aussi le fait que ces canalicules vacuolaires passent insensiblement à de grandes vacuoles dans la région adulte des hyphes, s'oppose à toute confusion avec le chondriome chez ces Champignons.

Les *Saprolegnia* et les *Achlya* fixent particulièrement bien les colorants vitaux qui imprègnent leur vacuome et lui donnent une forte coloration sans que, pour autant, leur croissance soit entravée, de sorte que, dans une solution de rouge neutre assez diluée (1 p. 100.000) le Champignon se développe parfaitement tout en ayant constamment son vacuome coloré (Guillier-mond 1930).

Il n'en est pas de même chez la plupart des autres Champignons qui, lorsqu'ils sont placés dans une solution de rouge neutre, se colorent bien vitalement, mais arrêtent leur croissance, laquelle ne reprend qu'après l'excrétion du colorant et la décoloration complète.

L'étude du vacuome pendant les différentes phases de la vie des Champignons a montré que les spores renfermaient quelques très petits grains de substance vacuolaire qui, au moment de la germination, constituaient le point de départ des vacuoles présentes dans le tube germinatif, issu de la spore. Il en est ainsi en particulier pour les basidiospores et Chadefaud (1937) a montré que le vacuome

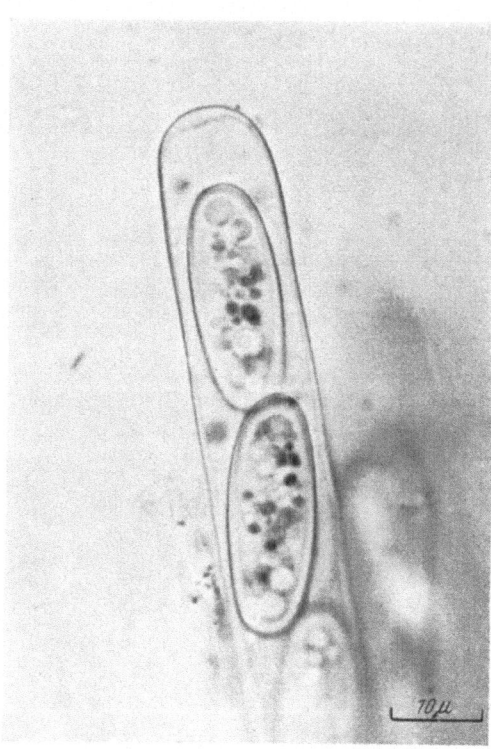

Fig. 26.   L'extrémité apicale d'une asque de Pezizacée montrant deux ascospores dont le vacuome est coloré par le rouge neutre (en noir sur la figure).

de la baside se transmettait aux basidiospores ; celles-ci ne possèdent donc pas un vacuome néoformé (Fig. 25). Des constatations de même ordre ont été faites chez les Ascomycètes où les ascospores renferment de petites sphérules vacuolaires colorables vitalement (Fig. 26).

Le vacuome des Champignons peut renfermer dans certains cas des éléments figurés, amorphes, ou présentant parfois la structure cristalline. Dans ce dernier cas, il peut s'agir de substances minérales comme de l'oxalate de chaux, ou de substances organiques, de nature probablement protéique, comme les cristalloïdes de *mucorine* des Mucorales. Les *grains de fibrosine* rencontrés dans les vacuoles des Erysiphales semblent également appartenir à cette catégorie. Chez les *Saprolegnia* on peut observer dans le suc vacuolaire des sphéro-cristaux qui, entre nicols croisés, montrent une forte biréfringence. Ils pourraient être de nature phospho-lipidique, d'après GUILLIERMOND et Mme HUREL-PY (1938).

Nous n'envisagerons pas d'une manière particulière le vacuome des Bryophytes, des Ptéridophytes et des Phanérogames : en effet ce sont des exemples principalement tirés de ces groupes qui ont été utilisés dans la partie générale. Le vacuome semble d'ailleurs posséder chez les Embryophytes des caractères beaucoup plus homogènes que chez les Thallophytes. Cependant chez les Bryophytes le vacuome est moins bien connu que chez les Plantes supérieures et il a fait l'objet récemment d'une mise au point par J. EYMÉ (1954). Cet auteur a porté son attention sur l'évolution du vacuome principalement au cours de la sporogénèse et de la spermatogénèse. Dans la premier cas, le vacuome se déshydrate considérablement dans les cellules sporogènes, ce qui aboutit à donner aux spores mûres un ensemble de petits grains vaculaires très condensés. Dans le cas de la spermatogénèse, l'évolution du vacuome aboutit à la formation de la vacuole qui subsiste dans l'anthérozoïde mûr au niveau de la vésicule cytoplasmique.

On voit donc que le vacuome des Bryophytes ne possède pas de caractère très particuliers et que son évolution correspond sensiblement à celle du vacuome des Ptéridophytes et des Phanérogames.

Bibliographie

ARNOLD, Z., 1927: Entwicklung und Aufgabe des Aleurons bei einigen Getreidearten. Acta botan. Univ. Zagreb 2, 57—77.

BAILEY, I. W., 1930: The cambium and its derivative tissues. V. A reconnaissance of the vacuome in living cells. Z. Zellforsch. usw. 10, 651—682.

— et C. ZIRKLE, 1931: The cambium and its derivative tissues. VI. The effect of hydrogen ion concentration in vital staining. J. gen. Physiol. (Am.) 14, 363—384.

BANCHER, E., 1951: Mikrurgische Studien an Delphinium-Anthocyanophoren. Protoplasma 40, 194—200.

BANK, O., 1935: Zur Tonoplasten-Frage. Protoplasma 23, 239.

BECKEROWA, Z., 1935: Über Zellsaft und Tonoplasten von Bryopsis. Protoplasma 23, 284.

BENSLEY, R. R., 1910: On the nature of the canalicular apparatus of animal cells. Biol. Bull. (Am.) 19, 179—194.

BHARGAVA, 1951: Étude cytologique sur quelques membres de la famille des Saprolégniacées. I, le vacuome ; II, le chondriome. Cytologia 16, 72—83.

BUVAT, R., 1937: Lipides intravacuolaires dans les méristèmes de certaines racines. Rev. Cytol. et Cytophys. végét. 2, 299.

— 1944, 1945: Recherches sur la dédifférenciation des cellules végétales. Ann. Sci. Nat. Bot. 5 et 6, 1—228.

CASSAIGNE, Y., 1931: Origine et évolution du vacuome chez quelques Champignons. Rev. gén. Bot. 43, 140.

CHADEFAUD, M., 1930: Observations cytologiques sur les Confervacées. Bull. Soc. Bot. Fr. 77, 358.

— 1935: Le cytoplasme des algues vertes et des algues brunes, ses éléments figurés et ses inclusions. Thèse, Paris.

— 1937 a: Le cytoplasme et le vacuome des basides. Rev. Mycol. 11, 97.

— 1937 b: Recherches sur l'anatomie comparée des Eugléniens. Le Botaniste 28, 86—183.

— 1938: Le protoplasme, les vacuoles et l'ornementation des spores dans les asques de deux Pezizes. Rev. Mycol. 3, 115—128.

CHAMBERS et K. HÖFLER, 1931: Micrurgical studies on the tonoplast of Allium Cepa. Protoplasma 12, 338.

CHOLNOKY, B. J., 1950: Recherches protoplasmiques par coloration vitale sur les cellules épidermiques de pétales de *Senecio cruentus*. Öst. bot. Z. **97**, 380—390.

CRATO, E., 1892: Die Physode, ein Organ des Zellenleibs. Ber. dtsch. bot. Ges. **10**, 10.

DALLEUX, Melle G., 1939: Recherches sur les plasmodes de deux Myxomycètes. Rev. Cytol. et Cytophys. végét. **4**, 124—182.

DANGEARD, P., 1921: Sur la formation des grains d'aleurone dans l'albumen du Ricin. C. r. Acad. Sci. Paris **173**, 857.

— 1922: Sur l'origine des vacuoles et de l'anthocyane dans les feuilles du Rosier. Bull. Soc. Bot. Fr. **69**, 112.

— 1923: Le vacuome dans les grains de pollen des Gymnospermes. C. r. Acad. Sci. Paris **176**, 915.

— 1923 a: Évolution du système vacuolaire chez les Végétaux. Le Botaniste **15**.

— 1923 b: Coloration vitale de l'appareil vacuolaire chez les Péridiniens marins. C. r. Acad. Sci. Paris **177**, 978—980.

— 1924: Le vacuome chez les Eugléniens. Bull. Soc. Bot. Fr. **71**, 297—298.

— 1927: Sur l'origine des vacuoles. Le Botaniste **18**. 63—76.

— 1928: L'appareil mucifère et le vacuome chez les Eugléniens. Ann. Protistol. **1**, 69—74.

— 1930: A propos de quelques travaux récents sur les grains de fucosane des Phéophycées. Bull. Soc. Bot. Fr. **77**, 369—375.

— 1932: Le vacuome des Algues et sa transmission par les zoospores. C. r. Acad. Sci. Paris **194**, 2319.

— 1933 a: Traité d'Algologie. Paris.

— 1933 b: Sur le vacuome des grains de pollen et des tubes polliniques. C. r. Acad. Sci. Paris **197**, 858.

— 1934: Les caractères du vacuome dans les grains de pollen et dans les tubes polliniques. Le Botaniste **26**, 235—240.

— 1935: Sur la présence de glandes à anthocyane chez les *Hypericum*. Proc.-verb. de la Soc. linn. de Bordeaux 1935.

— 1941: Sur le pouvoir d'accumulation des colorants vitaux par les cellules vivantes. C. r. Soc. Biol. **135**, 575.

— 1944: L'origine des grains d'aleurone chez quelques Légumineuses. C. r. Acad. Sci. Paris **219**, 492—494.

— 1947 a: Recherches sur l'aleurone et les constituants cytoplasmiques des graines de Légumineuses. Le Botaniste **33**, 59—104.

— 1947 b: Notes biologiques et cytologiques sur un Myxomycète (*Didymium clavus*). Le Botaniste **33**, 39—58.

DANGEARD, P. A., 1916 a: Note sur les corpuscules métachromatiques des Levures. Bull. Soc. Mycol. Fr. **32**, 27—32.

— 1916 b: La métachromatine chez les Mucorinées. Bull Soc. Mycol. Fr. **32**, 42—48.

— 1916 c: Observations sur le chondriome des *Saprolegnia*, sa nature, son origine et ses propriétés. Bull. Soc. Mycol. Fr. **32**, 87—96.

— 1916 d: Nouvelles recherches sur le système vacuolaire Bull. Soc. Bot. Fr. **63**, 179—187.

— 1932: Note sur la formation de granules chromatiques dans le cytoplasme de quelques algues sous l'influence des colorants vitaux. Le Botaniste **24**, 157.

— 1935: Note sur les principaux constituants de la cellule. Proc. VI. Intern. Bot. Congr. Amsterdam **2**, 33.

— 1945—1950: Mémoire sur la structure des Cyanophycées et le comportement de leur vacuome. Le Botaniste **30**, 341 p.

— et P. DANGEARD, 1924: Recherches sur le vacuome des Algues inférieures. C. r. Acad. Sci. Paris **179**, 1038.

DARWIN, F., 1876: The process of aggregation in the tentacules of *Drosera rotundifolia*. Quart. J. microsc. Sci. **16**, 309.

DESIRE, C., 1946: Action du rouge neutre sur les glandes de *Pinguicula vulgaris*. C. r. Soc. Biol. **140**, 265—267.

DISKUS, A., et KIERMAYER, O., 1954: Die Raphidenzellen von *Haemaria discolor* bei Vitalfärbung. Protoplasma, **43**, 450—454.

DRAWERT, H., 1951: Beiträge zur Vitalfärbung pflanzlicher Zellen. Protoplama **40**, 85—106.

DUGHI, R., 1944: Sur le vacuome de l'élément fongique des Phycolichens. Bull. Soc. Bot. Fr. **91**, 53.

DUGHI, R., 1949: Métachromatine et pseudovacuoles des Cyanophycées. C. r. Acad. Sci. **228**, 1245.

EICHBERGER, R., 1934: Über die Lebensdauer isolierter Tonoplasten. Protoplasma **22**, 606—632.

EYMÉ, J., 1947: Contribution à la cytologie de quelques Muscinées. Le Botaniste **32**, 101—196.

— 1954: Recherches cytologiques sur les Mousses. Le Botaniste **38**, 1—166.

FELDMANN, M., et Mme J., 1945: Recherches sur l'appareil-conducteur des Floridées. Rev. Cytol. et Cytophys. **8**, 159—209.

FREY, A., 1926: Études sur les vacuoles à cristaux des Clostéries. Rev. gén. Bot. **38**, 273.

GARDINER, W., 1885: On the phenomena accompanying stimulation of the gland cells in the tentacles of *Drosera dichotoma*. Proc. r. Soc., Lond. **39**, 229—334.

GARJEANNE, A. J. M., 1918: Die Rhabdoide von *Drosera rotundifolia* L. Rec. Trav. bot. Néerl. **15**, 237.

GAUTHERET, R., 1934: Sur la présence de lipides dans les vacuoles des plantules d'Orge. C. r. Soc. Biol. **116**, 809.

GAVAUDAN, P., 1930: Recherches sur la cellule des Hépatiques. Le Botaniste **22**, 105—294.

— 1932: Sur l'identité du vacuome métachromatique et de la leucosine des Monadinées et des Chrysomonadinées. C. r. Acad. Sci. Paris **194**, 2075.

— et VARITCHAK, 1932: L'évolution du vacuome et le glycogène chez *Ascoidea rubescens*. Bull. Soc. Bot. Fr. **79**, 177—182.

GICKLHORN, J., 1913: Über das Vorkommen spindelförmiger Eiweiß-Körper bei *Opuntia*. Öst. bot. Z. **63**, 8.

— 1929: Kristalline Farbstoffspeicherung im Protoplasma. Protoplasma **7**, 341.

GRASSÉ, P. P., 1925: Vacuome et appareil de Golgi des Eugléniens. C. r. Acad. Sci. Paris **181**, 482.

GUIGNARD, L., 1922: Sur l'existence de corps protéiques dans le pollen de diverses Asclépiadacées. C. r. Acad. Sci. Paris **175**, 1015.

GUILLIERMOND, A., 1913: Sur la formation de l'anthocyane au sein des mitochondries. C. r. Acad. Sci. Paris **157**, 1000—1002.

— 1914: Recherches cytologiques sur la formation des pigments anthocyaniques. Rev. gén. Bot. **25**, 295—337.

— 1918: Sur la métachromatine et les composés phénoliques de la cellule végétale. C. r. Acad. Sci. Paris **166**, 958.

— 1920: Nouvelles recherches sur l'appareil vacuolaire des Végétaux. C. r. Acad. Sci. Paris **171**, 1071.

— 1930 a: Culture d'un *Saprolegnia* en milieux additionnés de colorants vitaux. Bull. Histol. appl. etc. **7**, 99.

— 1930 b: Le vacuome des cellules végétales. Protoplasma **9**, 133.

— 1933: Recherches sur les caractères microchimiques et le mode de formation des pigments anthocyaniques. Rev. gén. Bot. **45**, 188.

— 1934: Le système vacuolaire ou vacuome. Act. sci. et ind. **171**, 107.

— 1938: Introduction à l'étude de la cytologie. Act. sci. et ind., Paris **741**, **742**, **743**.

— et R. GAUTHERET, 1940: Recherches sur la coloration vitale de cellules végétales. Paris.

— et Mme HUREL-PY, 1938: Recherches sur certaines particularités cytologiques d'un *Saprolegnia*. Rev. Cytol. **3**, 23.

HALL, R., 1936: Cytoplasmic inclusions of *Phytomastigoda*. Bot. Rev. **2 b**, 85—94.

HILTZ, P., 1949: Note préliminaire sur la cytologie des cellules à cystolithes de *Ficus elastica*. Étude du système vacuolaire. C. r. Acad. Sci. **228**, 194.

HOCQUETTE, M., 1936: Recherches microchimiques et cytologiques sur la nature et le mode de formation de la sécrétion de *Primula obconica* H. Rev. Cytol. et Cytophys. végét. **2**, 14—50.

HÖFLER, K., 1932: Zur Tonoplastenfrage. Protoplasma **15**, 462.

HOLLANDE, A., 1942: Étude cytologique et biologique de quelques Flagellés libres. Thèse, Paris.

HOMÈS, M., 1928: Évolution du vacuome au cours de la différenciation des tissus chez *Drosera intermedia*. Bull. Acad. roy. Belg., Cl. Sci. **10**, 5—54 ; **13**, 331—346.

— 1929: La question des plantes carnivores principalement au point de vue cytologique. Bull. Soc. roy. Belg. **61**, 147—159.

Hovasse, R., 1937: Quelques données nouvelles sur *Eudorina illinoisensis* Kofoid. Contribution à l'étude des Volvocales. Bull biol. France et Belg. (Fr.) **71**, 220.
— 1939: Nouvelles recherches sur les constituants cytologiques des Volvocales : les Chlamydomonadinées. Bull. Soc. Zool. Fr. **63**, 357.
Hurel-Py, Mme, 1934: Recherches sur les conditions du pH nécessaires pour obtenir la germination des grains de pollen et la coloration vitale de leurs vacuoles. C. r. Acad. Sci. Paris **198**, 195.
— 1942: Étude de la germination des grains de pollen de *Narcissus Tazetta*. C. r. Soc. Biol. **136**, 199.
— 1942: Sur les vacuoles des cellules à raphides. C. r. Acad. Sci. Paris **215**, 31.
Klebs, G., 1890: Einige Bemerkungen über die Arbeit von Went (Entstehung der Vacuolen usw.). Bot. Z. **48**, 550.
Küster, E., 1934: Über Zellsaft, Protoplasma und Membran von *Bryopsis*. Ber. dtsch. bot. Ges. **51**, 526.
— 1939 a: Vital Staining of Plant Cells. Bot. Rev. **5**, 351.
— 1939 b: Über Vakuolenkontraktion und Anthocyanophoren bei *Pulmonaria*. Cytologia **10**, 44—50.
— 1940: Neue Objekte für die Untersuchung der Vakuolenkontraktion. Ber. dtsch. bot. Ges. **58**, 113.
— 1951: Die Pflanzenzelle. 2. Aufl. Jena.
Lanz, I., 1942: Über Protoplasma und Vakuolen der *Cladophora*-Zelle. Ber. dtsch. bot. Ges. **60**, 37.
Lippmaa, Th., 1926: Die Anthocyanophore der *Erythraea*-Arten. Beih. bot. Zbl. **43**, 127.
Löwschin, 1914: Zur Frage über die Bildung des Anthocyans in Blättern der *Rosa*. Ber. dtsch. bot. Ges. **32**, 266—270.
Lüdtke, F., 1889: Beiträge zur Kenntnis der Aleuronkörner. Jb. wiss. Bot. **21**, 62.
Mangenot, G., 1927: Sur la présence de vacuoles spécialisées dans la cellule de certains végétaux. C. r. Soc. Biol. **97**, 342—345.
— 1928: Sur la signification des cristaux rouges apparaissant sous l'influence du bleu de crésyl dans les cellules de certaines algues. C. r. Acad. Sci. Paris **186**, 93.
— 1929 a: Sur les phénomènes dits d'aggrégation et la disposition des vacuoles dans les cellules conductrices. C. r. Acad. Sci. Paris **188**, 1431—1434.
— 1929 b: Sur les phénomènes de fragmentation vacuolaire dits d'aggrégation. Arch. Anat. microsc. (Fr.) **25**, 507—518.
— 1935 a: Recherches cytologiques sur les plasmodes de quelques Myxomycètes. Rev. Cytol. et Cytophys. végét. **1**, 19—67.
— 1935 b: Recherches cytologiques sur quelques Vauchéries. Rev. Cytol. et Cytophys. végét. **1**, 93—130.
Milovidov, P. E., 1930: Einfluß der Zentrifugierung auf das Vakuom. Protoplasma **10**, 452—470.
Mirande, M., 1923: Sur des organites élaborateurs particuliers (stérinoplastes) de l'épiderme des écailles des bulbes de Lis blanc. C. r. Acad. Sci. Paris **176**, 327.
— 1925: Sur la phytostérine des écailles dans les espèces du genre *Lilium*. C. r. Acad. Sci. Paris **180**, 1768.
Mottier, D. M., 1921: On certain plastids, with special reference to the protein-bodies of *Zea*, *Ricinus*, and *Conopholis*. Ann. Bot. **35**, 349—364.
Muschik, M., 1953: Untersuchungen zum Problem der Aleuronkornbildung. Protoplasma **42**, 43—57.
Pensa, A., 1917: Fatti e considerazioni a proposito di alcune formazioni endocellulare dei vegetali. Mem. r. Ist. Lomb. Sci. e Let.
Pfeffer, W., 1872: Untersuchungen über Proteinkörner. Jb. wiss. Bot. **8**, 429.
— 1886: Über Aufnahme von Anilinfarben in lebende Zellen. Unters. Bot. Univ. Tüb. **2**, 179.
— 1890: Zur Kenntnis der Plasmahaut und der Vakuolen. Abh. Königl. Sächs. Ges. Wiss. **16**.
Phillips, R. V., 1925: On vacuolar pseudopodia in a species of *Callithamnion*. Rev. Algol. **2**, 14.
Plantefol, L., 1933: Sur une activité physiologique de quelques pollens. Cristaux de rouge neutre et vacuome du grain de pollen. Ann. Sci. Nat. Bot. **10**, 261.
Pobeguin, T., 1943: Les oxalates de calcium chez quelques Angiospermes. Thèse, Paris.
Politis, I., 1914: Sopre speciali corpi cellulari che formano antocianine. Atti Ist. bot. R. Univers. d. Pavia **14**, 335—361.

Puymalý, A. de, 1925: Recherches sur les algues vertes aériennes. Thèse, Paris.

Quilichini, R., 1952: Contribution à l'évolution cytologique et chimique de quelques graines de Légumineuses. Le Botaniste 36, 1—189.

Reilhes, R., 1936: Stérides et phospho-lipides dans le système vacuolaire de la cellule végétale. Rev. Cyt. et Cytophys. végét. 2, 98—210.

Rendle, A. B., 1888: On the development of aleurone-grains in the Lupin. Ann. Bot. 2, 161.

Stenar, H., 1949: Contribution à la connaissance de l'embryologie et des cellules à raphides chez Borviea volubilis et autres Liliacées. Acta Horti Bergiani 15, 45—63.

Strugger, S. 1949: Praktikum der Zell- und Gewebephysiologie der Pflanze. 2. Aufl., Berlin.

Tieghem, Ph. van, 1888: Hydroleucites et grains d'aleurone. J. Bot. 2, 153.

Vouk, V., 1925: Über den plastidogenen Ursprung der Aleuronkörner. Acta bot. Inst. Bot. Univ. Zagreb 1, 37—43.

Vries, Hugo de, 1885: Plasmolytische Studien über die Wand der Vakuolen. Jb. wiss. Bot. 16, 465.

— 1886: Über die Aggregation im Protoplasma von Drosera rotundifolia. Bot. Z. 44, I.

Wakker, J. H., 1888: Studien über die Inhaltskörper der Pflanzenzellen. Jb. wiss. Bot. 19, 423—496.

Weber, Fr., 1934: Vakuolenkontraktion der Borraginaceen-Blütenzellen als Synärese. Protoplasma. 22, 106.

Went, F. A. F. C., 1888: Die Vermehrung der normalen Vakuolen durch Teilung. Jb. wiss. Bot. 19, 295—356.

— 1889: Die Vakuolen in den Fortpflanzungszellen der Algen. Bot. Z. 47, 196.

Werminski, F., 1888: Über die Natur der Aleuronkörner. Ber. dtsch. bot. Ges. 6, 199.

Wieler, A., 1943: Der feinere Bau der Aleuronkörner und ihre Entstehung. Protoplasma, 38, 21—63.

Yasui, K., 1949: On the chemical composition of the aleurone grains and the role of the nucleus on their formation. Cytologia 14, 204—213.

Zirkle, C., 1933: Vacuoles in primary meristems. Z. Zellforsch. usw. 16, 26—47.

— 1937: The plant vacuole. Bot. Rev. 3, 30.

Le vacuome animal

Par

RAYMOND HOVASSE

Professeur à la Faculté des Sciences de Clermont-Ferrand, France

Avec 16 Figures

Sommaire

I. Définition et Distinction du Vacuome

Définition du vacuome

Le terme de *vacuome* a été choisi par le Botaniste P. A. DANGEARD (1919) pour désigner l'ensemble des vacuoles que renferme une cellule au cours de son évolution. Quand au sens même du mot vacuole, on ne peut accepter celui, étymologique, du terme (espace vide), pour des éléments qui, *in vivo*, sont toujours pleins.

4*

Dans les cellules des Végétaux supérieurs, où l'existence de ces vacuoles a été reconnue avant qu'il n'en soit parlé à propos des cellules animales, il paraît cependant facile de s'entendre : au terme de leur croissance, les cellules renferment effectivement presque toujours une grande cavité, remplie de liquide, occupant la majeure partie du volume cellulaire, et refoulant le reste du cytoplasme au contact de la membrane. L'importance d'une telle vacuole ne peut échapper à l'observateur, qui sait, en outre, depuis De Vries (1885) le rôle essentiel qu'elle joue, du fait de sa richesse en eau et substances dissontes, dans les phénomènes d'osmose, permettant le maintien de la forme cellulaire, et, par suite, celle du Végétal tout entier. Les Botanistes ont été conduits ainsi à considérer cette catégorie particulière d'éléments comme les plus typiques des vacuoles.

Mais, ils ont reconnu ensuite l'existence d'un autre genre de vacuoles : les cellules jeunes des plantes renferment de nombreux petits éléments sphériques ou bacilliformes, d'aspect absolument différent des éléments précédents, et dont le contenu est constitué par des colloïdes denses, pauvres en eau : au cours des diverses phases de la croissance cellulaire, ils s'hydratent, se gonflent, fusionnent les uns dans les autres, et aboutissent à la grande vacuole typique.

Dans les cellules animales, à de très rares exceptions près, les grandes vacuoles font défaut ; les phénomènes de turgescence sont secondaires dans le maintien de la forme, assuré chez elles par d'autres procédés. On y trouve par contre des petites vacuoles comparables à celles des cellules végétales jeunes, mais elles sont presque toujours sphériques et il est rare de les voir évoluer comme chez les plantes.

Si nous voulons donc donner de la vacuole une définition logique, et générale, il nous faut la considérer simplement comme *une portion d'espace cytoplasmique ségrégée, isolée par une membrane simple*, et dont le contenu diffère de celui du cytoplasme ambiant, tantôt par sa consistance ou sa constitution, tantôt par sa composition chimique.

Au point de vue théorique, l'apparition d'une vacuole peut être comprise comme le résultat d'un phénomène de coacervation, ce terme étant envisagé dans un sens très large.

Nous savons, en effet, que Chambers, au cours de ses expériences classiques de microdissection (1916—1924), est parvenu à obtenir la formation de vacuoles. Il utilise l'œuf d'Oursin, dans le cytoplasme duquel il injecte progressivement de l'eau pure. Au début de l'expérience, celle-ci disparaît immédiatement, absorbée par dissolution. Mais, au bout d'un temps relativement bref, l'eau est refusée par le cytoplasme, et, près de l'extrémité de la canule, apparaissent une ou plusieurs microvacuoles, bien limitées par des membranes. Elles subsistent après le retrait de la canule, et sans que l'œuf semble avoir été lèsé. Il est évident que ces vacuoles renferment une solution de cytoplasme dans l'eau, mais non miscible au reste du cytoplasme : elles ont donc la valeur exacte de coacervats. Ce sont d'autre part des réalités uniquement momentanées puisqu'elles résultent d'un état d'équilibre entre eau et cytoplasme, équilibre qui peut ensuite, selon les conditions internes d'hydratation, se modifier tantôt dans le sens d'une croissance, tantôt dans celui d'une diminution, ou même d'une disparition.

Il est vraisemblable qu'un tel résultat, obtenu expérimentalement, à partir d'eau de provenance externe, doit se réaliser dans les conditions naturelles à partir de substances prenant naissance à l'intérieur même du cytoplasme, et qui ne seront pas obligatoirement de l'eau, ni même des corps hydrosolubles. On peut prévoir que leur ségrégation sera d'autant plus rapide que le ségrégat est moins soluble dans le cytoplasme, et que la quantité formée en est plus grande. Resterait à savoir si le point d'apparition de la vacuole est quelconque, ou au contraire prédéterminé, en quelque sorte, correspondant à l'existence d'un emplacement cytoplasmique privilégié. Nous chercherons plus bas, à repondre à cette question (cf. p. 30).

Du point de vue chimique, il est possible de concevoir de nombreux types vacuolaires, que l'on peut ranger en une série, partant de simples solutions minérales étendues, qui peuvent rester telles quelles, ou servir de milieux de dispersion aux colloïdes cytoplasmiques les plus variés, protéiques, glucidiques, lipidiques ou lipoïdiques. On peut envisager des concentrations plus ou moins élevées de ces corps, ainsi que des degrés plus ou moins importants de leur polymérisation. La quantité d'eau vacuolaire pourra devenir de plus en plus faible, et même nulle. Avec des contenus vacuolaires insolubles dans l'eau, nous aurons atteint la limite de la notion de coacervats. Cependant, comme cette insolubilité peut être obtenue par une série de transitions, il nous semble illogique de tracer dans cette série des coupures, qui ne pourraient être qu'arbitraires.

Nous sommes ainsi conduits à assimiler aux formations vacuolaires tous les éléments du cytoplasme qualifiés habituellement de paraplasmiques, et quelle qu'en soit l'origine. La nature du contenu sera surtout considérée en vue de dresser des catégories, et de dénommer spécialement les vacuoles. Nous utiliserons les termes habituels : vacuoles à cristalloïdes, à colloïdes, vacuoles métachromatiques, grains de volutine, grains envacuolés, grains de sécrétion, globules lipidiques, plages à glycogène ... etc.

Tous ces éléments n'ont pas toujours été rangés dans le vacuome : on a considéré, en effet, le plus fréquemment le terme de vacuole comme caractérisant les éléments cytoplasmiques riches en eau, capables de fixer les colorants vitaux basiques, en particulier le rouge neutre et le bleu de crésyle brillant, ces teintures étant considérées comme spécifiques.

On sait, à la suite de PFEFFER (1886), de GUILLIERMOND (1901—1902), et surtout à la suite de P. A. DANGEARD (1916), que, tant que les cellules sont vivantes, ces colorants y pénètrent, sans teinter ni le cytoplasme ni le noyau, et s'accumulent dans les vacuoles, en facilitant grandement l'étude. Le peu de toxicité du rouge neutre aux concentrations utilisées (du 1/10.000e au 1/100.000e), permet de conserver vivants, dans le colorant, de petits organismes uni- ou pluricellulaires, et de suivre ainsi l'évolution de cellules repérées dont seules les vacuoles sont teintées.

Le mécanisme de la coloration a été interprété comme lié aux propriétés électrochimiques des colorants d'après DE BEAUCHAMP (1909). VON MÖLLEN-

DORFF (1915 à 1920) a donné une importante mise au point de cet intéressant problème, d'où il résulte que les colorants vitaux se fixent sur des *granula*, préexistant dans les cellules, et qu'il considère comme étant, le plus souvent, des résidus du métabolisme, suspensions colloïdales de matières organiques. La nature chimique du granulum aurait du reste, moins d'importance que sa charge électrique, généralement positive, et qui attirerait celle, négative du colorant basique vital.

Cependant, tous les contenus vacuolaires ne donnent pas de telles colorations : en particulier, les lipides, les glucides condensés (glycogène, paramylon, leucosine...). Certains grains de sécrétion non plus : au centre d'une vacuole colorée par le rouge neutre, ils peuvent apparaître très petits, incolores. Ils grossissent ensuite en même temps que diminue la zône périphérique colorable, qui finit par disparaître totalement quand le grain est mûr. D'autres, au contraire, apparaissent d'emblée colorés dans des vacuoles incolores. D'autre part, le rouge neutre teinte parfois des éléments qui ne sont pas des vacuoles : chez les Trichonymphines, Flagellés termiticoles de grande taille, il n'y a pas de vraies vacuoles colorées par le rouge ; par contre, les teintures vitales se fixent vivement sur les fragments de bois ingérés (P. P. GRASSÉ 1926).

Il paraît ainsi illogique de baser sur une propriété de colorabilité qui n'est pas entièrement spécifique, la distinction du vacuome.

Néanmoins, il faut reconnaître que l'emploi des colorants vitaux, d'une grande facilité, a constitué et constitue encore, une méthode de choix pour l'étude des vacuoles : nous lui devons l'essentiel de nos connaissances sur la question. On doit cependant lui faire encore un grave reproche : elle est responsable de certaines erreurs qui ne peuvent être négligées. Ainsi que l'a indiqué en premier lieu CHLOPIN (1928), utilisé trop longtemps et à des concentrations un peu fortes (du 1/100e au 1/1000e), le rouge neutre peut provoquer dans un cytoplasme d'apparence homogène l'apparition de vacuoles nouvelles, dont cet auteur a désigné l'ensemble par le terme de *crinome*. Il doit s'agir là d'un phénomène qui n'est pas spécial au colorant, mais reproduit l'expérience de CHAMBERS citée plus haut. Le colorant se dissout d'abord dans le cytoplasme, puis à partir d'une certaine concentration, des coacervats se ségrègent sous forme de gouttelettes, qui sont les vacuoles du crinome, apparues en quelque sorte *de novo*. Nous aurons à réexaminer ce problème, moins simple qu'il n'a été admis jusqu'alors.

Le vacuome distingué des autres constituants cytoplasmiques

Etant donné un élément figuré reconnu dans le cytoplasme, quelles raisons avons nous de le considérer comme une vacuole?

En Cytologie végétale, la réponse est relativement facile : au cours de la croissance cellulaire, les vacuoles subissent, en effet, des changements réguliers et rapides éminément caractéristiques. Dans les cellules animales, une évolution identique est exceptionnelle : on ne l'a guère signalée que dans les *cellules chordoïdes*. Chez les Annélides du genre *Spirographis*, les cellules qui constituent le panache et auxquelles on donne ce nom, possèdent une évolution vacuolaire du type végétal, avec, en fin de croissance, une ou deux grandes vacuoles fixant par leur turgescence la forme de l'élément. Nous signalerons plus bas chez un Protiste, *Haematococcus pluvialis*, un autre exemple analogue, mais plus spécial. Enfin, dans les cellules glandulaires, il arrive que l'on rencontre également une évolution d'un type moins accentué, mais cyclique : nous l'étudierons plus bas en détails (cf. p. 10). Partout ailleurs, les transformations du vacuome animal sont très discrètes, ou nulles.

Cette stabilité des vacuoles animales fait qu'elles ont été parfois l'objet de confusions avec les autres constituants cytoplasmiques, en premier lieu *avec l'appareil de Golgi*, parfois aussi *avec le « trophospongium » de Holmgren*, enfin également *avec le chondriome*.

*

En 1910, R. Bensley met en évidence dans les cellules jeunes des racines d'*Allium cepa*, un système de canaux, plus ou moins anastomosés en réseau, et qui, au cours des diverses phases de la différenciation, se résout en vacuoles typiques. Il en proclame l'identité avec l'appareil de Golgi des cellules animales, parfois confondu lui-même à l'époque avec le trophospongium.

Sur l'instigation de Guilliermond, cette idée est reprise et développée alors par M. Parat. Seul, ou avec divers collaborateurs, ce dernier pense établir, entre 1924 et 1934, que le vacuome et l'appareil de Golgi ne sont qu'une seule et même formation.

Sans pouvoir reprendre ici le détail de ces recherches, qui ne peut se dissocier de l'étude de l'appareil de Golgi, il suffit d'indiquer qu'il en subsiste, en ce qui concerne cette revue, une importante partie positive : *la démonstration de l'existence générale du vacuome dans la cellule animale,* après caractérisation de cette formation par la coloration au rouge neutre. En outre, ces recherches ont indiqué le plus souvent l'*abondance particulière parfois même exclusive, des vacuoles au niveau de la zône de Golgi.*

Cet emplacement cellulaire privilégié, riche en lipides diffus, généralement entouré d'un chondriome abondant, a été considéré par Parat comme la région où, à l'intérieur du vacuome, apparaissent les produits de sécrétion, en un mot, comme le laboratoire de la cellule.

Imprégnée par les méthodes classiques à l'Argent ou à l'Osmium, cette zône fournit les images habituelles attribuées à l'appareil de Golgi, et qui seraient constituées soit par des précipités plus ou moins réguliers de ces métaux sur les vacuoles, donnant des formes identiques aux *dictyosomes* des auteurs, soit une imprégnation des lipides ou du chondriome intervacuolaires, figurant un appareil réticulaire.

Le Golgi, mis ainsi en évidence, serait un aspect artificiel d'une région cytoplasmique particulièrement labile, entourant le vacuome, et de celui-ci.

Cette thèse, très controversée à l'époque, rejetée par les uns, acceptée par d'autres, a eu le mérite de provoquer un nombre important de travaux sur le cytoplasme, jusqu'alors négligé au profit du noyau. Elle n'était généralement plus admise aujourd'hui, malgré les efforts de J. R. Baker,

qui soutient encore avec énergie les idées mêmes de Parat, en dépit des
arguments qui leur ont été opposés, et dont voici les deux principaux.

En 1934, Beams et King sont parvenus, à l'aide de la technique d'ultra-
centrifugation, à obtenir chez un Vertébré une séparation indiscutable du
Golgi, du chondriome et du vacuome : chacun de ces trois constituants cytoplasmiques possède donc une existence et des caractèristiques physiques
qui lui sont propres.

D'autre part, chez les organismes inférieurs, qu'il s'agisse de Protistes
comme les Chlamydomonadinées ou les Euglèniens, ou de Métazoaires tels
que les Spongiaires, certains Coelentérés et les Echinodermes, le Golgi peùt
se reconnaître sans imprégnation : il est bien distinct du vacuome, tant
morphologiquement que spacialement.

Ajoutons que la théorie de Parat a dû, à la fois son succès et l'opposition
élevée contre elle, au moins chez les formes supérieures, à la mauvaise connaissance que nous avions du Golgi, formation le plus souvent invisible sur
le vif, difficile à mettre en évidence sinon par les méthodes relativement
discutables des imprégnations métalliques, et aussi particulièrement fragile.
Nous verrons que le microscope électronique permet aujourd'hui de démontrer la réalité de l'appareil réticulaire, et de lui fixer une structure typique.
Il conduit même à le considérer comme l'origine certaine de vacuoles, sinon
du vacuome tout entier.

Une autre thèse a traité des rapports du Golgi avec l'appareil vacuolaire : c'est celle de Hirsch (1939) : elle admet la réalité du Golgi, mais, au
moins dans les cellules glandulaires, en fait dériver le vacuome. Les produits formés par les cellules exocrines s'élaboreraient, avec la contribution
du chondriome, à l'intérieur des Corps de Golgi, dans ce que l'on appelle
leur *internum*, puis s'en échapperaient selon une sorte d'essaimage, sous
forme de vacuoles. Cette manière de voir n'échappe pas non plus aux
arguments signalés plus haut. Néanmoins, la découverte des vraies structures golgiennes effectuée grâce au microscope électronique, lui redonne,
comme à celle de Parat, un regain d'actualité indéniable.

*

La question des relations du vacuome avec le trophosponge est beaucoup
plus simple. L'appareil décrit sous ce nom initialement, depuis 1900, consiste en canalicules observés dans la zône corticale de nombreuses cellules,
s'ouvrant à l'extérieur, et apparaissant en clair dans le cytoplasme après
fixation et coloration spéciale de celui-ci. Ces « canalicules du suc » (*Saftkanälchen*), se voient dans de nombreux types de cellules : nerveuses,
glandulaires, musculaires ou épithéliales. Ils proviennent essentiellement
de prolongements issus d'autres cellules, externes par rapport aux premières, et qui les pénètrent, facilitant très vraisemblablement leur nutrition.
C'est ainsi que chez tous les Insectes, les cellules dont le métabolisme est
important, sont pénétrées par des éléments trachéens leur apportant l'air
respiratoire. De même, certaines cellules glandulaires possèdent à leur
pôle de décharge des canalicules semi-permanents formant voie excrétrice.

Tous ces canalicules ont été rangés par HOLMGREN dans le trophosponge. Mais, il y a, par la suite, inclus certains appareils de Golgi. D'autre part, les réseaux qu'il dessine rappellent beaucoup certains aspects réticulés du vacuome des jeunes cellules végétales : aussi GUILLIERMOND, frappé de ces analogies, a-t-il contribué à accroître la confusion régnant alors, et en partie due à HOLMGREN lui-même, en assimilant Golgi, trophosponge et vacuome. DUBOSCQ et GRASSÉ, en 1933, ont mis les choses au point en distinguant avec précision l'appareil de Golgi du trophosponge et en indiquant aussi l'indépendance de ce dernier par rapport au vacuome.

*

Reste la distinction du vacuome vis-à-vis du chondriome. Elle s'est montrée parfois délicate, même en Cytologie végétale : c'est ainsi que GUILLIERMOND, en 1920, a considéré les primordia des vacuoles, dans certaines cellules jeunes, comme des chondriocontes : effectivement, les silhouettes de ces deux sortes d'éléments sont presque identiques. Par la suite, le même auteur est parvenu, ainsi que P. A. DANGEARD, à distinguer sans peine vacuoles et mitochondries : il faut faire abstraction des formes in vivo, et utiliser des colorisations différentielles, et, en premier lieu, les teintures vitales. Le vert janus B se fixe exclusivement sur le chondriome, lequel, d'autre part, ne se colore jamais par le rouge neutre, ni par le bleu de crésyle. La double coloration rouge neutre-vert janus, prônée par PARAT, permet d'obtenir des images très démonstratives. Après fixation mitochondriale, les méthodes classiques du chondriome colorent ce dernier, et jamais le vacuome, qui, par contre, peut apparaître en clair, sur le fond cytoplasmique coloré : c'est, dans ces conditions que le vacuome justifie le sens étymologique de son nom en paraissant vide.

On peut donc facilement discriminer les deux types d'éléments dans les cas douteux. Il en existe, en effet, un certain nombre.

Normalement dans les cellules animales, les éléments du vacuome diffèrent de ceux du chondriome à la fois par la dimension et par la forme. Cependant on connaît la tendance des mitochondries à la cavulation : elles se gonflent en milieu hypotonique devenant de petites sphères, qui, sur le vif, peuvent être prises pour des vacuoles. A l'état physiologique, NOEL a montré, en 1922, que chez divers Mammifères, les chondriocontes de la cellule hépatique peuvent, à la suite d'un repas riche en protéines, subire un gonflement important : on les confondrait alors facilement avec des vacuoles, si elles ne conservaient pas les caractéristiques histochimiques du chondriome. L'élément est transformé par ségrégation intramitochondriale de protéines : si nous acceptons à la lettre la définition que nous avons proposée plus haut des vacuoles, elle s'appliquerait, à la limite, à de tels éléments.

Mais, plus récemment, ZOLLINGER (1950), utilisant l'observation sur le vif, en contraste de phases, a pu suivre, dans les mitochondries même, le gonflement particulier qui produit la « tuméfaction trouble » des pathologistes, et qui semble dû à une ségrégation d'eau à l'intérieur de l'élément. Il a décrit ensuite, de la même façon, le stockage intramitochondrial d'albumine de Poule. Pour réaliser cette dernière observation, il opère sur les cellules rénales de Souris ayant reçu des injections intrapéritonéales d'albumine d'œuf. Il voit alors apparaître, dans les mitochondries, de petites gouttelettes réfringentes qui grossissent, entraînant le gonflement du corps mitochondrial lui-même. Il semble donc bien que des vacuoles puissent apparaître à l'intérieur même d'autres constituants cytoplasmiques, et conduire, par leur croissance, à des formes qui peuvent être confondues avec celles de vraies vacuoles.

Réciproquement, étant donnée une vacuole renfermant un produit secrété, il peut être difficile de savoir si elle a toujours été une vacuole, ou bien si elle n'est pas issue du gonflement d'une mitochondrie. Ce problème a préoccupé autrefois beaucoup les cytologistes, sans qu'une solution idéale ait jamais pu en être donnée, l'unique méthode des colorations discriminantes n'étant pas toujours applicable. Grâce à l'emploi du microscope électronique, un important progrès semble réalisable : les coupes ultraminces ont permis de reconnaître dans la mitochondrie normale une structure lamelleuse caractéristique, décrite par Palade et par Sjöstrand, les cloisons doubles, ou crêtes qui la constituent, s'appuyant extérieurement à la membrane limitante également double. Dans les vacuoles, une telle structure fait défaut, le contenu est homogène, et la limitante n'a jamais qu'une épaisseur.

Cependant, dans la tuméfaction trouble, et vraisemblablement dans tout gonflement du chondriome, la structure interne s'estompe, les crêtes diminuent en nombre et se raccourcissent, ne restant visibles qu'au contact de la limitante.

On est en droit de se demander si la structure ne disparaît pas quelquefois totalement, rendant la distinction difficile sinon impossible.

*

Notons enfin qu'il existe dans diverses cellules des vacuoles dites spécialisées, qui sont étudiées dans un autre chapitre de cet ouvrage : ce sont des éléments vacuolaires qui font plus ou moins figure d'organites.

Telles sont, en premier lieu les *vacuoles pulsatiles*, caractérisées par leur contractilité rythmique, et leurs fonctions excrétrices ou osmorégulatrices. On les observe chez la plupart des Flagellés libres, des Rhizopodes et des Ciliés. Elles existent également dans les choanocytes des Spongiaires, et dans beaucoup de leucocytes de Métazoaires.

Une autre catégorie comprend les *vacuoles digestives*, formées au moment de la capture des aliments figurés, et subsistant pendant la digestion intracellulaire, qui s'effectue à leur intérieur. Elles caractérisent toutes les cellules capables de phagocyter, aussi bien libres que fixées. On les rencontre chez les Protistes comme chez beaucoup de Métazoaires : citons celles classiques des Amoebiens, celles des Ciliés libres, celles des choanocytes des Spongiaires, celles des cellules intestinales des Coelentérés, des Vers plats, enfin, celles de tous les phagocytes sanguins ou coelomiques.

Il existe enfin des vacuoles ne rentrant pas dans les catégories précédentes, et auxquelles on attribue souvent un rôle défensif, plus ou moins démontré : tels sont les *corps mucigènes* de divers Flagellés, les *trichites* et *trichocystes* des Flagellés et des Ciliés. Tels sont même les *cnidocystes*, assimilés par E. Chatton à des vacuoles à flagelle interne dévaginable, et qui caractérisent certains Péridiniens et tous les Cnidaires.

Vis-à-vis des colorants vitaux, ces vacuoles spécialisées se colorent irrégulièrement : très bien, mal, ou pas du tout, selon l'espèce envisagée. Elles' se situent le plus souvent à un emplacement précis de la cellule ; leur nombre, leur dimension maxima sont fréquemment constants dans une même cellule ; fréquemment aussi, au moins chez les Protistes, elles sont douées de continuité génétique. Elles se distinguent ainsi, sans difficulté des éléments normaux du vacuome, tels que nous les étudions dans ces chapitres.

II. Quelques exemples de Vacuome chez les Métazoaires

A. Les vacuoles colorables au rouge neutre

Dans la cellule excrétrice

C'est dans ce type de cellules que les vacuoles animales ont été remarquées en premier lieu : Ranvier a étudié dès 1875 les vacuoles à mucigène des cellules muqueuses, noté leur apparition à la base de la cellule, leur grossissement et leur montée vers le pôle excréteur, puis leur rapide gonflement les transformant en mucus et déterminant l'éclatement du pôle, tandisque la cellule libérée de son produit de sécrétion devient cellule caliciforme.

Mais la première étude moderne des vacuoles excrétrices est due à Renaut (1907) qui utilise les caractères des vacuoles pour classer les modes sécrétoires des cellules envisagées. Il emploie, le premier, systématiquement le rouge neutre, et parvient à distinguer quatre types de vacuoles, servant de base à autant de modes sécrétoires.

Dans le premier, dénommé *rhagiocrine*, « le cytoplasme élabore, écrit-il, des grains de sécrétion albuminoïde qui s'y individualisent, puis se développent et murissent au sein de vésicules, dont le liquide particulier se teint intensément, sur le vivant, par le rouge neutre ».

A ce mode, il oppose le type *plasmocrine*, dans lequel les vacuoles ont un contenu liquide sans matières protéiques coagulées, mais peuvent renfermer du glycogène. De ses deux autres types, l'un, *lipocrine*, correspond aux vacuoles à lipides et lipoïdes, l'autre, *mucipare*, à celles signalées par Ranvier.

Parat (1928) a repris cette question avec beaucoup de précision, et son exemple favori, celui des *cellules de la glande salivaire des larves du Chironome*, peut passer pour classique. Ce matériel, facile à obtenir, est communément étudié dans les salles de travaux pratiques pour les énormes noyaux des cellules glandulaires décrits par Balbiani, et leurs chromosomes géants.

Sur des larves qui ont peu d'hémoglobine dans leur sang, il est possible d'examiner la glande sur l'animal vivant, et de poursuivre son étude pendant plusieurs jours.

On constate alors, en toute certitude, l'existence d'un cycle sécrétoire, affectant le vacuome, et que PARAT schématise en 8 stades intercalés entre

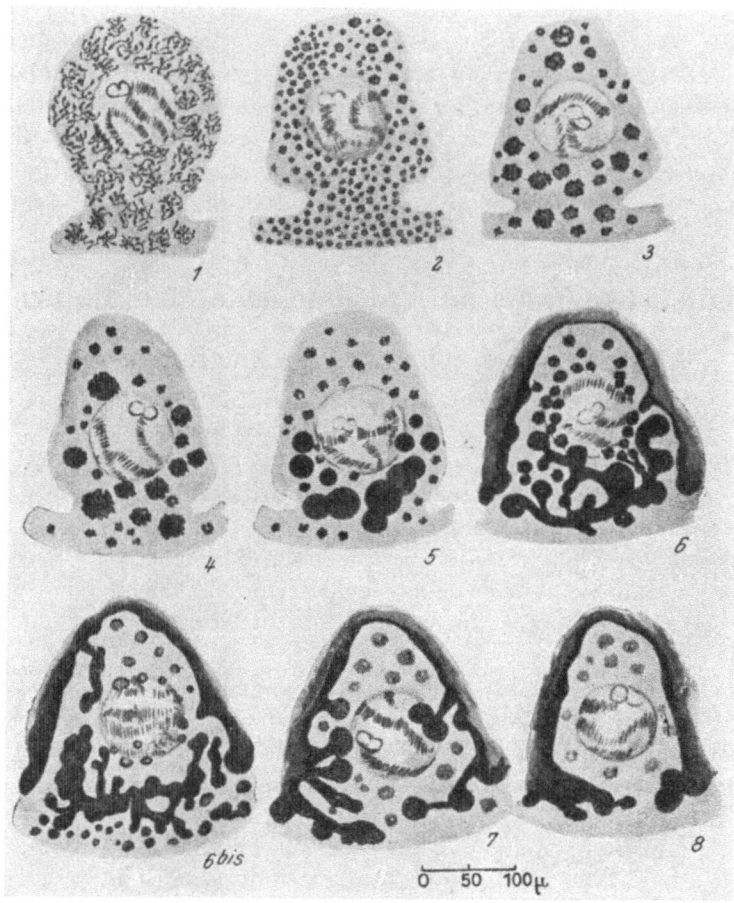

Fig. 1. Cellule de glandes salivaires de la larve du *Chironomus*. Les diverses phases d'un cycle sécrétoire. Coloration vitale au Rouge neutre, sauf 6 bis, provenant d'une imprégnation argentique. (D'après PARAT.)

deux excrétions successives, produisant la substance avec laquelle la larve agglomère les détritus qui lui permettent la construction de son tube (Fig. 1).

Chaque cellule possède une base à contour polygonal qui contribue à former la paroi de l'organe ; elle présente ensuite une région cylindrique, rétrécie, qui supporte le corps cellulaire renflé, centré par le volumineux noyau. Au début du cycle, stade 1 de l'auteur, le colorant vital teinte dans le cytoplasme une quantité considérable de filaments variqueux, courts, anastomosés fréquemment entre eux, et qui apparaissent comme formés de petites vacuoles confluentes. Il existe du reste, à côté, éparses çà et là, des vacuoles isolées. Le contenu de ces éléments, éprouvé par microdissection, se montre fluide, plus fluide que le fond cytoplasmique. S'agit-il bien du vacuome ? Ce ne sont pas, certainement, des éléments mitochondriaux : ceux-ci peuvent se reconnaître sur le vif, ou après coloration spécifique, comme des chondriocontes, bacilliformes, courts, disposés en une couche dense à la surface même de la cellule (Fig. 2). Leur cavulation est facile à obtenir, mais, intacts ou altérés, ils ne se colorent jamais par le rouge neutre, tandisqu'ils fixent régulièrement le vert janus. C'est à la suite de cette constatation que PARAT, en collaboration à l'époque avec J. PAINLEVÉ (1924), concluait à l'indépendance du vacuome et du chondriome.

Il soutenait, en outre, qu'il n'existait dans la cellule du Chironome aucun autre constituant cytoplasmique, conclusion qui ne fut pas toujours acceptée et qui reste douteuse.

Au stade 2, le réseau vacuolaire s'est gonflé par un apport de substance, et transformé progressivement en vacuoles isolées les unes des autres, plus grosses, irrégulières, mais tendant sensiblement vers la forme sphérique.

Aux stades 3 et 4, le processus de grossissement s'accentue par confluence des vacuoles précédentes, et les grosses masses formées tendent à se placer sous le noyau. Au stade 5, le contenu vacuolaire se condense en grains de sécrétion homogènes et bien sphériques. Les stades ultérieurs marquent

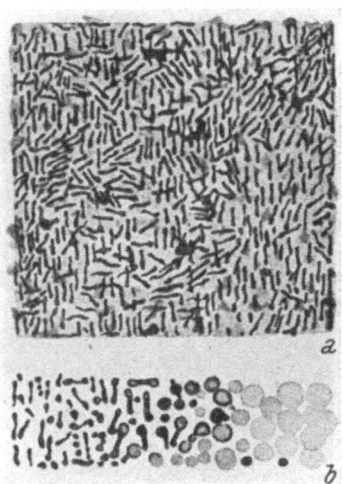

Fig. 2. Fragment de cellule des glandes salivaires de la larve du Chironome: Chondriome coloré au Vert Janus B. *A*: zône normale. *B*, zône altérée.

(D'après PARAT.)

une fluidification rapide de tous les grains qui confluent alors en un volumineux réseau intracellulaire, dense surtout à la base de la cellule.

Il vient alors en contact de la membrane cellulaire, et s'ouvre à l'extérieur par un nombre variable d'orifices temporaires qui donnent issue au produit de sécrétion. Les figures obtenues à ce stade rappellent d'une manière frappante certaines de celles que HOLMGREN donne de son trophosponge, et il n'est pas douteux que dans certains « canalicules du suc » décrits par lui, sont compris des éléments d'origine vacuolaire.

Le stade 8 marque la fin du processus d'excrétion : la cellule, déformée, a réduit ses dimensions, et son appareil vacuolaire n'est plus constitué que par quelques fines vacuoles, amorce d'un nouveau cycle sécrétoire.

Tel est l'aspect vital offert par le vacuome dans une cellule glandulaire, et reconnu grâce au rouge neutre.

PARAT et PAINLEVÉ ont également montré que ces éléments vacuolaires peuvent être imprégnés à l'Argent par la méthode de Da Fano : les résultats obtenus correspondent très bien avec ceux fournis par le rouge neutre (Fig. 3). L'Argent fixé sur les vacuoles, peut leur donner des allures de dictyosomes ; au moment de leur confluence, l'imprégnation mime un réseau de Golgi.

L'examen en contraste de phase, tel qu'on le fait aujourd'hui, donne des images superposables à celles de Parat, tout du moins aux stades avancés de la sécrétion : le colorant vital ne doit donc bien être considéré que comme un adjuvant, et le vacuome qu'il teinte n'est pas un crinome, au sens de Chlopin.

Un tel exemple n'est cependant pas très fréquent. Beaucoup plus souvent la sécrétion glandulaire s'effectue selon le type de la *cellule pancréatique exocrine*, qui sera notre second exemple.

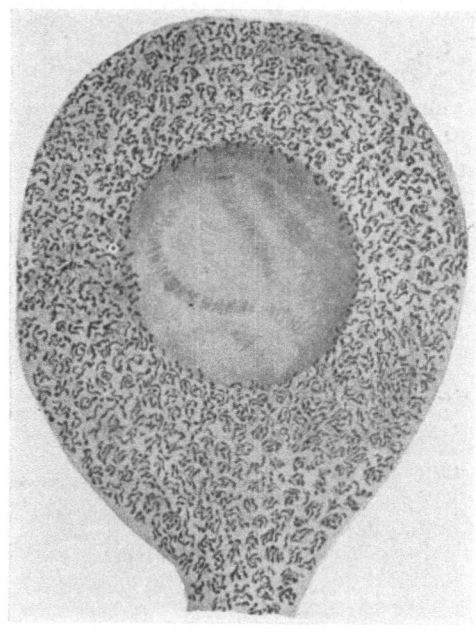

Fig. 3. Cellule de glandes salivaires de la larve du Chironome, au stade 1, imprégnation argentique au Da Fano. (D'après Parat.)

C'est un type cellulaire classique, dont les grains de sécrétion, connus depuis Claude Bernard, ont été étudiés récemment au microscope électronique. L'interprétation exacte en est difficile, ces grains ayant été compris de façons très diverses. Laguesse, G. Levi, les ont envisagés comme issus du chondriome ; Nassanov, Bowen ... ont attribué leur origine au Golgi ; Saguchi, Morelle, et aussi Bowen, les ont fait ensuite dériver des deux types d'éléments. Leur grande abondance caractérise en tout cas la cellule pancréatique antérieurement à sa sécrétion. Ils sont de tailles inégales, mais avec une variation assez régulière pour qu'on puisse noter un certain gradient de croissance, d'abord positif, puis négatif, à partir de la zône de Golgi, supra-nucléaire, jusqu'au pôle sécréteur (Fig. 4).

Dans la zône, et sur son pourtour immédiat, les vacuoles sont petites, intensément colorables par le rouge : elles sont plasmocrines, au sens de Renaut, mais, parmi elles, certaines montrent dans leur centre un granule non colorable, sont donc rhagiocrines. Il semble, et c'était l'avis de Parat, que celle-ci dérivent des premières par condensation du produit sécrété dans le liquide vacuolaire, sous forme du grain de sécrétion. Ces vacuoles rhagiocrines augmentent en nombre en s'écartant de la zône, en même temps que les plasmocrines diminuent. En outre, dans les rhagiocrines, au fur à mesure qu'on s'écarte de la zône, la partie externe de la vacuole, colorable au rouge, diminue d'importance par rapport au grain, devient un croissant coloré, puis disparaît totalement. Il n'y a plus dans la vacuole qu'un grain de sécrétion, dont la taille, ou bien ne croit plus, ou même diminue, par une sorte de condensation, au voisinage du pôle supérieur. La décharge se produit ici, sans effraction, et sans que les vacuoles aient conflué.

A la suite d'une injection de pilocarpine, qui provoque une décharge glandulaire importante, PARAT constate, chez *Scyllium catulus*, la disparition de la plupart des grains, maxima après 8 heures. Par contre, le nombre des vacuoles, tant plasmocrines que rhagiocrines, s'est considérablement accru (Fig. 5 *A*). Chez un Poisson qui a jeûné pendant 18 jours, certaines cellules de la glande présentent l'aspect inverse : cytoplasme bourré de grains de sécrétion, diminution considérable des vacuoles colorables, surtout rhagiocrines (Fig. 5 *B*). Tous ces faits ne peuvent s'interpréter autrement qu'en admettant que les grains se forment à partir du vacuome naissant au niveau de la zône de Golgi, puis évoluent en s'en écartant, surtout vers l'apex cellulaire.

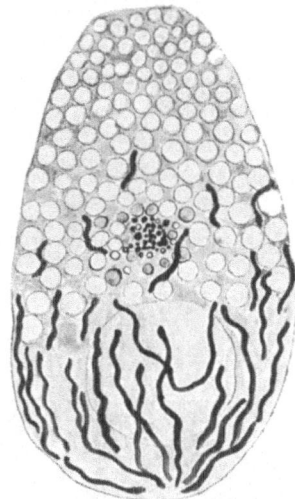

Fig. 4. Cellule pancréatique exocrine de *Scyllium catulus*, double coloration vitale, rouge neutre-Vert Janus. Chondriocontes noirs. Zône de Golgi avec vacuoles plasmocrines noires, rhagiocrines grises. Tout autour, grains de sécrétion blancs. (D'après PARAT.)

Il est moins facile de déterminer l'origine de cette évolution sécrétoire : PARAT admet que le chondriome, bien qu'abondant sur le pourtour de la zône — il écrit même : *dans* la zône —, ne prend aucune part directe, visible, à l'édification des vacuoles. Jamais les mitochondries, même vésiculisées, ne se colorent par le rouge neutre, aucune confusion n'est donc possible avec le vacuome.

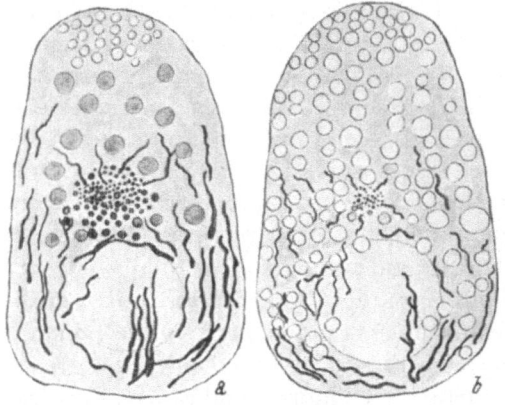

Fig. 5. Cellules pancréatiques exocrines de *Sc. catulus*. *A*, après décharge provoquée par la pilocarpine: diminution des grains, augmentation des vacuoles colorables au rouge neutre. *B*, après 18 jours de jeune: abondance des grains, diminution des vacuoles colorables. Même coloration que Fig. 4.
(Demi-schématique, d'après PARAT.)

Le même type de cellules a été étudié par HIRSCH, qui, ainsi que nous l'avons déjà indiqué, admet la réalité du Golgi, et lui attribue la formation des vacuoles. Il imagine une *présubstance* golgienne, en granules autoreproductibles, d'origine à la fois mitochondriale et cytoplasmique, qui fixerait la vitamine C. Le milieu ainsi formé, essentiellement réducteur est propre aux synthèses : il donnerait naissance à des gouttelettes de produit de sécrétion qui constitueraient les vacuoles, et se dégageraient du Golgi, montant vers le pôle sécréteur.

Etant donnée la richesse en enzymes des éléments du chondriome, aujourd'hui si bien établie, il est vraisemblable que les mitochondries jouent un rôle dans le phénomène sécrétoire, mais, ce rôle chimique n'est certainement pas perceptible sur le plan morphologique, où les observations de Parat restent intactes.

Il a cependant été obtenu d'importantes et nouvelles précisions, par des recherches récentes, effectuées au microscope électronique : le problème qui nous préoccupe se trouve également être celui de l'appareil de Golgi. Or ce dernier a tenté, et tente encore de nombreux chercheurs, dont nous pouvons utiliser les résultats.

Il semble que les premières images électroniques correctes de l'appareil de Golgi aient été celles données par Dalton en 1953. Seul, ou avec Felix, il a reconnu par l'étude d'un matériel peu différent du pancréas, constitué par les glandes duodénales, chez la Souris, que l'emplacement de l'appareil de Golgi se montre constitué par un ensemble de vacuoles, invisibles au microscope ordinaire $(0,05\,\mu)$, associées à des lamelles ou à des ensembles de lamelles. Des coupes réalisées après imprégnations osmiques ou argentiques, lui permettent de démontrer que ces métaux se déposent bien sur les structures mêmes reconnues au microscope électronique.

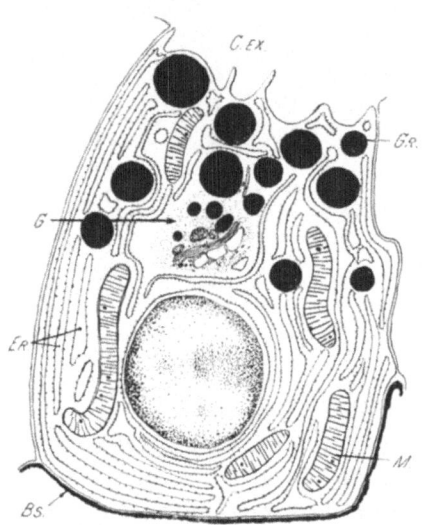

Fig. 6. Une cellule pancréatique exocrine de Souris vue au microscope électronique. *Bs.*, membrane basale. *c. ex.*, canal excréteur. *Er.*, vésicules de l'ergastoplasme. *gr.*, grains de sécrétion, *G*, zône de Golgi. *M.*, Mitochondrie.
(D'après un schéma de Sjöstrand et Hanzon.)

La cellule exocrine du pancréas est étudié ensuite par Sjöstrand et Hanzon (1954), qui précisent un peu plus son infrastructure. L'appareil est constitué par l'association constante des trois éléments suivants (Fig. 6 et 7) : une *substance fondamentale de Golgi,* homogène ou granuleuse, ou encore réticulée, disposée en amas, et formant souvent, mais pas toujours, autant de régions isolées les unes des autres et du cytoplasme ambiant par des « membranes cytoplasmiques » à double contour. Elle renferme des *membranes de Golgi,* rangées par paires accolées, chaque paire correspondant à une sorte de sac dont les deux parois sont serrées l'une contre l'autre, la cavité médiane étant plus ou moins virtuelle. Chaque membrane est épaisse de 60 Å, ce qui fait un total de 180 Å pour la paire et l'espace minimum intercalé. Les membranes de Golgi ainsi vues en coupe, sont souvent empilées les unes sur les autres. Leur extérieur est lisse, ce qui les différencie d'autres formations lamelleuses cytoplasmiques granuleuses extérieurement et qui forment l'ergastoplasme (cf. p. 19).

Le troisième constituant comprend les *granules de Golgi.* Il s'agit d'éléments à tendance sphèrique, ayant toutes les dimensions comprises entre 40 Å et la taille des grains de sécrétion. Il sont souvent plus opaques à la périphèrie qu'au centre, leur surface les limitant nettement vis-à-vis de la substance fondamentale. Parfois au contraire, cette membrane nette n'existe que sur un secteur, et ailleurs, il y a continuité entre leur centre et la substance fondamentale. Parmi ces granules, il en est de plus ou moins opaques aux électrons, leur degré d'opacité s'échelonnant entre celui de la substance fondamentale et celui des grains de sécrétion les plus caractérisés. Les grains les moins compacts sont parfois une agglomération de petites sphères à contours diffus.

Les grains de sécrétion caractérisés sont toujours homogènes, avec une limitante externe simple, régulière et nette, lisse à l'extérieur : c'est seulement la régularité de leur forme, ainsi que leur taille qui permettent de les distinguer des granules de Golgi.

Il est possible que des derniers naissent à partir des membranes de Golgi : celles-ci semblent parfois se fragmenter en petits corps, d'abord allongés parallèlement aux membranes, puis qui s'arrondissent devenant les granules.

Les mitochondries sont fréquentes au voisinage de l'appareil, mais sans qu'elles s'y accumulent particulièrement, et sans non

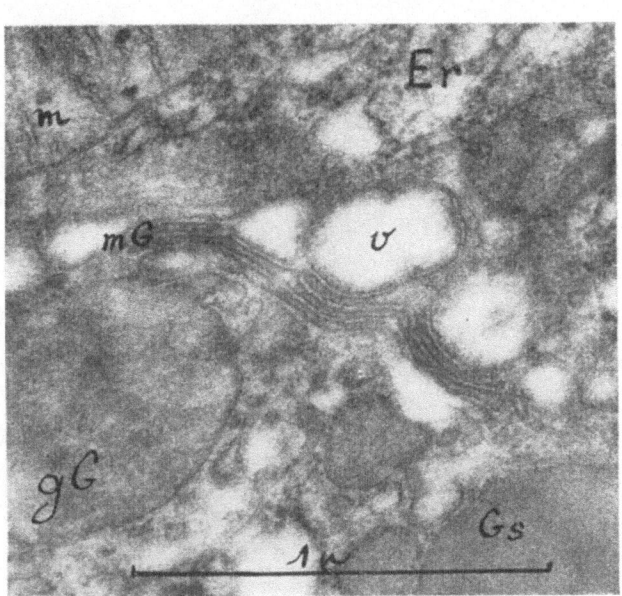

Fig. 7. Fragment de zône de Golgi d'une même cellule. *Er.:* ergastoplasme. *gG.* : granule de Golgi, à contenu hétérogène, à limitante nette, avec expansions vers les membranes de Golgi, *m. G., G. s.:* grain de sécrétion, homogène, dense, à limitante fine. *v*, vacuoles bordant les membranes de Golgi.
(Photographie électronique de SJÖSTRAND et HANZON.)

plus que leur structure y soit différente de ce qu'elle est ailleurs. Le chondriome ne paraît donc bien jouer aucun rôle direct dans la sécrétion.

En somme, les auteurs suédois démontrent que l'appareil de Golgi, défini cette fois par une structure précise, se trouve directement à l'origine des grains de sécrétion.

Toutefois, en ce qui concerne le problème qui nous préoccupe, leur travail reste incertain : que sont pour eux les vacuoles? Ils indiquent des « espaces vacuolaires » intercalés entre les membranes de Golgi, et limités par elles, mais semblent les considérer hors du circuit qui va des granules de Golgi aux grains de sécrétion. Ce serait la fixation qui serait responsable de leur existence « in producing a swelling of the spaces between the Golgi membranes and consequently produce, or enlarge the vacuolar spaces observed ». Il n'y aurait, en effet, rien dans ces espaces, ou très peu de choses.

Ce n'est cependant ni l'avis de Dalton, ni celui de Haguenau et Bernhard. D'après le premier (1954), les vacuoles sont un constituant réel de l'appareil de Golgi. Il écrit, en discutant l'article de Porter sur l'ergastoplasme (1954) « dans l'épididyme, les membranes sont régulièrement associées avec des

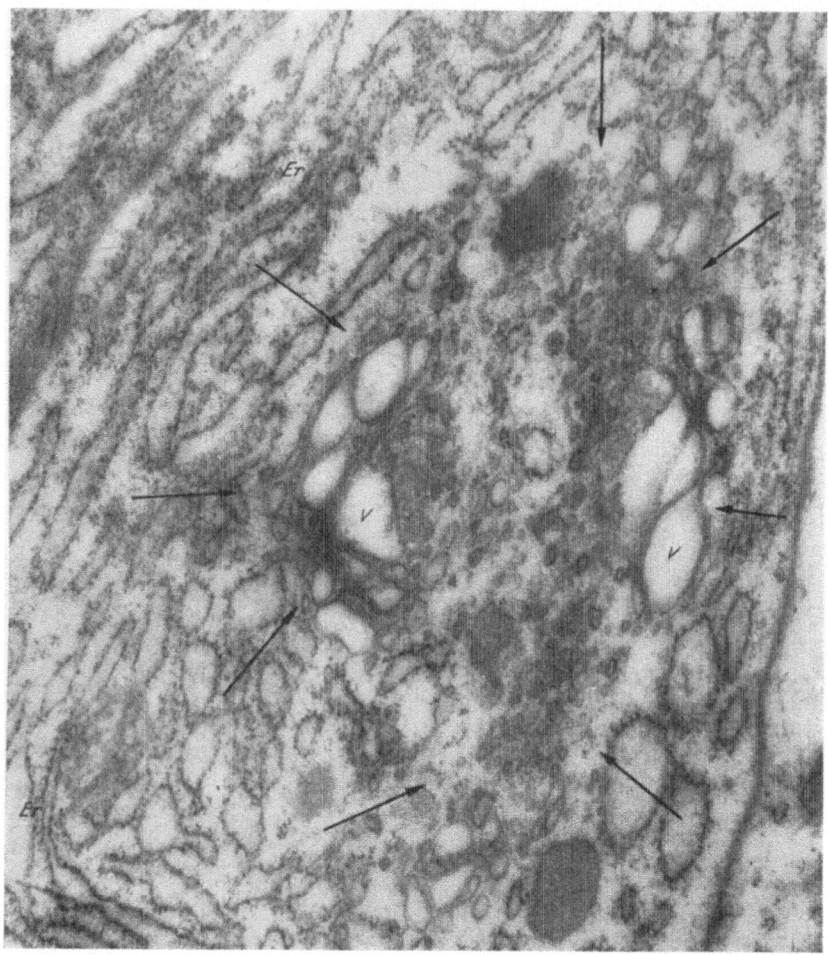

Fig. 8. Cellule d'un ganglion lymphatique de Lapin. Coupe d'ensemble de la zône de Golgi, indiquée par des flèches, microvésicules et vacuoles. v, ces dernières bordant la zône, au contact de membranes doubles. Autour, ergastoplasme, Er.
(Cliché Haguenau et Bernhard. × 32.000.)

groupes de grandes vacuoles, et de nombreux granules dont les tailles moyennes sont respectivement de 0,2 μ et de 400 Å. L'ensemble de ces trois constituants forme ce que l'on appelle le complexe de Golgi ». Dalton ne précise cependant pas le devenir de ces vacuoles : elles n'auraient, à son avis, rien à faire avec les vacuoles colorables au rouge neutre, affirmation qui nous paraît assez peu vraisemblable.

Françoise Haguenau (1955), rapportant l'avis de Haguenau et Bernhard puis ces deux auteurs (1955), (Fig. 8), déclarent l'appareil de Golgi formé de trois sortes de constituants : des *vacuoles,* de 2000 à 16.000 Å, limitées par des membranes lisses, et tendant à s'accoler les unes aux autres dessinant alors un réseau. Des *structures membraneuses,* constituées par la paroi même des vacuoles : lorsque celles-ci sont allongées, les parois accolées réalisent des systèmes de membranes parallèles.

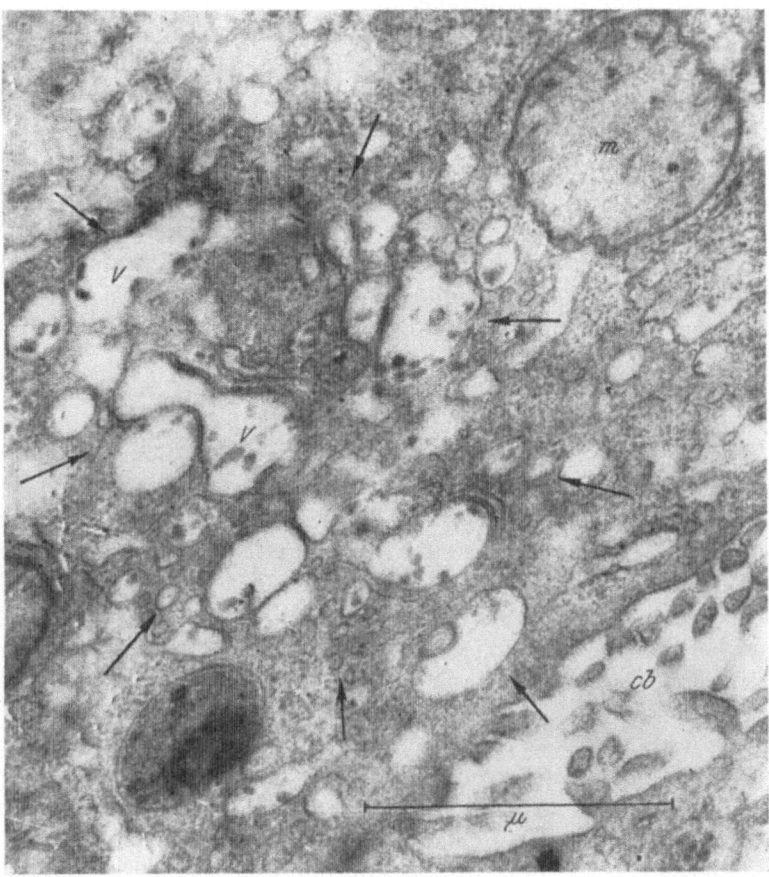

Fig. 9. Cellule hépatique de Rat: zône de Golgi, limitée par flèches. *cb.:* canalicule biliaire. *m:* mitochondrie gonflée. Noter l'importance des vacuoles *v,* et ce fait que certaines renferment un contenu.
(Cliché Haguenau et Bernhard. × 44.000.)

Enfin, des *granules* ou *microvésicules,* petits corps ovoïdes ou arrondis, dont les dimensions oscillent entre 200 et 500 Å. « En fait, écrit F. Haguenau, il semble ques ces trois constituants fassent partie d'un seul et même *système cavitaire* tantôt dilaté (vacuoles), tantôt rétréci (système lamellaire), tantôt fragmenté (microvésicules). »

Cette opinion se base sur l'étude de cinq types de tissus normaux, ganglions lymphatiques, leucocytes, cellule hépatique, thymus, tubes contournés du rein, et huit types de tissus tumoraux. Les trois types d'éléments golgiens s'y retrouvent toujours, mais il y a des Golgi à prédominance vacuolaire, d'autres lamellaires, d'autres enfin microvésiculaires. Les deux auteurs constatent également que toutes les vacuoles rencontrées dans cet appareil ne sont pas obligatoirement vides, comme l'ont admis les auteurs précédents. Elles renferment parfois un contenu et peuvent ainsi jouer un rôle dans le phénomène sécrétoire (Fig. 9).

En somme, l'existence de vacuoles dans le Golgi est indéniable, mais nous ne savons pas encore établir leur correspondance exacte avec les images vues au microscope optique. Sjöstrand et Hanzon en profitent pour mettre en doute la réalité de ces dernières images : ils semblent oublier que beaucoup d'entre elles ont été obtenues *in vivo*, sans artefact possible, si l'observateur a eu soin d'éviter la formation du crinome.

Malheureusement on sait que la coloration au rouge neutre est difficile à fixer, sinon même infixable. Il est ainsi malaisé de dire, après une fixation histologique, quel est le constituant cellulaire exact qui était précédemment coloré. La teinture vitale disparaît des vacuoles dès la mort cellulaire, et on sait qu'elle peut se porter alors sur l'ensemble du cytoplasme ou sur le noyau. C'est probablement ce qui explique le résultat étonnant signalé récemment par Weiss : sur ses coupes ultraminces, il aurait retrouvé le rouge neutre dans le chondriome (1955).

Dans la cellule nerveuse

Les éléments nerveux ont été beaucoup étudiés par les cytologistes depuis une soixantaine d'années : ils ne sont cependant pas encore les mieux connus, même malgré les plus récentes recherches sur leur ultrastructure. Ces cellules présentent en effet une complication un peu plus grande que les autres, puisqu'elles renferment, outre un appareil de Golgi très développé, des corps de Nissl et des neurofibrilles.

Des recherches récentes sur cette cellule ont porté sur les corps de Nissl, et, accessoirement sur l'appareil de Golgi (Palay et Palade, 1954) : elles n'ont pas envisagé la question du vacuome, et les vacuoles ne sont citées que sur les légendes des figures, c'est-à-dire sans explication. Si l'on se reporte, au contraire, aux travaux antérieurs à 1934, il en est fait largement mention, aussi bien chez les Invertébrés que chez les Vertébrés.

Chez les Mollusques, tels que *Helix, Lymnaea*, les petits neurones montrent régulièrement, au pôle opposé au point de départ de l'axone, des amas de petites vacuoles colorables au rouge neutre. Dans les gros neurones, le vacuome est disposé tout autour du noyau. Il existe du reste beaucoup d'autres granulations, probablement lipidiques, mais qui ne prennent pas le colorant vital ; certaines sont naturellement colorées en jaune ou en brun. Tous les auteurs qui ont étudié les cellules nerveuses des Gastéropodes en font mention : en particulier Kolatchev, Smallwood et Rogers, Kunze, Brambell et Gatenby, Parat... Dans tous ces éléments cellulaires, l'emplacement du Golgi coïncide avec celui des vacuoles colorables, qui restent sensiblement stables au cours de la vie cellulaire, sans variations importantes de leur taille.

Chez les Crustacés, par exemple, dans les cellules ganglionnaires de la chaîne ventrale des *Oniscus*, le vacuome, qu'il soit coloré vitalement ou observé en contraste de phase, présente une disposition rappelant celle que nous venons d'examiner : dans les petits neurones, il est localisé à l'opposé du point d'insertion du cylindre-axe, éparpillé dans toute la cellule dans les gros neurones. Là aussi, sur tout le pourtour du noyau, il y a d'autres éléments granulaires réfringents *in vivo*, probablement lipidiques. Dans toutes les cellules, la taille des vacuoles paraît uniforme. En ce qui concerne le Golgi, il semble, d'après POLUSZINSKI (1911), RINA MONTI (1914), MIGLIAVACA (1926) qu'il soit dispersé dans toute la cellule. Il est vrai qu'il subsiste une incertitude en ce qui le concerne, une confusion avec le chondriome très abondant, aux dires de PARAT, ayant pu se produire dans les travaux précités, basés presque uniquement sur des imprégnations argentiques. PARAT, sans décrire spécialement le Golgi, remarque, chez *Maia squinado*, une dispersion homogène des vacuoles dans tout le corps des neurones, et un épais feutrage mitochondrial, disposé dans les intervalles, pouvant s'imprégner à l'Argent, ainsi que parfois les vacuoles. Là aussi, les éléments vacuolaires restent stables, leur contenu ne paraissant pas se modifier au cours de la vie cellulaire.

Chez les Vertébrés, les images obtenues en coloration vitale montrent dans les jeunes neurones, par exemple, chez les têtards de Batraciens, d'après PARAT, un amas vacuolaire localisé principalement au centre de la cellule, le noyau étant ici en position excentrique : cet amas correspond à la zône de Golgi, telle que les imprégnations la révèlent.

Chez les embryons de Mammifères, les vacuoles sont plus dispersées dans le cytoplasme, dispersion qui subsiste également chez l'adulte. Seules deux régions sont dépourvues de vacuoles : l'une périphérique, l'autre juxtanucléaire. La taille des éléments vacuolaires varie de cellule à cellule : il arrive qu'elles se disposent en chaînes, s'anastomosant plus ou moins en cordons. Là encore, cette situation est tout à fait comparable à celle du Golgi.

Le travail, déjà cité de PALAY et PALADE, sur la structure fine des neurones, est surtout impressionnant par l'importance qu'il reconnaît dans ces cellules aux *formations ergastoplasmiques,* dénommées *reticulum endoplasmique,* ou encore *composant basophile.* Nous employons de préférence le terme français, car il ne semble pas y avoir le moindre doute en ce qui concerne l'identité de ces éléments avec les formations décrites en 1900 par GARNIER.

Au microscope électronique, on distingue un empilement de lamelles doubles, disposées parallèlement, comme les membranes de Golgi étudiées plus haut, mais toutefois unies les unes aux autres par des tubes ou des chaînes de vésicules en un réseau complexe. Elles s'en distinguent, en outre, par ce fait qu'à l'extérieur des lamelles, et presque en contact avec elles, on voit régulièrement des grains denses, mesurant 50 Å de diamètre, dénommés actuellement *grains de Palade,* et interprétés, à la suite de PORTER (1954) comme des macromolécules de nucléoprotéides. Ces grains sont évidemment l'origine de la basophilie de la formation.

Les deux membranes d'une même paire s'écartent parfois, et l'espace ainsi défini, souvent moins virtuel que celui des membranes de Golgi, constitue une véritable cavité, ou plutôt un système cavitaire, plus ou moins aplati. Les auteurs américains le désignent par le terme un peu surprenant de *cisternæ* (littéralement : citernes...). En coupe, ces cavités sont nettement irrégulières, mais çà et là, on reconnaît d'autres dilatations, à tendance sphèrique, qui présentent avec les lamelles doubles les mêmes rapports que les citernes, ou même se dégagent des lamelles doubles (Fig. 10).

Mais il existe aussi un appareil de Golgi, moins spécialement étudié par les deux auteurs, néanmoins fort reconnaissable, car il présente exactement les caractères signalés plus haut à propos de la cellule pancréatique. Les

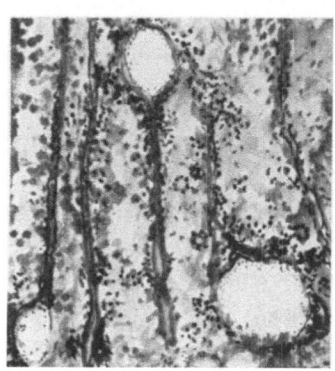

Fig. 10. Fragment d'ergastoplasme d'un neurone: dilatations des cavités par écartement des membranes doubles, ou même dégagées de celles-ci.
(D'après une photographie de Palay et Palade. × 40.000.)

membranes de Golgi, qui le constituent, sont cependant plutôt des rubans étroits, faciles à distinguer de l'ergastoplasme par l'absence des grains de Palade. Pour cette raison, Palay et Palade le dénomment *reticulum agranulaire* ; il est possible, d'après eux, et c'est aussi, pour d'autres exemples, l'avis de Haguenau et Bernhard, que les deux systèmes lamelleux soient en connexion étroite. Quoiqu'il en soit, leurs dessins figurent là aussi, des éléments à allure de vacuoles un peu en dessous de la limite de visibilité optique, tantôt en relation avec les lamelles et, en dérivant, en toute vraisemblance, tantôt simplement à leur proximité, et parfois renfermant un amas de petites vésicules.

Devant cette abondance de vacuoles, nous retrouvons le problème sur lequel nous nous sommes heurtés déjà à propos de la cellule pancréatique. Il est dangereux pour l'instant d'assimiler telle ou telle de ces vacuoles au vacuome colorable.

Pour en arriver là, des recherches nouvelles sont souhaitables, poussées avec plus de précisions dans le sens d'une comparaison avec ce que montre l'étude *in vivo*, tant après utilisation du rouge neutre qu'avec le contraste de phases.

Malgré la belle confiance des électromicrographes en leurs découvertes, n'oublions pas non plus que la part des artefacts liés avec les techniques d'utilisation de l'hypermicroscope reste en grande partie à faire. A ce point de vue, l'exemple de Palade, étudiant l'action du pH des fixateurs sur les résultats de fixation (1952), serait à suivre plus largement. Il est incontestable qu'une modification même légère de la réaction ionique du fixateur se traduit toujours par l'apparition de vacuoles inexistantes auparavant et que le microscope électronique met immédiatement en évidence.

Le vacuome dans la vitellogénèse

La formation du vitellus dans l'ovocyte est un problème complexe, étant donnée la variété chimique des constituants vitellins, les uns protéiques, les autres lipoprotéiques ou lipidiques, ou même encore glucidiques.

Les premiers auteurs qui l'aient étudiée avec des méthodes modernes l'ont attribuée au chondriome, en particulier LAMS, LOYEZ, RUSSO, BULLIARD, plus récemment KONOPACKI. Mais cette thèse a été infirmée par AVEL (1923), G. LEVI (1927) ; la vitellogénèse a été attribuée aussi au Golgi associé au chondriome par HIRSCHLER (1916). GATENBY et ses collaborateurs ont fini par admettre l'existence de quatre types de vitellus, classés d'après leur origine : le *M-yolk*, de provenance mitochondriale ; le *G-yolk*, golgien ; le *N-yolk*, issu d'émissions nucléolaires, enfin le *C-yolk*, directement formé dans le cytoplasme. Une controverse assez confuse, en 1926 et 1927, semble avoir démontré que le problème présente réellement plusieurs solutions, et

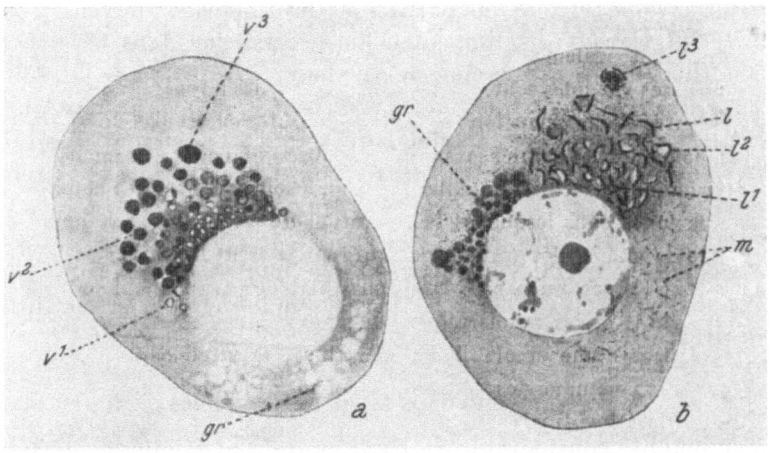

Fig. 11. Jeunes ovocytes d'*Helix*. A, imprégnation argentique, B, imprégnation osmique. La vacuome est à divers stades d'évolution, *v 1, v 2, v 3*, engagés dans la formation du vitellus. *gr.*, globules adipeux, sans relation avec lui. En B, rapports de contact entre éléments golgiens (lépidosomes de PARAT) et les vacuoles, ici non imprégnées. Les graisses ont réduit l'osmium, *m*, chondriome.

il ne semble pas que depuis lors il ait beaucoup progressé, vraisemblablement faute de recherches sur les ultrastructures.

Quand au rôle du vacuome, il ne semble pas non plus avoir été nettement dégagé, malgré les efforts de PARAT et de ses collaborateurs.

Les faits établis paraissent les suivants.

Dans le jeune ovoycte, il existe toujours des vacuoles au niveau de la zône de Golgi, généralement riche en chondriome. Au cours du grand accroissement, le nombre de ces éléments augmente, en même temps qu'ils se dispersent dans toute la masse, rayonnant autour du noyau. Initialement plasmocrines, les vacuoles montrent bientôt un grain central qui ne cesse de s'accroître, devient réfringent, puis prend la place entière de la vacuole (Fig. 11, *A*). Tantôt il se colore au rouge neutre, tantôt il reste incolore, selon l'espèce considérée. C'est là, en somme, l'expression d'un remplissage vacuolaire, puis de la concentration du contenu colloïdal obtenu, vraisemblablement par perte d'eau, et aboutissant à la plaquette vitelline. GUILLIERMOND (1934) rapproche ce processus de celui qui, dans les graines, conduit aux grains d'aleurone.

Parat, suivant cette transformation chez l'Escargot, a noté, au contact des vacuoles en évolution, la présence d'éléments qu'il qualifie de lépidosomes, et qu'il doit falloir interpréter aujourd'hui comme des éléments golgiens (Fig. 11, B).

Ainsi prend naissance le vitellus protéique. Mais, il arrive, dans d'autres types, par exemple chez *Aplysia*, que les plaquettes protéiques une fois formées, se chargent, après condensation déshydratante, de lipoïdes ou même de lipides, se dissolvant, ou étant adsorbées à la périphérie. Nous verrons plus bas que le vitellus exclusivement lipidique se forme différemment.

Il faut noter aussi que l'appareil nucléaire est très hypertrophié pendant ces transformations, et que, en particulier les nucléoles doivent y jouer un rôle. La véritable pulvérisation nucléolaire classique dans les ovocytes de Batraciens, liée à la transformation de leurs chromosomes en « filaments barbelés », offrant une surface énorme, attestent la complexité du phénomène. Mais nos méthodes morphologiques, qui ne peuvent saisir que les relations spaciales des éléments, sont ici impuissantes pour nous renseigner exactement.

En ce qui concerne spécialement le vacuome colorable, il faut souligner enfin sa disparition totale dans l'œuf mûr, contrastant ainsi grandement avec son abondance dans l'ovocyte : ainsi semble démontrée son utilisation au cours de la vitellogénèse.

Le vacuome dans la spermatogénèse

Dans le nombre considérable de travaux qui ont étudié la formation des gamètes mâles, il n'est généralement pas question du vacuome, délaissé aux profit du Golgi ou du chondriome, dont les comportements, compliqués, ont donné lieu à maintes controverses, que nous ne reprendrons pas, renvoyant le lecteur aux pages qui y sont consacrées par Parat (1928).

C'est l'existence des dictyosomes qui a donné lieu à la plupart de ces discussions : on sait que ces éléments en croissants, chromophiles sur leur partie convexe, chromophobes au niveau de l'internum, sont ici particulièrement visibles, souvent sans colorations spéciales, ou même directement au contraste de phases. On sait qu'ils prennent part à la constitution de l'idiosome, qui, dans le spermatozoïde devient l'acrosome. On les a interprétés tantôt comme corps de Golgi, tantôt comme chondriosomes.

En ce qui concerne plus particulièrement le vacuome colorable, il est représenté régulièrement dans les spermatogonies par un très petit nombre de vacuoles mêlés au chondriome toujours abondant : à ce moment là, les dictyosomes, ou bien n'existent pas, ou bien se voient mal. Dans les spermatocytes de premier ordre, ils deviennent faciles à reconnaître, et on aperçoit toujours à leur voisinage de petites vacuoles, dans la concavité des croissants.

Chez l'Escargot, où ils sont particulièrement visibles, on peut suivre l'ensemble formé par les vacuoles et les dictyosomes d'abord qui se disperse dans toute la cellule, puis se répartit en deux groupes, qui se rendent ensuite chacun dans un spermatocyte de second ordre. Un tassement se produit dans le groupe, les vacuoles passant au centre, les dictyosomes occupant la périphérie. Jusqu'alors plasmocrines, les vacuoles deviennent en partie rhagiocrines, sécrétant les grains dits « proacrosomiques ».

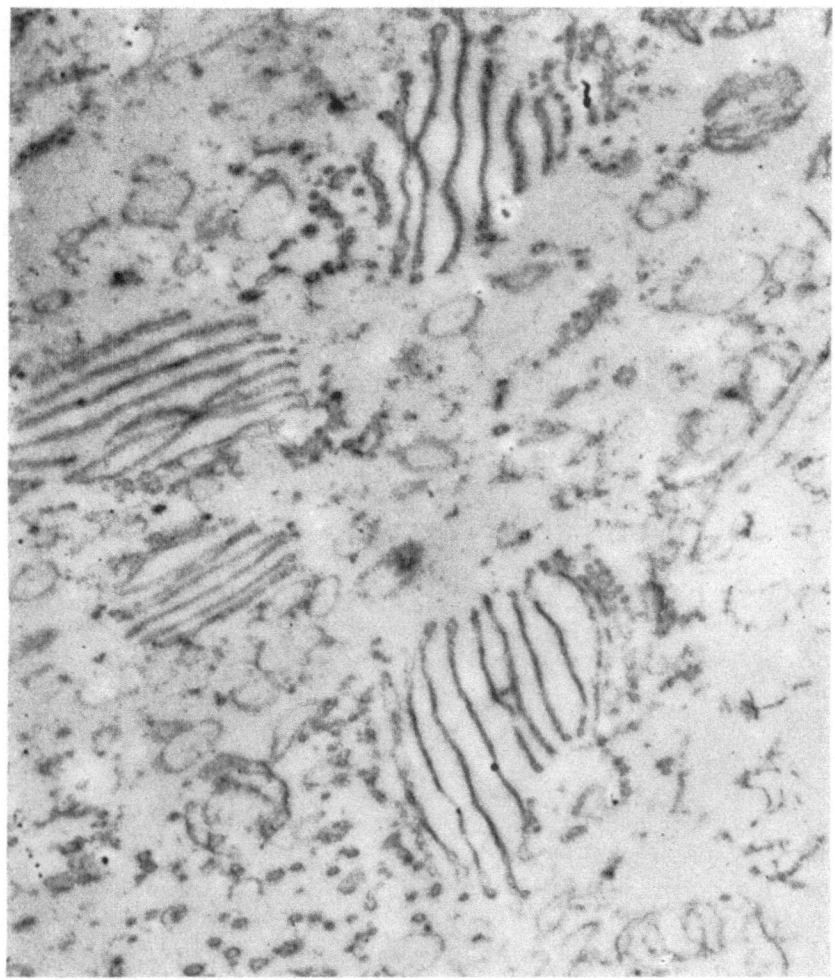

Fig. 12.   Fragment de spermatocytes d'*Helix*: les amas de membranes doubles sont des dictyosomes, un peu dilatés par artefact. Les membranes se résolvent en microvésicules et vacuoles.
(Original. Préparation ANDRÉ, cliché BERNHARD. × 25.000.)

Certaines fusionnent. Dans les spermatides, ces phénomènes s'accentuent, les grains fondant en une masse mucoïde qui n'est autre que l'idiosome des auteurs. Dans cette transformation, toutes les vacuoles ne sont pas utilisées : certaines subsistent, isolées les unes des autres, à côté de l'idiosome, qui évolue en acrosome. Elles sont éliminées avec le cytoplasma résiduel de la spermie.

On observe donc au microscope optique, au cours de la spermiogénèse, une sécrétion de vacuoles, qui paraissent issues des dictyosomes, puis leur évolution en un corps particulier au spermatozoïde, l'acrosome.

Ces résultats sont confirmés dans leur ensemble par les recherches récentes effectuées à l'aide du microscope électronique.

Dans les spermatocytes de l'Escargot (Fig. 12), les dictyosomes apparaissent comme des amas de lamelles doubles, plus ou moins serrées les unes

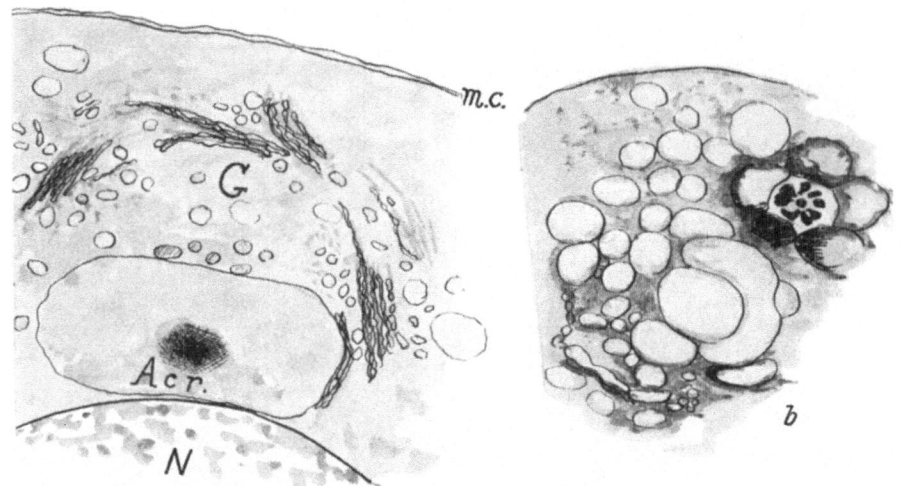

Fig. 13. *A*, Fragment de spermatide de Rat, limité en haut par la membrane cellulaire, *m. c.* En bas, le Noyau *N*, surmonté de l'acrosome, *Acr.*, formé par fusion des vésicules issues de la zône de Golgi: *G*, Les paquets de lamelles doubles qui limitent celle-ci, disposés en écailles sont les dictyosomes en voie de transformation vésiculaire. *B*, stade ultérieur, cette transformation est achevée; il ne paraît subsister de la zône de Golgi que des vacuoles emmenées avec le cytoplasme résiduel. En haut, à droite, coupe du flagelle.
(Demi-schématique. D'après photographie électronique de Clermont et Haguenau. *A*, × 26.000. *B*, × 9000.)

contre les autres, mais que certains artifices de technique permettent d'écarter. Les plus externes de ces membranes se résolvent alors en microvésicules, qui se gonflent ensuite en vacuoles. Il s'agit donc bien de corps de Golgi, évoluant comme le Golgi des Vertébrés. Chez le Rat, Clermont et Haguenau ont récemment montré (1955) la secrétion de l'acrosome aux dépens des vacuoles issues des dictyosomes de la zône de Golgi (Fig. 13, *A*), puis la transformation ultérieure des restes de l'appareil en une masse de vacuoles qui passe dans le cytoplasme résiduel (Fig. 13, *B*).

Ajoutons que, débarrassée de ce cytoplasme résiduel, la spermie ne renferme plus de vacuoles colorables.

Le vacuome pendant la segmentation

Les deux gamètes sont ainsi dépourvus de vacuome colorable, à l'état concret : il en est de même de l'œuf fécondé, et les premiers stades de la segmentation n'apportent aucun changement dans ce sens.

Ce n'est que plus tard, en général au moment des stades blastula ou gastrula, selon les cas, que les plaquettes vitellines se montrent peu à peu bordées extérieurement d'un liséré colorable par les teintures vitales, liséré qui s'accentue, et qui conduit à la réalisation d'une vacuole rhagiocrine.

On assiste ainsi, avec la résorption des plaquettes vitellines, à la réapparition d'un vacuome.

Il est intéressant de rapprocher cette sorte de réversibilité du processus formateur puis utilisateur des réserves de l'œuf, des phénomènes de même ordre signalés par les Botanistes lors de la formation, puis de la germination de la graine (P. Dangeard 1923). Dans les deux cas, un nouveau système vacuolaire colorable par les teintures vitales basiques, apparaît chez l'embryon, aux dépens des plaquettes vitellines ou des grains d'aleurone, réserves protéiques sous forme déshydratée, qui ont perdu toute affinité pour les colorants vitaux. Dans les deux cas, également, nous pouvons remarquer que ce mécanisme réalise chez le Métazoaire ou le Métaphyte, la transmission du vacuome d'une génération d'individus à la génération suivante.

B. Les vacuoles non colorables au rouge neutre

Il s'agit cette fois de ségrégats pauvres en constituants hydrophiles, ou même totalement hydrophobes. Ils se classent à la limite des coacervats : on peut même leur refuser cette valeur, si leur insolubilité dans le cytoplasme les en sépare dès leur formation.

Vacuoles lipocrines

Elles sont caractérisées par leur contenu lipidique ou lipoïdique. Renaut qui les dénomme, cite comme exemples celles des cellules du cartilage hyalin de la Grenouille en hiver. Dans ces cellules, on trouve, à côté de vacuoles rhagiocrines colorables au rouge neutre, des éléments sphériques noircissant par l'acide osmique, et qui disparaissent plus ou moins dès la période de reproduction printanière.

On peut les caractériser aussi bien dans les cellules adipeuses du tissu conjonctif, où elles apparaissent petites, nombreuses, puis, tout en grossissant, confluent en une masse unique de graisse remplissant presque toute la cellule. Dans un organisme qui jeune, le processus inverse peut facilement être observé.

Au cours de la vitellogénèse, il en apparaît dans beaucoup d'ovocytes. Chez l'Escargot, Parat signale leur naissance dans les jeunes ovocytes, au contact du noyau, mais à l'opposé de l'amas vacuolaire formateur de plaquettes (Fig. 11, *A* et *B*, p. 21). On y distingue de petits globules réfringents, colorables au bleu d'indophénol naissant. Après fixation osmique, ces mêmes globules sont colorés en gris : il s'agit donc de graisses neutres pauvres en acides non saturés. Au moment où les vacuoles protéiques se dispersent dans la cellule (cf. p. 21) ces globules se dispersent à leur tour en un véritable essaim. et on les retrouve ensuite à la périphérie, mêlés aux grains de vitellus.

On ne sait rien de leur véritable origine, si ce n'est qu'elle ne se trouve ni dans le chondriome ni dans le Golgi.

Là encore une étude de l'infrastructure est souhaitable : il paraît, en effet vraisemblable que l'ergastoplasme joue un rôle dans cette formation.

J'ai constaté moi-même, en 1921, qu'il peut se produire, à un certain moment du développement, chez le têtard de *Rana temporaria*, un stockage de lipides dans les cellules pancréatiques exocrines. On sait que ces élé-

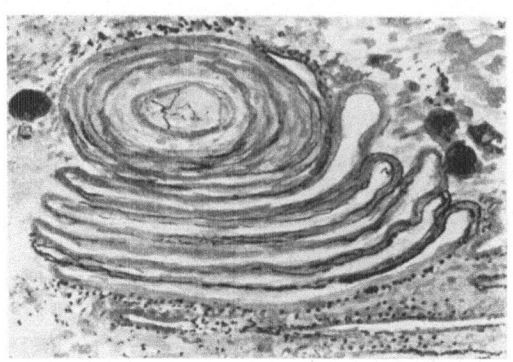

ments renferment des structures spéciales, dessinant sur coupe des cercles concentriques plus ou moins réguliers et que l'on désigne sous le nom de *para-somes*. Ils ont tous les caractères reconnus par Garnier à l'ergastoplasme, en particulier la basophilie intense. Or, c'est à l'intérieur ou au contact de ces parasomes que j'ai rencontré les globules graisseux en formation, et nulle part ailleurs.

Fig. 14. «Whorl-like structure» de Palay et Palade. *Para-some*, des anciens auteurs, constitué par un enroulement de membranes doubles autour d'un centre spumeux. Formation ergastoplasmique, mais pauvre en grains de Palade.
(D'après une photographie électronique de Palay et Palade. × 40.000.)

Tout récemment du reste, dans leur étude signalée plus haut, Palay et Palade, ont indiqué dans certains neurones des « *whorl-like structures* », que leurs photos montrent consister en empilement de lamelles doubles enroulées, du même type que leur réticulum endoplasmique, mais pauvres en grains de Palade et au voisinage desquels ils rencontrent des sphères denses, qui se présentent comme des globules adipeux (Fig. 14).

Vacuoles à glucides

On parle plus communément de plages à glycogène, dont les histologistes notent la fréquence dans la cellule hépatique, la fibre musculaire ou même la cellule cartilagineuse.

Cette dernière nous servira d'exemple. Dans le cartilage hyalin, la cellule renferme un vacuome colorable au rouge neutre, localisé à l'un des pôles du noyau, au voisinage de la zône de Golgi, tandis qu'un important chondriome, en éléments fréquemment anastomosés, dessine dans tout le corps cellulaire, le « réseau de Pensa ». A la périphérie de celui-ci, mais, sans relation directe avec lui, on reconnaît sur le vif des régions faiblement réfringentes, dans lesquelles les réactifs appropriés décèlent le glycogène. Ce sont des masses arrondies, de tailles variées, et que les techniques banales remplacent par des masses spumeuses, ou des cavités, le tout vide, le fixateur ayant dissous le glycogène. Après la technique de Best, ou les autres techniques spéciales, on peut suivre, au cours des diverses phases de l'ossification enchondrale, l'envahissement de la cellule par le glucide. Les grains formés grandissent, d'autres apparaissent, ménageant la zône de Golgi et ses vacuoles périphériques repoussant le chondriome. On assiste à l'hypertrophie progressive de la cellule, dont le noyau dégénère (Fig. 15).

Là encore, on doit se demander quel est le point de départ de cette évolution, qui semble indépendante de celle du chondriome comme de celle du Golgi ou du vacuome colorable : par voie d'élimination, il semble que l'on

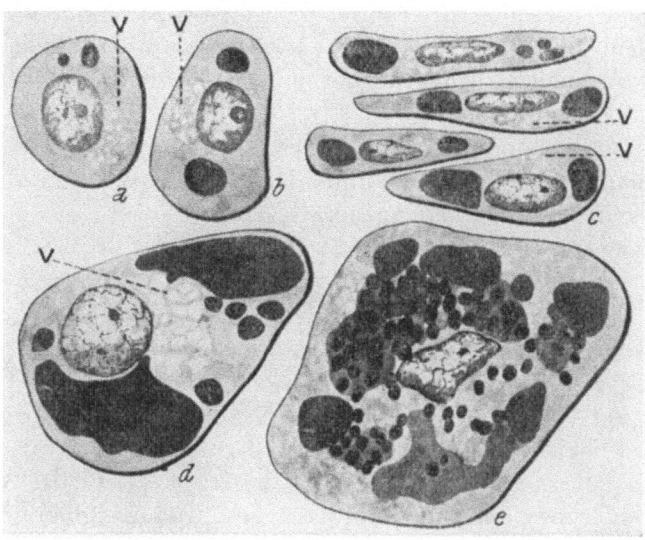

Fig. 15. Vacuoles à glycogène de la cellule cartilagineuse, au cours de l'ossification enchondrale. Technique de Best. Glycogène en noir. Vacuome colorable, *v*, toujours indépendant des plages de glucide.
(D'après PARAT.)

puisse prévoir que l'ergastoplasme en est responsable. Souhaitons que ce point soit également précisé par des recherches d'ultrastructure.

C. Premières conclusions

Résumant les faits examinés précédemment, nous remarquons la généralité de la présence du vacuome colorable par le rouge neutre dans les cellules des Métazoaires. En outre, nous avons constaté qu'il présente partout avec la zône de Golgi des rapports certains de situation. Dans un cas particulier, celui de la cellule pancréatique exocrine, les recherches d'ultrastructure nous ont appris la dérivation des grains de sécrétion à partir des granules de Golgi, éléments constitutifs certains de l'appareil du même nom. *Si ces grains de sécrétion sont bien, ainsi que semble le montrer le microscope optique, un dérivé du vacuome, celui-ci se trouve, d'office, relié au Golgi.*

Au cours de la spermiogénèse, un phénomène du même ordre, saisissable immédiatement au microscope optique, confirmé ensuite par l'appareil électronique, nous montre aussi une *dérivation de vacuoles colorables, avec grains de sécrétion, à partir du Golgi.*

Cependant, ces conclusions ne peuvent être que provisoires, de nouvelles recherches d'ultrastructure étant encore nécessaires pour préciser ces points importants.

Le vacuome non colorable ne présente aucun rapport immédiat de formation avec le précédent, et son origine est encore plus obscure : cependant, il nous paraît assez probable de considérer, au moins le vacuome lipocrine, comme un dérivé de l'ergastoplasme.

Malgré leur caractère provisoire, peut-on supposer que ces conclusions ont une valeur générale ? En d'autres termes, s'appliquent-elles déjà à l'ensemble des Animaux ? Nous aurons à voir ensuite si elles peuvent être étendues aux Végétaux.

Pour répondre à la première de ces questions, il convient d'examiner les plus primitives des cellules animales, celles des Protistes. La seconde sera examinée dans la partie générale (Conclusions).

III. Le vacuome des Protistes

On y retrouve d'une manière courante, indépendemment des vacuoles spécialisées signalées plus haut, et dont parfois Duboscq et Grassé (1933) signalent jusqu'à cinq catégories différentes, un vacuome colorable au rouge neutre, fait de petites sphèrules, de nombre et de situation variable selon les groupes, les genres et les espèces. En outre, il existe des vacuoles non colorables, de types divers, renfermant des produits glucidiques ou lipidiques variés, dont la nature caractérise fréquemment les groupes.

Nous nous bornerons à quelques exemples typiques, en considérant surtout le vacuome colorable des plus primitifs des Protistes, c'est-à-dire des Flagellés à tendance, végétale renvoyant au travail de Duboscq et Grasse (1933) pour les autres Protistes et pour l'importante bibliographie de cette question.

L'ensemble, remarquablement homogène des Phytomonadines, groupe toute une série de types autour du genre *Chlamydomonas*, dont on sait que les cellules possèdent quatre constituants cytoplasmiques, indépendemment d'un ergastoplasma possible, mais non signalé (Hovasse 1936 et 1937 ; Hollande 1942).

La cellule d'allure piriforme, possède un chloroplaste, en forme de coupe, dont le bord s'étrangle au niveau du pôle flagellaire. Il limite un espace cytoplasmique interne centré par le noyau, et où se trouve le Golgi et le vacuome colorable. Le chondriome, ici réticulé, est fréquemment périphérique, extérieur au plaste, ou mêlé à ses cordons. Le vacuome comprend des éléments surtout plasmocrines, petits, régulièrement sphériques, de situation généralement constante pour une même espèce, au même titre que celle de l'appareil de Golgi : on peut donc les comparer l'une à l'autre (Fig. 16). Le plus souvent, le vacuome est rapproché des dictyosomes, représentant régulièrement ici le Golgi : le fait est particulièrement net chez *Chl. gyrus* Pascher, chez lequel les dictyosomes périnucléaires sont enserrés par les vacuoles de tailles légèrement différentes les unes des autres. Chez *Chlorogonium euchlorum* Ehr., il existe deux amas de dictyosomes, l'un en avant, l'autre en arrière du noyau : il y a également deux paquets de vacuoles, intimement mêlés aux amas précédents. Dans les cellules proches de la division, ces deux massifs mixtes, Golgi-vacuome, sont très denses.

Mais il arrive aussi que l'emplacement du vacuome n'est pas celui du Golgi : chez *Chlamydomonas incisa* Pringsheim, l'amas vacuolaire est situé en avant de la cellule, immédiatement en dessous des vacuoles pulsatiles. Il est séparé du noyau par les dictyosomes, dont certains descendent en dessous du noyau, sans qu'il existe de vacuoles auprès d'eux. Chez *Chl. platyrhyncha* (Korschikoff), les dictyosomes forment une couronne ap-

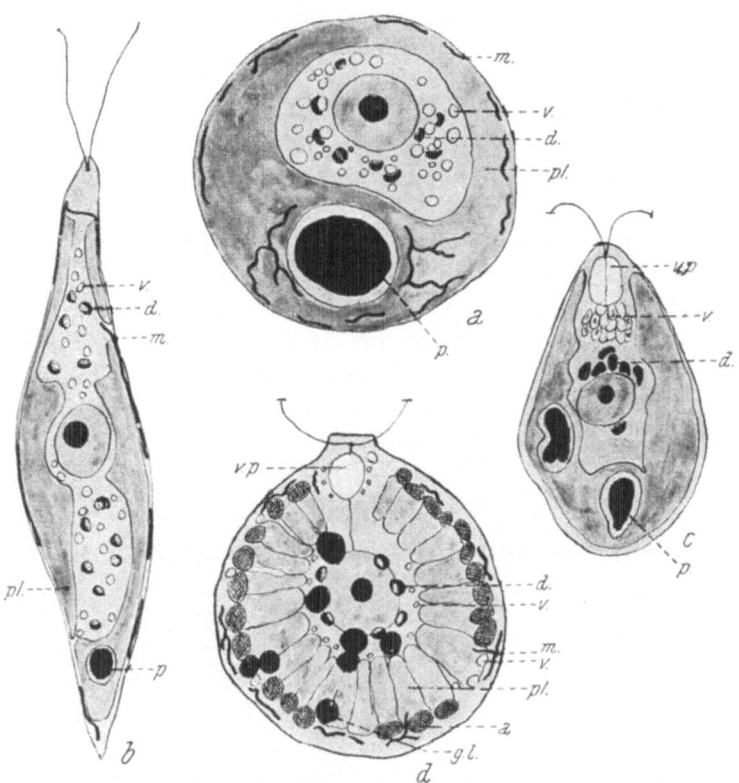

Fig. 16. Vacuome des Phytomonadinées, dans ses rapports avec les autres constituants cellulaires. Le vacuome est figuré d'après des colorations au rouge neutre, les autres constituants après coloration d'Altmann, ou d'Heidenhain sur coupes fines. *A, Chlamydomonas gyrus:* coupe évitant le pôle flagellaire. *B, Chlorogonium euchlorum. C, Chl. incisa. D, Chl. platyrhyncha.* Pour ces trois derniers, coupes axiales.
a, grains d'amidon. *d*, dictyosome. *g.L.*, globules lipidiques. *m*, mitochondrie. *p*, pyrénoïde. *Pl.*, chloroplaste. *v*, vacuole. *v.p.*, vacuole pulsatile.
(D'après HOVASSE.)

pliquée contre le noyau, alors que les vacuoles, ici très petites, sont éparses dans le cytoplasma, certaines situées en dehors de la coupe du plaste, ou dans les cordons qui constituent celui-ci.

Normalement, il y a fort peu de variations dans la taille des éléments vacuolaires, simplement un peu plus grande dans les grosses cellules que dans les petites. Il existe cependant, l'exception intéressante déjà signalée plus haut d'*Haematococcus pluvialis.* Chez les jeunes individus, verts, il y a de nombreuses petites vacuoles disposées autour du noyau. Avec l'augmentation de taille cellulaire, ces éléments grossissent en confluant, formant finalement 3 ou 4 grandes vacuoles entourant de près le noyau, et dans

lesquelles se concentre le pigment caractéristique de ce type, l'hémato-
chrome, dès que les conditions de culture deviennent défavorables (disette
en Phosphore et en Azote). Il existe donc chez cette forme une évolution
vacuolaire comparable à celle que montrent les plantes supérieures.

Chez d'autres Flagellés, beaucoup plus évolués, les Trichonymphines,
dans les cellules desquelles nous avons déjà indiqué plus haut (p. 4) l'absence de vacuome colorable au rouge neutre, d'après Grassé, il faut noter
la présence de nombreux granules de glycogène dans l'endoplasme, formés
après digestion du bois. Ils sont surtout disposés en avant du noyau, à l'intérieur du « corbillon » périnucléaire constitué par l'appareil parabasal. On
sait que celui-ci est, ainsi que l'a démontré Grassé (1925), l'équivalent de
l'appareil de Golgi des Métazoaires, et qu'il sécrète parfois le glycogène,
peut-être chez ces *Trichonympha*, certainement chez les *Bodo* (Alexeieff
1917 ; Grassé 1925).

Il ne paraît donc pas certain que nos conclusions premières s'appliquent
également à tous les Protistes : au moins chez certains Flagellés primitifs
à tendance végétale, il semble exister une indépendance entre le Golgi et le
vacuome colorable [1]. Celui-ci même paraît faire défaut chez les grands
Zooflagellés Hypermastigines, formes très évoluées.

En ce qui concerne enfin le vacuome non colorable, et au moins le
glycogène, il peut se faire aussi qu'il dérive du Golgi.

IV. Conclusions
Considérations générales sur le Vacuome animal
A. Origine du vacuome

Le problème de l'origine des vacuoles dans la cellule a été soulevé par
les Botanistes : pour les uns, toute vacuole dérive d'une vacuole pré-
existante ; les autres soutiennent au contraire que les vacuoles peuvent
apparaître *de novo*, à même le cytoplasme. La controverse n'est pas close,
car il y a, en faveur de ces deux thèses opposées des arguments valables
qui sont exposés dans les chapitres consacrés au Vacuome végétal.

En cytologie animale, le même problème se pose, mais il semble avoir
beaucoup moins préoccupé les observateurs. La formation *de novo* ne peut
être niée, au moins dans les cellules glandulaires, où l'on reconnaît, en
quelque sorte, un courant de vacuoles, en sens unique, allant de la zône de
Golgi au pôle de décharge. Néanmoins, il ne semble pas que l'expression
de novo puisse être prise tout à fait à la lettre. En effet, si le microscope
optique montre bien une vacuole apparaissant en un point où l'on n'en
voyait pas précédemment, rien ne prouve qu'il n'existait pas en ce point
un antécédent hors des limites de visibilité de l'appareil. Les structures
reconnues au microscope électronique renferment des vacuoles nettement

---

[1] Des recherches récentes dues à Gatenby, Dalton et Felix (1955) viennent de
montrer que le Golgi des Ciliés, amas de membranes doubles, de granules et de
vacuoles, se trouve en relation avec la vacuole pulsatile de ces organismes
(Nature *176*, p. 301).

inférieures à 2/10e de micron, qui est sensiblement la dimension minima que puisse déceler l'optique courante.

Si le point de départ en est dans les granules de Golgi, dont on sait que certains ne mesurent que 40 Å, tout le grandissement de ces éléments jusqu'à 2000 Å nous est inaccessible sans microscope électronique. Notons, du reste, que s'il était reconnu que toute vacuole se forme aux dépens d'un élément golgien, le problème n'en serait pas pour autant résolu, mais simplement repoussé au chapitre de l'origine du Golgi.

Reste cependant à envisager la possibilité d'une continuité génétique de certains éléments du vacuome, au moins à l'échelle cellulaire. Pour qu'elle soit admissible, il faut que l'on observe des divisions régulières des vacuoles existantes, ou tout du moins des fragmentations, avant les divisions cellulaires.

Si la plupart des Botanistes, depuis DE VRIES (1885) et jusqu'à P. DANGEARD (1923 à 1947) admettent bien la division des vacuoles, si certaines figures de ce dernier auteur sont bien même convaincantes — par exemple, celles qui montrent la transmission du vacuome au cours du bourgeonnement des Levures —, il n'est pas du tout certain que le fait soit général, car on n'a signalé rien de pareil dans les cellules animales, tout du moins dans le cas des vacuoles non spécialisées. Nous savons, en effet, que dans la prédivision d'une Paramécie, chaque vacuole pulsatile en bourgeonne bel et bien une autre, qui grossit en s'écartant, si bien que chaque cellule fille possède, après division, une vacuole ancienne et une nouvelle, qui en est issue.

Si la division des vacuoles n'a pas été observée, il est cependant des cas où le raisonnement la démontre ; c'est quand, dans une lignée cellulaire, la taille des vacuoles reste régulièrement comprise entre deux valeurs à peu près constantes, et surtout quand elle ne descend pas en dessous de la plus faible. Nous ne connaissons pas d'exemple certain, répondant à cette condition, signalé chez les Métazoaires, mais il en existe chez les Protistes, et c'est pourquoi nous avons insisté plus haut sur la constitution des Phytomonadines.

Dans les cellules de *Chlamydomonas pulchra*, de *C. incisa* il n'y a pas de petites vacuoles, et au moins dans le premier de ces types, la taille vacuolaire augmente régulièrement, avec celle de la cellule, jusqu'à un maximum. La division cellulaire une fois faite, on revient à la taille minima, sans qu'il paraisse y avoir modification du nombre des vacuoles. Il doit donc exister une division des vacuoles, mais elle n'a pas été vue.

En somme, il doit y avoir chez ces Protistes continuité génétique du vacuome, sans que nous puissions dire s'il s'agit d'un cas exceptionnel, ou fréquent. On peut se demander s'il n'en serait pas aussi parfois de même, chez les Métazoaires, en dehors du cas particulier de la cellule glandulaire. La continuité génétique serait à rechercher *in vivo*, après coloration vitale ; elle ne peut en effet pas être reconnue sur matériel fixé et coloré, puisque le vacuome ne se colore généralement pas et puisque l'on ne peut distinguer la division d'un élément en deux, de la fusion toujours possible, de deux vacuoles en une seule.

Là où le vacuome résulte de la transformation directe d'un autre constituant cellulaire, ou tout du moins de son activité, qu'il s'agisse du Golgi ou de l'ergastoplasme, l'apparition de la vacuole se passe hors des possibilités d'observation fournies par le microscope optique. Avec cet instrument, le problème est présentement insoluble : aussi devons nous espérer bientôt une solution apportée par le microscope électronique.

Le fait, constaté par ZOLLINGER, de l'apparition *in vivo* de vacuoles à l'intérieur des mitochondries, dont on sait qu'elles renferment des lamelles doubles, tout comme le Golgi et l'ergastoplasme, nous fait nous demander si toutes ces lamelles ne sont pas susceptibles de s'écarter, en rendant réel l'espace intercalé entre elles, et de donner ainsi naissance à des vacuoles : nous pensons ainsi à une généralisation possible, à toutes les lamelles doubles, des vues de DALTON, et de HAGUENAU et BERNHARD, sur celles du Golgi. Comme ce disent SJÖSTRAND et HANZON (1954) à propos de ces dernières, « le système des membranes paires ... peut bien représenter une structure essentielle, adaptée aux réactions enzymatiques, comme celle qui semble réalisée par les membranes mitochondriales ». Le produit formé par cette activité, serait stocké entre les deux feuillets, ou à leur contact externe, et deviendrait la vacuole.

Même les vacuoles obtenues expérimentalement, et le crinome, auraient une telle origine.

Il subsiste cependant une difficulté qui a été jusqu'à présent éludée : elle est de l'ordre de la Cytologie Générale. On peut, en effet, difficilement concevoir, à priori, une origine de vacuole spéciale pour les Animaux, et une autre pour les Végétaux : si l'on admet que le vacuome animal tire son origine du Golgi, où faut-il voir l'origine du vacuome végétal, puisque l'on ne connaît pas chez les plantes d'appareil de Golgi indiscutable ?

On sait, en effet, que les « plaquettes osmiophiles » décrites chez quelques plantes supérieures par BOWEN et par GATENBY, ne paraissent nullement correspondre à un véritable appareil de Golgi. On a de même abandonné totalement l'hypothèse de WEIER, qui tentait une homologation du plastidome végétal avec le Golgi animal, puisque ces deux formations peuvent exister simultanément, au moins chez divers Protistes, tels que les Phytomonadines, les Eugléniens et les Diatomées (Protistes à quatre constituants cytoplasmiques, l'ergastoplasme exclus).

Il faut cependant remarquer qu'il y a tout de même des appareils de Golgi chez certains Métaphytes primitifs. CHADEFAUD (1943) a, en effet, indiqué chez quelques Algues vertes, l'existence de dictyosomes périnucléaires, tout à fait comparables à ceux des Protistes que nous venons de signaler. Ils se voient dans les cellules adultes des *Microspora,* des *Oedogonium,* aussi bien que dans les zoospores, qui présentent la structure des *Chlamydomonas.*

On est alors amené à penser que, si l'appareil de Golgi n'existe pas chez les plantes supérieures — ce qui, du reste, demanderait une confirmation par l'emploi du microscope électronique —, il serait plus exact de dire que l'affirmation n'est valable que pour l'époque actuelle, et que le Golgi *n'y existe,* en réalité, *plus,* parce qu'il a disparu au cours de la phylogénèse. Le vacuome des plantes supérieures se serait en quelque sorte libéré du Golgi, et serait devenu un système indépendant, pourvu de continuité génétique. Il serait ainsi, par suite, plus évolué que celui des animaux, resté inféodé au Golgi, et serait comparable aux divers systèmes des vacuoles spécialisées de ces derniers.

Les Protistes à quatre constituants cytoplasmiques, tous à tendance végétale très nette, montreraient, ainsi que les Algues à dictyosomes, un état demeuré intermédiaire, leur vacuome colorable étant cependant, plus ou moins, déjà indépendant du Golgi, avec néanmoins persistance de ce dernier.

B. Rôle et signification du vacuome

Les vacuoles à contenu riche en eau jouent un rôle certain dans l'équilibre eau — cytoplasme : il ne peut, en effet, exister deux phases aqueuses, séparées seulement par une membrane perméable ou hémiperméable, et qui ne se maintiennent pas en équilibre l'une avec l'autre.

Si, comme le fait remarquer P. Dangeard (1947), les vacuoles des cellules végétales jeunes, ou primordia, sont relativement peu hydratées — ce qui est le cas le plus fréquent pour les vacuoles des cellules animales — ceci nous indique que le cytoplasme de ces mêmes cellules est, à ce moment-là, relativement peu hydraté. Avec cet auteur, nous admettrons aussi qu'un schéma trop simpliste de séparation de phases, ou même de coacervat, ne peut expliquer tout ce qui concerne soit l'existence, soit la formation des vacuoles. Il est fréquent, principalement en cytologie végétale, de rencontrer dans une même cellule, deux vacuoles voisines dont le contenu est différent : par exemple de l'anthocyane, ou un composé phénolique, dans une vacuole, et pas, dans la vacuole proche. De tels faits impliquent soit des conditions de membrane particulières à certaines vacuoles, soit encore des compositions différentes entre deux régions voisines d'une même cellule. A l'appui de cette seconde hypothèse, rappelons que le microscope électronique présente aujourd'hui le cytoplasme des cellules — il est vrai animales — comme fréquemment cloisonné par des membranes doubles. Il s'ouvre là tout un nouveau champ de recherches qui aura à ramener l'attention sur les membranes elles mêmes. On sait, en effet, que toute membrane cellulaire est obligatoirement polarisée, ses molécules constitutives se trouvant orientées d'une manière précise, les mêmes pôles tournés sur une même face, les autres sur la face opposée, selon le principe formulé par H. Devaux, (1903 à 1923) et appliqué à la membrane limitante cellulaire par Danielli (1951). Ces membranes doubles, que le microscope électronique nous indique si nombreuses, à l'intérieur du cytoplasme, dans tous ses constituants où elles s'empilent, sont certainement la partie active de la matière vivante. Rien de surprenant alors à ce que les espaces cytoplasmiques ou vacuolaires qu'elles limitent présentent des contenus particuliers. Quoiqu'il en soit de ces problèmes généraux, mais d'avenir, qui intéressent toute la physiologie cellulaire, nous pouvons dès maintenant établir le *rôle minimum* du vacuome.

Les vacuoles à contenu aqueux représentent certainement une réserve d'eau cellulaire. En tant que solvant, celle-ci est chargée des substances résultant du métabolisme, qui sont susceptibles de s'y dissoudre ou de s'y disperser, à condition qu'elles traversent la membrane. Les concentrations de ces substances à l'intérieur de la vacuole peuvent se comprendre soit par un procédé purement physique, par exemple, un équilibre de partage conforme à la loi de Henry, ou à la règle de Donnan, ou encore par une activité propre de la membrane, modifiant l'état de la substance introduite, par exemple, par polymérisation.

Les vacuoles lipocrines stockent de même les lipides ou lipoïdes, mais le stockage est ici facilité par l'insolubilité des corps dans le cytoplasme, plus ou moins modifiée par la présence du cholestérol.

Il s'agit là aussi d'une réserve, qui se formera ou disparaîtra selon les conditions de la nutrition.

Quand aux vacuoles à glycogène, elles posent un autre problème : ce glucide, soluble dans l'eau, se segrège hors du vacuome hydrophile, colorable au rouge neutre, tandisque chez les Végétaux les sucres peu condensés, ou même certains assez condensés, tels que l'inuline, sont des constituants normaux de ce dernier vacuome. S'agit-il d'une particularité de la membrane animale que arrêterait le glucose? le fait paraît peu vraisemblable. La raison semble plutôt à chercher dans un fait d'ultrastructure : le glycogène ne serait pas formé dans l'antécédent du vacuome colorable — dans l'espèce, le Golgi … mais dans l'autre système cytoplasmique, dans l'ergastoplasme, ainsi que nous l'avons pressenti plus haut.

En plus de ce rôle de réserve, le vacuome peut jouer un rôle de transport. L'étude de la cellule glandulaire nous a montré que les vacuoles peuvent véhiculer le produit sécrété, depuis la zône de Golgi, qui a fonctionné comme un appareil de condensation, jusqu'aux pôles de décharge.

Le vacuome peut-il aussi jouer un rôle chimique ?

C'était l'opinion de Parat, mais, établie aussi bien sur le Golgi, qu'il regardait comme équivalent du vacuome, que sur le vacuome lui même. Néanmoins, la plupart des données de son argumentation sont tirées du vacuome colorable, en particulier celles qu'il a établies par l'étude des vacuoles des cellules chordoïdes du Spirographe.

Il mesure le pH du vacuome comparativement à celui du cytoplasme bien vivant puis sublèthal, en utilisant divers indicateurs, mais surtout le rouge neutre qui est orangé au-dessus de la neutralité, à $pH \geqq 7,0$, rose pour un pH compris entre 7 et 6, rouge cerise à partir et en dessous de $pH = 6$ puis conclut, de nombreuses mesures, que le cytoplasme normal est soit neutre, soit légèrement alcalin ; le vacuome est toujours un peu ou nettement acide, le pH cytoplasme sublèthal étant toujours nettement plus acide (de $pH = 5$ à $pH = 2$).

Ceci établi, il étudie le potentiel d'oxydoréduction, en prenant grand soin d'éviter tout indicateur non vital : il sélectionne ainsi le Bleu de méthylène, le Vert Janus, le Rouge neutre, le Bleu de crésyle brillant et le Bleu de Nil. Ces corps constituent une série d'indicateurs de rH^2 qui, pour un pH de 7, s'échelonne de $rH^2 = 5$ à $rH^2 = 20$.

Alors qu'en milieu normal le rH² cytoplasmique est compris entre 9 et 12, celui des vacuoles est toujours supérieur à 16, c'est à dire que, tandisque le cytoplasme normal est nettement réducteur, le vacuome hydrophile incorporé se montre oxydant.

De ces expériences, effectuées avec beaucoup de soin, PARAT pensait pouvoir conclure que les oxydations cellulaires aux dépens de l'Oxygène libre s'effectueraient dans le vacuome : il envisageait ainsi les oxydations respiratoires. Ses données n'ont pas été sérieusement infirmées, cependant on sait aujourd'hui que les oxydations respiratoires ont leurs enzymes portés surtout par le chondriome, où l'on mis en évidence des séries de ferments, en particulier celle des enzymes du cycle de Krebs : il est donc vraisemblable que c'est là que se produit la plus grande partie des réactions respiratoires. Il n'en est pas moins vrai que la capacité oxydative du vacuome subsiste, pouvant jouer un rôle dans le métabolisme cellulaire, rôle qui reste à préciser.

Il importe maintenant de nous demander quelle est la signification du vacuome, en d'autres termes quelle peut être son ordre d'importance dans la cellule. Notons tout d'abord que jusqu'alors, le vacuome ne faisait aucunement partie des constituants « nobles » de la cellule, tous les auteurs s'accordant à le considérer comme « non vivant ». On expliquait ainsi sa colorabilité par les teintures vitales. Sa dérivation à partir du Golgi, si elle se confirme, tend à le faire rentrer dans la catégorie de ces constituants nobles, mais toutefois un peu en marge des autres. Son intérieur n'est pas structuré, et, des rôles que nous lui avons reconnus, le plus modeste, mais qui n'est pas sans importance, et qui unit le vacuome au sens de PARAT, c'est-à-dire les *neutral-red* granules des auteurs, et l'ensemble des éléments paraplasmiques, est un rôle de dépôt, de conserve pourrait-on dire. Le vacuome, c'est pour la cellule animale, l'armoire, où l'on range aussi bien des objets précieux et utilisables, que des déchets, en attendant leur élimination. Qu'il puisse se produire quelques transformations chimiques dans cet ensemble, le fait est certainement possible, mais plutôt dans le sens destructif, par oxydation, que constructif, par réduction.

Mais, en outre, le vacuome est la voie même que suivent les fabrications du chimisme cellulaire : tout le matériel condensé au niveau de la zône de Golgi et peut-être aussi élaboré dans l'ergastoplasme, l'emprunte pour gagner la périphérie de la cellule et être excrété.

Le vacuome serait donc un constituant essentiel : davantage que du simple paraplasme, au sens habituel, il serait l'appareil qui mobilise ou conserve ce paraplasme.

Bibliographie

Cette liste est limitée aux travaux cités les moins anciens. Pour le reste des travaux sur le vacuome, se reporter aux cinq ouvrages cités en premier lieu:

DANGEARD, P., 1947: Cytologie végétale et cytologie générale. Lechevalier, Paris.
DUBOSCQ, O., et P. P. GRASSÉ: L'appareil parabasal des Flagellés. Arch. Zool. expér. et Gén. **73**, 381—621.

GUILLIERMOND, A., 1934: Le système vacuolaire ou vacuome. Actual. Scient. et Indust. 171. Hermann. Paris.

KIRKMAN, H., and A. E. SEVERINGHAUS, 1937—1938: A review of the Golgi apparatus. The anatom. Rec. 70, 413—429, 557—573; 71, 79—103.

PARAT, M., 1928: Contribution à l'étude morphologique et physiologique du cytoplasme. Chondriome, Vacuome (Appareil de Golgi), Enclaves, etc. Arch. Anat. microsc. (Fr.) 24.

*

BAKER, J. R., 1944: Structure and chemical composition of the Golgi elements. Quart. J. microsc. Sci. 85, 1—71.

— 1953: Nouveau coup d'œil sur la controverse du Golgi. Bull. microsc. appl. 3, 1 et 96.

BEAMS, H. W., and R. L. KING: The effects of ultracentrifuging upon the Golgi apparatus in the uterine gland cells. Anat. Rec. (Am.) 59, 363—374.

BEAUCHAMP, P. DE, 1906: Les colorations vitales. L'An. Biol. II, 16—42.

BENSLEY, R. R., 1910: On the nature of the canalicular apparatus of animal cells. Biol. Bull. (Am.) 19, 174.

CHADEFAUD, M., 1943: Les dictyosomes des Microspora et des Oedogonium. Bull. Soc. Bot. Fr. 90, 72.

CHAMBERS, R., 1924: The physical structures of protoplasm as determined by microdissection and injection, in General Cytology (Cowdry) 235—309.

CHLOPIN, N. G., 1928: Experimentelle Untersuchungen über die sekretorischen Prozesse im Cytoplasma. Über die Reaktion der Gewebselemente auf intravitale Neutralrotfärbung. Arch. exper. Zellforsch. 4, 462—599.

CLERMONT, Y., et F. HAGUENAU, 1955: Examen au microscope électronique de la zône de Golgi des spermatides de Rat. C. r. Acad. Sc. de Paris 241, 708.

DALTON, A. J., 1952: A study of the Golgi material of hepatic and intestinal epithelial cells with the electron microscope. Z. Zellforsch. usw. 36, 522—540.

— and M. D. FELIX, 1953: Studies of the Golgi substance of the epithelial cells of the epididymis and duodenum of the mouse. Amer. J. Anat. 92, 277—305.

— — 1955: Cytologic and cytochemical characteristics of the Golgi substance of epithelial cells of the epididymis — in situ — in homogenates and after isolation. Amer. J. Anat. 94, 171—208.

DANGEARD, P., 1933: Études de Biologie cellulaire : évolution du système vacuolaire chez les Végétaux. Le Botan. 15.

DANGEARD, P. A., et P. DANGEARD, 1924: Recherches sur le vacuome des Algues inférieures. C. r. Acad. Sc. Paris 179, 1038.

DANIELLI, J. F., 1951: The cell surface and cell physiology, in Bourne, Cytology and Cell Physiology. Oxford.

DEVAUX, H., 1923: Sur la mouillabilité des surfaces solides et sur l'orientation des molécules superficielles. Soc. Fr. de Phys. 192.

GARNIER, C., 1899: Contribution à l'étude de la structure des cellules glandulaires séreuses. Du rôle de l'ergastoplasme dans la sécrétion. Thèse méd. Nancy.

GATENBY, J. B., 1931: The prozymogen granules (vacuome of R. R. BENSLEY) in the Pseudotriton pancreas and the modern neutralred cytology. Amer. J. Anat. 48, 421—478.

— et J. H. WOODGER, 1920: On the relationship between the formation of yolk and the mitochondria and the Golgi apparatus during oogenesis. J. microsc. Soc. 46, 129—156.

GRASSÉ, P. P., 1926: Contribution à l'étude des Flagellés parasites. Arch. Zool. expér. et Gén. 65, 345—602.

— 1952: Flagellés, in Traité de Zoologie. Masson. Paris.

GUILLIERMOND, A., 1927: Recherches sur l'appareil de Golgi et ses relations avec le vacuome. Arch. Anat. microsc. (Fr.) 23, 1—98.

HAGUENAU, F., 1955: L'appareil de Golgi vu au microscope électronique. Bull. Micr. appliq. 5, 18—20.

— et W. BERNHARD, 1955: L'appareil de Golgi dans les cellules normales cancéreuses des Vertébrés. Arch. Anat. Microsc. (Fr.) 44, 27—55.

HIRSCH, G. C., 1932: Die Lebendbeobachtung der Restitution des Sekretes im Pankreas. Z. Zellforsch. 15, 36—38.

— 1939: Form und Stoffwechsel der Golgikörper. Protoplasma-Monogr. Berlin.

HOLMGREN, E., 1903: Über die Saftkanälchen der Leberzellen und der Epithelzellen der Nebennieren. Anat. Anz. 22, 9—14.

HOLLANDE, A., 1942: Études cytologiques et biologiques de quelques Flagellés libres. Arch. Zool. expér. et Gén. 83, 73—170.

HOVASSE, R., 1938: Nouvelles recherches sur les constituants cytoplasmiques des Volvocales : les Chlamydomonadinées. Bull. Soc. Zool. France 63, 357.

— 1921: Contribution à l'étude histophysiologique des parasomes dans le pancréas d'un têtard de *Rana temporaria*. C. r. Soc. Biol. 134, 190.

— 1951: Les organites autoreproducteurs des Infusoires et des Péridiniens et la notion de plasmagène. 70e Congrès A. F. A. S.

MÖLLENDORFF, VON, 1920: Vitale Färbungen an tierischen Zellen. Erg. Physiol. 18, 141—306.

NOËL, R., 1922: Recherches histophysiologiques sur la cellule hépatique des Mammifères. Arch. Anat. microsc. (Fr.) 19, et Thèses Paris.

PALAY, S. L., and G. E. PALADE, 1955: The fine structure of neurons. J. biophys. a. biochem. Cyt. 1, 69—87.

PFEFFER, W., 1890: Zur Kenntnis der Plasmahaut und der Vakuolen. Abh. Königl. Sächs. Ges. Wiss. 16.

PORTER, K. R., 1954: Electron microscopy of basophilic components of cytoplasm. J. Histochem. a. Cytochem. 2, 346—375.

RENAUT, J., 1907: Les cellules connectives rhagiocrines. Arch. Anat. microsc. (Fr.) 9, 495.

SAGER, R., and G. E. PALADE, 1954: Chloroplast structures in green and yellow strains of *Chlamydomonas*. Exper. Cell Res. 7, 584—588.

SJÖSTRAND, F. S., and V. HANZON, 1954: Ultrastructure of Golgi apparatus of exocrine cells of Mouse pancreas. Exper. Cell Res. 7, 415—429.

VRIES, H. DE, 1885: Plasmolytische Studien über die Wand der Vakuolen. Jb. wiss. Bot. 16, 465.

WEISS, J. M., 1955: Intracellular changes due to neutralred as revealed in the pancreas and kidney of the Mouse by the electronmicroscope. J. exper. Med. 101, 213—224.

ZOLLINGER, H. U., 1950: Les mitochondries. (Leur étude à l'aide du microscope à contraste de phases.) Rev. Hématol. 5, 690—743.

Protoplasmatologia
   III. Cytoplasma-Organellen
      D. Vacuom
         3. Special Vacuoles
            a) Contractile Vacuoles of Protozoa

Contractile Vacuoles of Protozoa

By

J. A. KITCHING

Department of Zoology, University of Bristol

With 20 Figures

Contents

Introduction

A contractile vacuole is a vesicle containing water and lying within the cytoplasm of the cell. It increases in volume, and finally discharges its contents to the outside. In many Protozoa there is a permanent position at which contractile vacuoles continually form, grow and discharge.

The emptying of a contractile vacuole to the outside was first demonstrated by JENNINGS (1904), who observed the dispersal of particles of Indian ink caused by the outflow of water from the discharge pore in *Paramecium*. It is universally and no doubt rightly assumed that all contractile vacuoles discharge to the outside.

Contractile vacuoles occur in many Protozoa, in a few Porifera (JEPPS, 1947), and in various algal zoospores (LLOYD, 1928). This account is concerned only with the contractile vacuoles of Protozoa. The chief problems to be discussed concern their functions and also the mechanism of their growth and discharge. The regular evacuation of water suggests a comparison with the kidneys of more complicated animals, and in fact many workers have attributed to contractile vacuoles the power of excretion or osmoregulation. Others have suggested that they perform a respiratory function. The formation and growth (or "diastole") of contractile vacuoles may be accompanied by important secretory processes, although there is as yet no direct evidence as to what is dissolved in the vacuolar fluid. Discharge (or "systole") has been ascribed to simple physical forces such as body turgor or surface tension, but it is possible that there is an active contraction of the vacuolar wall. Opening of the pore is likely to play an important part, and it is possible that a rhythmic timing mechanism controls the vacuolar cycle. This account will be concerned only with such aspects of the study of contractile vacuoles as are of current interest. For more extensive reference to the literature the reader should consult reviews by LLOYD (1928), GELEI (1935, in Hungarian), KITCHING (1938 b, 1952 b, 1954 c), and WEATHERBY (1941).

In the present account it has been found convenient to treat separately the purely chemical aspects of vacuolar activity, such as osmoregulation and (possibly) excretion, as an appraisal of these functions need not depend on a knowledge of the mechanisms of vacuolar activity. Afterwards, and in the light of such conclusions as may be reached with regard to function, the mechanism of diastole and systole will be considered.

Occurrence

Contractile vacuoles are found in almost all fresh-water Protozoa, but only in some marine or parasitic ones. This suggests that contractile

Table 1.

Species	Medium	Temperature	Vacuolar duration	Rate of output (μ^3/sec.)	Time to eliminate body volume of water
Amoeba proteus . .	Hay infusion	19–27⁰ C.	2½–13 min.	54–109	3.9–13.2 hr.
Paramecium caudatum	Culture fluid	15–23⁰ C.	6–30 sec.	54–258	15–49 min.
Carchesium aselli. .	London tap water	14.5–16⁰ C.	6–39 sec.	6–20	25 min.
Cothurnia curvula .	Sea water	14.5–16⁰ C.	½–30 min.	0.1–1.7	4¼ hr.

vacuoles perform a function which is essential to fresh-water Protozoa, but facultative for the others. Osmoregulation has long been suspected.

In general, the Dinoflagellates lack contractile vacuoles, even though many of them live in fresh water. However they have a system of permanently open vacuoles, known as pusules, which may possibly perform the functions carried out by contractile vacuoles in various other Protozoa.

Of the marine or endoparasitic Protozoa which nevertheless have contractile vacuoles, most are ciliates or flagellates. The rate of output of fluid is stated to be rather low in marine peritrich ciliates, as compared with fresh-water species of the same size (KITCHING 1938 b). However a general comparative study is needed.

Particulars of the vacuolar cycle for a few well-known Protozoa are summarised in Table 1, from data assembled by KITCHING (1938). Contractile vacuoles do not occur in Sporozoa and they are generally absent from parasitic or marine Rhizopoda.

Structure

Structure in amoebae

The contractile vacuole of *Amoeba proteus* and related forms originates in the same mass of cytoplasm from which the old one discharged (Fig. 1).

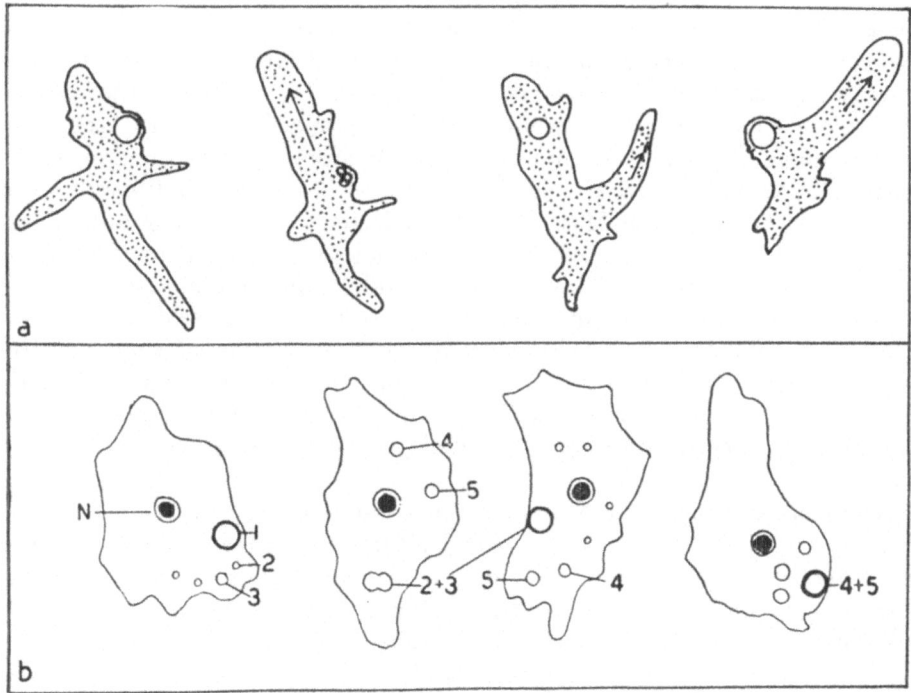

Fig. 1. *(a)* The vacuolar cycle in *Amoeba proteus*, in relation to movement of the organism. *(b)* The vacuolar cycle in *Amoeba vespertilio*, from HYMAN (1936); successive vacuoles are numbered, and vacuoles about to discharge are indicated by a thickened rim.

It passes from the plasmagel into the plasmasol and flows forwards with the latter, growing all the time. As it approaches its full size it becomes embedded in the plasmagel, which is stationary. As the tail moves forwards and contracts the contractile vacuole usually becomes incorporated in it before undergoing systole (Mast 1926). In *Amoeba vespertilio* however a number of contractile vacuoles are present simultaneously and discharge successively; each appears to arise *de novo* (Hyman 1936), although this is a difficult point to establish. The observation that vacuoles may arise *de novo* in certain cases either by experiment or in nature does not nullify the fact that more usually there is a continuity of succession which must be founded on some structural basis.

The morphological differentiation of the vacuolar apparatus appears to be less elaborate in amoebae than in other Protozoa. The vacuolar membrane is weakly birefringent, but all trace of this disappears at systole. The occurrence of birefringence suggests an oriented structure of appreciable thickness (Schmidt 1939). In *Amoeba proteus*, according to careful observations by Mast (1938), the vacuolar membrane is usually surrounded by a layer of protoplasm which is apparently more viscous and heavier than the rest of the cytoplasm, and which contains a number of beta granules (mitochondria) more or less embedded in it. When the vacuole contracts the viscous surrounding layer with its mitochondria is left "as a distinct mass of substance of considerable size, in which a remnant of the vacuole can usually still be seen." The mitochondria are always separated by a certain distance from the vacuolar membrane, and this distance increases as the vacuole contracts, as though at the surface of the vacuole there were a layer of clear but structurally organized material. Treatment with osmium tetroxide does not cause any blackening in the region of the contractile vacuole, such as occurs in many other Protozoa (Gatenby and Singh 1937). According to Mast (1938) the viscous layer with its mitochondria is not essential to the growth or contraction of the vacuole; occasional vacuoles are very poor in adherent mitochondria, and in one case a vacuole lacked both mitochondria and viscous layer. In *Pelomyxa carolinensis* a new contractile vacuole can be caused to form in a portion of the organism without vacuoles if this is cut off; the viscous layer is not found on the new vacuole, but only forms after the first systole (Wilber 1945). It is not known whether the viscous layer has any effect on any other aspect of vacuolar function.

The contractile vacuole of amoebae originates at any rate in some cases from the residue of the previous vacuole. Often however a number of very small vacuoles fuse together and form it or contribute to it (Metcalf 1910, Hopkins 1946, and many intermediate references). The origin of these contributory vacuoles lies beyond the range of the conventional microscope, but is a matter of extreme interest, especially at the molecular scale.

Fusion of contributory vacuoles plays an important part in the process of diastole. This is obvious enough from a study of *Amoeba lacerata* (Hopkins 1946), and according to MacLennan (1944) increase in diameter of the contractile vacuole of *Amoeba proteus* takes place by a series of steps throughout diastole, these being due to the accession of contributory vacuoles.

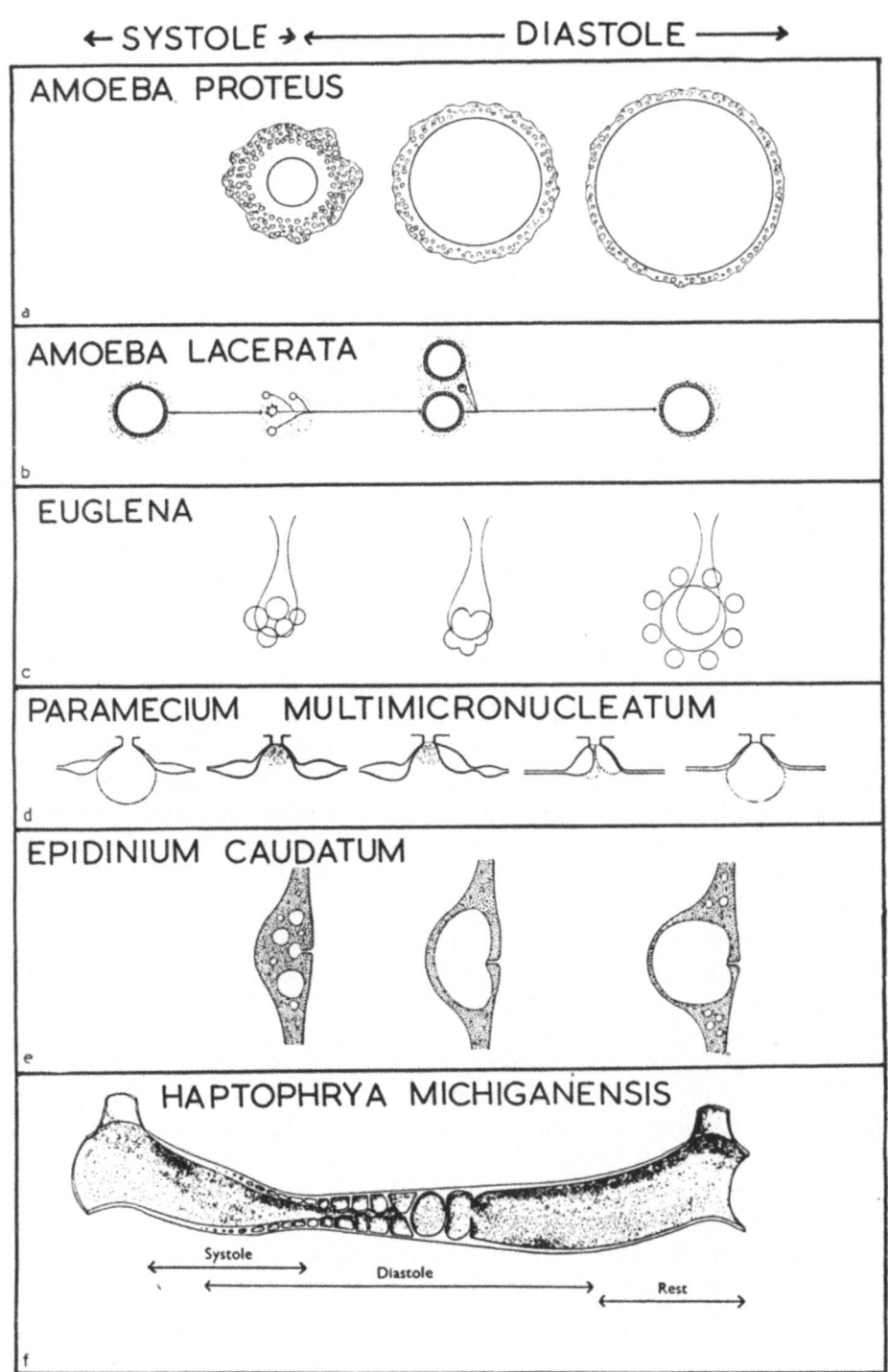

Fig. 2. Vacuolar cycles in various Protozoa, arranged in accordance with the diastole and systole of the main vesicle. (Diastole of contributory vacuoles often overlaps with systole of the main vesicle.)
(a) Amoeba proteus, from MAST (1938). (b) Amoeba lacerata, from HOPKINS (1946). (c) Euglena sp., from HYMAN (1938). (d) Paramecium multimicronucleatum, from KING (1935). (e) Epidinium caudatum, from MACLENNAN (1933). (f) Haptophrya michiganensis, from MACLENNAN (1944).

Structure in flagellates

The vacuolar cycle of *Euglena*, as reinvestigated by HYMAN (1938), is shown in Fig. 2. Contributory vacuoles fuse to form a contractile vacuole, which discharges into the pharynx. There is no intermediate reservoir, as reported in various text-books.

In various flagellates, impregnation with osmium tetroxide leads to the blackening of an incomplete ring around the contractile vacuole (NASSONOV 1924, SMYTH 1947). This ring persists at systole.

An electron micrograph by DALTON and FELIX, not yet published but shown to me by Professor J. B. GATENBY, shows in *Chlamydomonas eugametos* the multiple system of contractile vacuoles with a number of double membranes surrounding them, and scattered granules. This structure is very reminiscent of that already described by DALTON and FELIX (1954) for the Golgi apparatus of the epithelial cells of mouse epididymis.

Structure in ciliates

Ciliate vacuolar systems may include feeder canals, contributory vacuoles, and a main vacuole. In various ciliates contributory vacuoles fuse together to form a main vacuole, which then empties to the outside (TAYLOR, 1923, for *Euplotes*; MOORE, 1934, for *Blepharisma*; and KING, 1928, for *Paramecium trichium*). In *Euplotes* the contributory vacuoles lie at the ends of fine canals extending far across the cell (Fig. 3), and presumably they are filled from these canals (KING 1933). The number and positions of the pores, in relation to morphogenesis and the regulation of structure, is discussed by KING (1954).

In most species of *Paramecium* the vacuolar apparatus consists of a central contractile vesicle with feeder canals radiating from it (Fig. 2). Ampullae on the canals swell up as water accumulates in them. The canals empty into the vesicle, and the vesicle to the outside, but the details of this process have been disputed (WICHTERMAN 1953). For instance LLOYD and BEATTIE (1928) found from cinematograph records that the ampullae of the canals dilate during the early part of systole of the central vesicle, and therefore concluded that some of the water in the central vesicle passes back into the canals before the rest is expelled to the outside. On the other hand, GELEI (1935) and KING (1935) have reported that the connexions between the canals and central vesicle are closed during systole of the latter. It seems possible that the rapid dilation of the ampullae merely represents a shift of fluid down the canals, in response to a local fall of intra-cytoplasmic pressure caused by systole of the vesicle (KITCHING 1952 b). Regarded teleologically, the flowing back of fluid into the canals would appear remarkably inefficient.

Some authors have held that in *Paramecium* the membrane of the vesicle is permanent, and merely collapses, and others that a new membrane forms with each diastole of the vesicle. According to the very careful work of

KING (1935), temporary vesicles develop at the central ends of the radial feeder canals, and receive water from the canals and in particular from the ampullae of the latter. The temporary vesicles then fuse to form the main contractile vesicle of the vacuolar apparatus. When *Paramecium caudatum* was ultracentrifuged (KING and BEAMS 1937), the central vesicle sometimes became detached from the pore and lay free in the cytoplasm, and in such cases the feeder canals formed new central vesicles. This gives some support to the view that the main vesicle is regularly formed *de novo*, but does not prove it. However in other Protozoa the vacuolar membrane either disappears entirely at systole, or nearly so if a minute residual vacuole persists. It would be out of keeping with cytological experience to suppose that the vacuolar membrane merely folds up without diminution of area; on the other hand the fusion of vesicles described by KING is entirely comparable with the fusion of contributory vacuoles in other Protozoa.

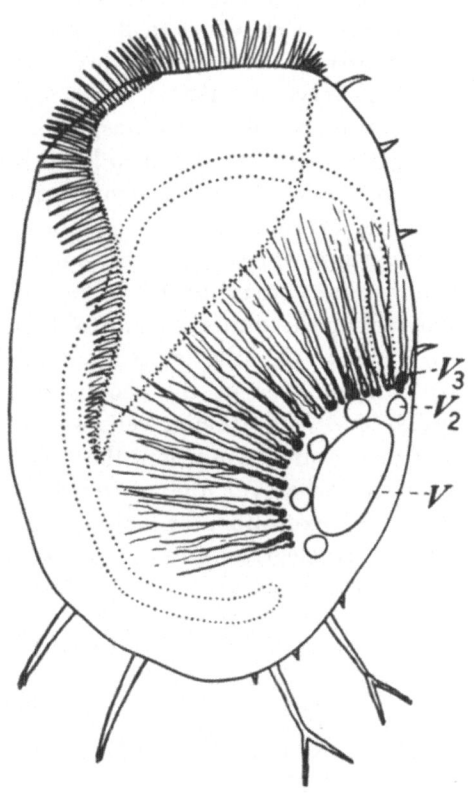

The vacuolar apparatus of the large parasitic ciliate *Haptophrya michiganensis*, as described by MACLENNAN (1944), consists of a canal which connects at intervals by short side tubes with pores to the outside. Periodically a systolic wave passes along the canal or part of it. As the wave passes any position on the canal, the canal narrows there until the lumen is occluded, and at the same time

Fig. 3.   The vacuolar apparatus of *Euplotes patella*, from KING (1933).

the wall of the canal becomes vacuolated. As the systolic waves passes by these vacuoles grow and coalesce to give rise to a new lumen. Thus as in many other ciliates diastole proceeds largely by the fusion of contributory vacuoles. It is not clear to what extent the apparent contraction of the canal is to be regarded as an active contraction, and to what extent it is due merely to a release of pressure, occasioned by the discharge of the vacuolar contents. In the latter case the wave of contraction might be due to a differential effect on different parts of the walls of the canal, in accordance with different mechanical properties which might depend on the stage reached locally in diastole. However if an active contraction occurs in *Haptophrya*, then it is reasonable to ask whether the same may not also occur in the feeder canals of *Paramecium*, and possibly in the vacuolar walls of other Protozoa.

Various parts of the vacuolar apparatus of ciliates blacken on impregnation with osmium tetroxide or silver—for instance the walls of the feeder canals of *Paramecium* (NASSONOV 1924). This clearly represents a more or less permanent differentiation. In a dividing *Didinium nasutum* buds of argentophile material from the region of the contractile vacuole migrate to form the precursors of the contractile vacuole of the daughter organism (GELEI 1938). However in *Vorticella* the contractile vacuole of the daughter apparently arises without any contribution from pre-existing osmiophile material (GATENBY 1941). This specialized osmiophile material, found in many ciliates and flagellates, is undoubtedly of great significance. It has generally been considered to be of lipoid nature, although this has yet to be proved. Recent electron micrographs have shown a "spongy branching network of short double membranes" surrounding the feeder canals of *Paramecium aurelia* and the contractile vacuole of *Vorticella* sp. (GATENBY, DALTON and FELIX 1955). This structure occupies the same position as the osmiophile material, and is believed by GATENBY, DALTON and FELIX to correspond with the more lamellated system of double membranes of the Golgi apparatus of the choanocytes of the marine sponge *Grantia compressa* and of epithelial cells of mouse epididymis. It represents, in fixed and dehydrated condition, that portion of the cytoplasm to which we must attribute whatever the contractile vacuole achieves in phase separation, secretion, excretion, or active transport of molecules or ions. Further studies by electron microscopy will be awaited with the greatest interest.

Osmoregulation

Foreword

In many organisms the water content of body fluids and cells is maintained at a level different from that which would represent osmotic equilibrium with the surrounding medium. Body fluids and cells contain in solution inorganic ions, proteins, and various other organic substances. Even in the simple hypothetical case of a cell freely permeable to inorganic ions but containing dissolved proteins, the internal osmotic pressure will exceed that of the surrounding medium, and this difference will be accentuated by a Donnan distribution of the inorganic ions (DAVSON 1951, p. 208). Expansion of the cell could be prevented mechanically by a rigid cell surface or by some form of active control of the distribution of water or inorganic ions. This problem will affect even the purely marine Protozoa.

In all cases which have been investigated, fresh-water animals maintain their body fluids at an osmotic pressure considerably above that of the outside medium. Water enters continually by osmosis through those parts of the body surface, including the gut, which are permeable to it, and in many cases it is the excretory organs or kidneys which remove this water and so maintain the water balance of the organism. In many cases valuable solutes are retained by the secretion of a dilute urine, and this obviously involves osmotic work. In addition there is usually an active uptake of certain inorganic ions at the permeable portions of the body surface.

The same general problems must clearly be met by the Protozoa, and solved on a single cell scale of organization. In discussing the possible osmoregulatory functions of the contractile vacuole, it is natural to compare the latter with the excretory organ or kidney of higher animals and to find analogies between the functions performed by each. Thus in the Protozoa there must be some mechanism—possibly the contractile vacuole—by which the state of hydration of the cytoplasm is controlled, just as in higher animals the water content of the plasma is controlled by the kidney. Also there must be a separation and retention of certain cell solutes—protein and possibly others—at the vacuole surface, in a manner which recalls the more complicated separations carried out by kidneys.

Although the methods which have been used for the direct estimation of the osmotic pressure of aqueous cytoplasm are open to criticism, it is probable that fresh-water Protozoa have an internal osmotic pressure above that of the external medium, if only on account of dissolved proteins. This view is supported by measurements of cytoplasmic conductivity (GELFAN 1928), which will be refered to in more detail later (p. 11). Other methods involve cytolysis, but the results are not in disagreement. Moreover it has been found that in osmotic experiments the fresh-water peritrich *Carchesium aselli* and the suctorian *Discophrya piriformis* behave as though normally the internal osmotic pressure is about that of a 0.04 to 0.05 molar solution of a non-electrolyte (see p. 21). There is therefore a considerable body of evidence in favour of the view that the internal osmotic pressure of various fresh-water Protozoa substantially exceeds that of the external fresh-water. It would be contrary to experience with all other fresh-water organisms if this were not so.

It is also generally admitted that part at least of the body surface of Protozoa is permeable to water. The mere fact that water is continually discharged by the contractile vacuole shows that it must enter somewhere. Moreover, many Protozoa have been shown to shrink or swell, when the concentration of the external medium is changed, in a manner which can only be attributed to osmosis. It has been suggested that in some Protozoa the permeable area of body surface is confined to the gullet (p. 16). However this does not alter the situation. It is clear that conditions in fresh-water Protozoa, as in other fresh-water animals, make necessary some form of water regulation. The problem now at issue is whether and to what extent the contractile vacuole carries out this function.

Another aspect of osmoregulation concerns the concentration of solutes in the cytoplasm. Certain inorganic ions are normally necessary for life, and any loss of these through the contractile vacuole must be made good by acquisition from the outside, either in the food or directly from the external medium. Very little is known as yet about the salt balance of Protozoa. If salts are acquired at a sufficient rate, then it would be possible for the concentration of vacuolar fluid and cytoplasm to be equal in respect of these; otherwise salts must to some extent be retained from the vacuolar fluid.

Dissolved excretory matter will also contribute to the general osmotic pressure of the cytoplasm, but there is no evidence as yet to suggest that it accounts for any considerable proportion of it.

Osmotic relations in amoebae

If the contractile vacuole bales out the water which comes in by osmosis through the body surface, then it might be expected that a change in the rate of entry would be reflected by a similar change in rate of vacuolar output. It was found that when the large multinucleate amoeba *Pelomyxa carolinensis* (or 'Chaos chaos') was placed in a 0.1 molar solution of a non-electrolyte the body shrank steadily and the rate of output of the contractile vacuole decreased, until after about 80 min. there was no further vacuolar activity (Belda 1942 a). By this time the body had shrunk by about 7–8%. Thus a hypertonic solution halts the entry of water—and in fact reverses it—and also eventually stops the output of water by the contractile vacuole. However it takes some time for the vacuole to stop, so that for a limited period the organism continues to bale out water with none coming in. This no doubt largely accounts for earlier observations

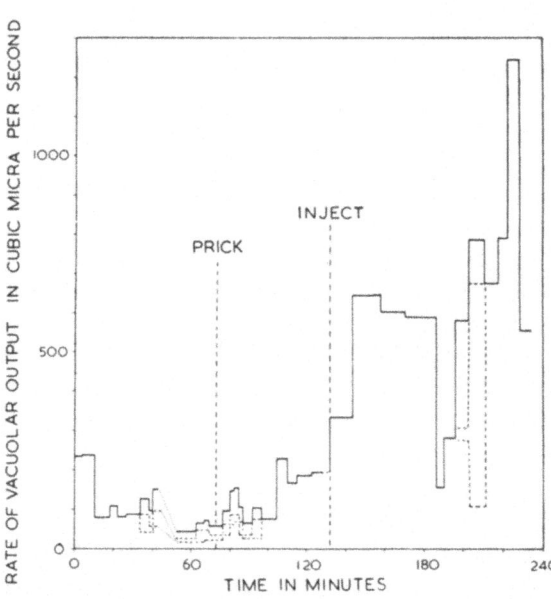

Fig. 4. The effect of pricking, and subsequently of injecting distilled water amounting to about three quarters of the body volume, on the rate of vacuolar output of *Amoeba proteus*. Some carmine was suspended in the distilled water so that successful injection into the body of the *Amoeba* could be established. For part of the time two contractile vacuoles were present, indicated by broken lines; the continuous line represents the total rate of output.

(Experiment by Mr. A. Chadwick.)

(Adolph 1926, Müller 1936) on *Amoeba proteus* to the effect that the rate of vacuolar output is unaffected or even enhanced by an increase in external osmotic pressure. Injection of distilled water into the cytoplasm of *Amoeba proteus* causes an immediate marked increase in rate of vacuolar output (see page 34) (Howland and Pollack 1927; confirmed in this department by Mr. A. Chadwick, see Fig. 4).

For a description of the water balance it is necessary to know both the rate of osmotic uptake of water from the external medium and the rate of vacuolar output. The former may be estimated as the product of the area of the surface membrane, its permeability, and the difference of osmotic pressure across it:

$$\frac{d\,w}{d\,t} = K\,A\,(P_i - P_o)$$

where K is the permeability constant of JACOBS (1935) and is normally expressed in μ^3 of water passing per μ^2 of cell surface per atmosphere of osmotic pressure difference per minute.

There is considerable disagreement as to the internal osmotic pressure of fresh-water amoebae. *Amoeba proteus* was found by MAST and FOWLER (1935) to shrink in various solutions of non-electrolytes. The lowest concentration at which shrinkage was just detectable was 0.005 molar, but unfortunately figures were not given. These authors concluded that the internal osmotic pressure of *Amoeba proteus* was approximately that of a 0.005 molar non-electrolyte. However BELDA (1942 a) found that *Pelomyxa carolinensis* shrinks even in its own culture medium at a rate of $^1/_3\%$ of its body volume per hour if it is not fed, and he has suggested that the shrinkage observed by MAST and FOWLER was due to starvation. If however the shrinkage was as small as this it would probably not be significant in the short experiments (15 mins.) mentioned by these authors. Other observations suggest a much higher value for the internal osmotic pressure of amoebae. The cytoplasmic conductivity was estimated by GELFAN (1928) as equal to that of 0.01 molar KCl, and the vapour pressure of homogenate of boiled or frozen amoebae was estimated by LØVTRUP and PIGOŃ (1951) as that of a 107 mM. non-electrolyte. In the latter case the possibility of the treatment causing a breakdown of complex organic molecules to a larger number of smaller ones cannot be ignored. LØVTRUP and PIGOŃ also pointed out that after BELDA's curves for shrinkage had been corrected for the effects of starvation, they indicated that *Pelomyxa* comes into volume equilibrium with a non-electrolyte solution within a reasonable period of time. On the assumption that PV is constant the curves indicated an internal osmotic pressure equal to that of a 0.080 molar solution of non-electrolyte. Further work on the internal osmotic pressure of amoebae is necessary before any of these figures can be accepted.

The permeability of the surface of amoebae to water has been estimated from the rate of shrinkage of amoebae placed in hypertonic solutions. Observations have been made both on *Amoeba proteus* (MAST and FOWLER 1935) and *Pelomyxa carolinensis* (BELDA 1943). For measurements of volume the amoebae were sucked into a capillary tube; the surface area was also taken as that of the amoeba in cylindrical form. MAST and FOWLER regarded the internal osmotic pressure of *Amoeba proteus* as negligible, and considered the difference of osmotic pressure across the surface to be equal to the concentration of the external solution, namely 0.2 molar lactose. Their estimate of permeability may therefore be rather too low. BELDA made allowance for the internal osmotic pressure of *Pelomyxa*, using a figure

of 0.01 M KCl, derived by GELFAN (1928) from measurements of the conductivity of the cytoplasm. In both cases the results are likely to be of
the right order although necessarily somewhat inaccurate. They are:

Amoeba proteus   approx. 0.026 μ^3/μ^2/atm./min. (MAST and FOWLER 1935).
Pelomyxa carolinensis   approx. 0.02 μ^3/μ^2/atm./min. (BELDA 1943).

The permeability of the surface of amoebae to water has also been
estimated indirectly, from Fick's diffusion constant. LØVTROP and PIGOŃ
(1951) determined the diffusion constant of H_2O, D_2O, and $H_2{}^{18}O$ in the
surface membrane by means of the Cartesian diver. They followed the
changes in weight under water, or "reduced weight," of Pelomyxa previously equilibrated in water containing some D_2O or $H_2{}^{18}O$ and then
placed in the diver in ordinary water, and of Pelomyxa equilibrated in
ordinary water and then placed in the diver in isotopic water. In the
former case changes in reduced weight are entirely due to the diffusion
of D_2O or $H_2{}^{18}O$ outwards, and in the latter to diffusion of H_2O outwards.
The results for the different isotopes did not differ significantly, and
amounted to about 0.25 μ/sec.

An expression was derived by LØVTRUP and PIGOŃ (1951) by which
Fick's diffusion constant can be converted into Jacob's permeability constant. This is necessary because in a permeable membrane water molecules will diffuse in both directions, whether or not there is any difference
of osmotic pressure, and it is only the net result of an osmotic difference
which is of importance in the present study. LØVTRUP and PIGOŃ in this
way estimated the permeability of Pelomyxa carolinensis to water as
0.011 μ^3/μ^2/atm./min.

From their estimates of the permeability of the surface to water, and
of the internal osmotic pressure of Pelomyxa carolinensis, LØVTRUP and
PIGOŃ (1951) estimated that under normal conditions of culture a quantity
of water equal to 2% of the body volume must enter osmotically in one
hour. If the permeability were twice as great, as suggested by the estimates
of MAST and FOWLER (1935) and BELDA (1943), the quantity of water would
also be twice as great; and if the internal osmotic pressure were lower than
the figure suggested by LØVTRUP and PIGOŃ, the quantity of water would
be proportionately lower. In spite of these and other uncertainties, the
rate of elimination of water observed by BELDA (1924 b), namely 3.8% of
the body volume per hour, corresponds well with the rate of osmotic entry
through the body surface estimated by LØVTRUP and PIGOŃ. Whatever else
the contractile vacuole does in fresh-water amoebae, it appears to bale out
water as fact as this enters osmotically, and in this sense to act as an
osmoregulator.

Marine amoeba do not normally have contractile vacuoles, although in
several cases they have been found to develop them when cultivated in
a fresh-water medium (HOGUE 1924, ZUELZER 1927). Osmotic relations have
been studied over a wide range of salinities in two minute euryhaline
amoebae, Amoeba lacerata (HOPKINS 1946) and Flabellula mira (MAST and
HOPKINS 1941).

Amoeba lacerata, originating in fresh water, was cultured successfully by HOPKINS (1946) in salinities ranging from 5% to 50% sea water. When transferred from its culture medium to a more dilute or more concentrated sea water, it swelled or shrank, no doubt by osmosis, but subsequently returned to its original volume, as though salts had leaked out or in. Thus it appears that some or all of the salts present in sea water penetrate fairly readily, and that the internal osmotic pressure must change with the concentration of sea water. HOPKINS showed that a change of concentration equal to 5 or 10% sea water was sufficient to produce a detectable (though temporary) swelling or shrinkage, and concluded that any actively maintained difference in osmotic pressure between the cytoplasm and environment must be less than this amount. Although this conclusion does not necessarily follow, it seems likely that in media as concentrated as 10 to 50% sea water any actively maintained osmotic difference will be relatively small, so that the amoeba will take on an internal osmotic pressure near to that of its environment. Thus *A. lacerata* is clearly capable of enduring wide variations in the salt concentration and internal osmotic pressure of its cytoplasm. Even so it seems likely that the active maintenance of an osmotic difference may be vital to it in fresh water.

The rate of output of the contractile vacuole of adapted *Amoeba lacerata* was found to vary inversely with the osmotic pressure of the outside medium (Fig. 5) (HOPKINS 1946), over the range 5% to 50% sea water, although variation was considerable. In view of the likelihood that over this range the internal and external osmotic pressures are nearly equal, HOPKINS concluded from this inverse relation that the contractile vacuole contains dissolved excretory materials and grows osmotically until its contents are in osmotic equilibrium with the cytoplasm; the higher the concentration of solutes in the cytoplasm, the less water would enter the contractile vacuole. He concluded that the contractile vacuole does not regulate the water content of the organism. However, even with a rather free penetration of salts, the organisms will still be faced with an osmotic difficulty owing to the requirements of the DONNAN equilibrium. At constant cell volume, there would be an excess of internal over external osmotic pressure which would be greater at the lower concentrations of sea water. This difference of osmotic pressure would of course tend to cause the organisms to take up water and swell, and to counteract this the rate of vacuolar output would need to be adjusted very much in accordance with HOPKINS' curve. It would also be interesting to know more about the immediate effects of a change of medium on the contractile vacuole. In HOPKINS' experiments the solutes—namely the salts in sea water—were able to penetrate the body surface fairly quickly, so that the change in body volume was transient. On the other hand for an amoeba in fresh water any osmotic difference between the cytoplasm and external medium is due to a steady state and is permanent for the life of the animal. The internal osmotic pressure is due in part to dissolved proteins and other organic substances, and possibly in part to an active ion-regulating mechanism which may be effective and important in fresh water even though perhaps unimportant in dilute sea water. It would therefore also be interesting to carry out experiments with a solute which does not penetrate readily, so that the volume change would be long lasting. It seems likely that any water-controlling mechanism would have self-regulating powers which would be revealed in such an experiment.

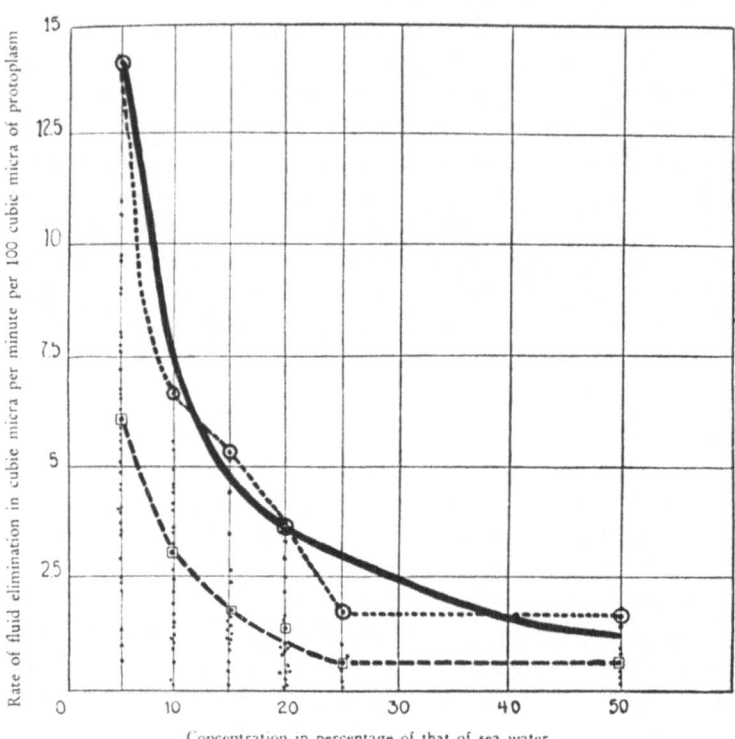

Fig. 5. The rate of vacuolar output of *Amoeba lacerata* in relation to the concentration of the sea water used as culture medium (ordinary sea water = 100). Dots represent individual observations, squares represent average rates for each external concentration, and circles represent maximum rates. The solid line is the curve for $PV = K$ (see text).

(From HOPKINS 1946.)

The osmotic relations of the marine amoeba *A. mira*, studied by HOPKINS (1938) and by MAST and HOPKINS (1941), appear to be very like those of *A. lacerata*. However the vacuolar system is complicated by the fact it has digestive properties also. It is regarded by HOPKINS as representing a fusion of a contractile vacuole and of a food vacuole system. The organism contains many vacuoles of various sizes. Granules appear within the vacuoles when the amoeba stops moving, and disappear apparently by solution when the organism becomes active. Bacteria sink in through the body surface and enter the smaller vacuoles. These vacuoles fuse together, while digestion of the bacteria presumably proceeds. Periodically a large vacuole, the product of earlier fusions and presumably containing the residues from digestion, discharges to the outside. In respect of discharge the vacuolar system of *A. mira* responds to external osmotic conditions in much the same way as the contractile vacuole of *A. lacerata*. It is not clear to what extent the unique features of the vacuolar system are to be ascribed to its digestive aspects.

Water balance in ciliates

In a condition of steady state, the rates of gain and loss of water by all routes must balance. These items are:

Gain	*Loss*
Water taken up in food vacuoles	Discharge of contractile vacuoles
Osmosis through body surface or any part of it	Discharge of water from anal spot in spent food vacuoles
Water formed metabolically	

On the "loss" side, the rate of discharge of water in spent food vacuoles from the anal spot has not been measured. However it has been shown that in *Paramecium* spp. (MAST 1947) and *Vorticella similis* (MAST and BOWEN 1944) the food vacuoles first shrink, but later swell again until at the time of expulsion they are about their original size. Under such conditions the water gained in the uptake of food vacuoles and that lost in their discharge would approximately cancel out. On the other hand, according to KITCHING (1939 a) various peritrich ciliates when irrigated with a rather clean medium take up numerous practically empty food vacuoles, which are completely absorbed so that there is no loss of water by discharge. In the fresh-water peritrich *Carchesium aselli* the rate of uptake of water in food vacuoles amounted to less than 10% of the rate of output of the contractile vacuole, but the figures are somewhat higher for *Pyxidium aselli*. In the various cases mentioned above it can therefore be concluded that the exchange of water by means of food vacuoles does not normally greatly affect the output of the contractile vacuole. However in Ophryoscolecidae, which live in the gut of ruminants, the body is covered by a thick cuticle, and the activity of the contractile vacuole is much increased during feeding, as though the water taken in during feeding provided the main source of vacuolar fluid (MACLENNAN 1933).

It has been claimed by KAMADA (1935) that a significant proportion of the water evacuated by the contractile vacuole is of metabolic origin. This suggestion was put forward because the contractile vacuole of *Paramecium* sp. continued operate, thought at a reduced rate, even when the body was flattened by exosmosis in a hypertonic medium. However it has been pointed out by KITCHING (1943), who reported a similar phenomenon in the peritrich *Rhabdostyla brevipes,* that the contractile vacuole need not necessarily stop when the external osmotic pressure is raised above the internal. It would only stop if perfectly adjusted for maintaining a constant internal osmotic pressure but might in fact continue to operate and so raise the internal osmotic pressure once more above the external. Continuance of vacuolar activity under such conditions is therefore no measure of metabolic water production. Actually an upper limit can be estimated for metabolic water production from the rate of oxygen consumption, on the assumption that each mol of oxygen consumed gives rise to one mol of water, as in the oxidation of glucose. The rate of oxygen consumption of *Paramecium caudatum* at 20^0 C. was estimated by Pace and Kimura (1944) as 2110 mm^3 per million organisms per hour, which is approximately equivalent to 2000 μ^3 of water per organism per hour. This is less than 1% of the rate of vacuolar output.

Thus we may conclude that in *Paramecium* sp. and various peritrich ciliates the water taken up osmotically through the body surface and the water evacuated by the contractile vacuole should approximately balance. This statement makes no implication as to whether the osmotic uptake of water from the medium takes place uniformly over the whole body surface or mainly over some special area. In the absence of evidence to the contrary, Kitching (1936) has regularly assumed the former. However Mast and Bowen (1944) and Mast (1947) ascribed the concentration of particles in the "oesophageal sac" or forming food vacuoles during feeding to the osmotic uptake of water from the sac into the protoplasm, which thus left the particles behind. There is no doubt that some osmotic uptake occurs through the walls of the sac, just as through the walls of the fully separated food vacuole, but this does not justify the conclusion that all or most of the water enters this way. It is by no means clear why the concentration of particles in the oesophageal sac should not be due to the action of cilia. Moreover, the contractile vacuoles of conjugating pairs of *Paramecium* continue to operate actively even though their gullets are completely obliterated (Wichterman 1953, p. 228). Thus, the question of localisation of endosmosis must remain open.

For many different ciliates it has been shown that an increase in the external osmotic pressure, achieved with a suitable solute, causes a decrease in the rate of vacuolar output, and conversely that a decrease in external osmotic pressure causes an increase in rate of output. Treatment of *Paramecium* sp. with a 0.025 M solution of NaCl causes an immediate decrease in vacuolar frequency, almost to zero, but in the course of an hour or two the frequency is restored nearly to its original value (Kamada 1935). The results reported by Frisch (1939) are consistent with this conclusion. Similarly in marine peritrichs transferred to dilute sea water there is an immediate increase in rate of vacuolar output, but subsequently the body often shrinks and at the same time the rate of vacuolar output decreases somewhat (Kitching 1934), as shown in Fig. 9. Similar results on the holotrich *Frontonia marina*, for vacuolar frequency only, are given by Oberthur (1937).

It is clear from these experiments that salts do enter or leave the body and that in the course of time a new steady state is set up. This, however, does not mean that under all conditions the internal and external concentrations of inorganic ions are necessarily the same. A Donnan equilibrium would result in a greater concentration of cations internally (on the assumption that the proteins are mainly anionic), and in an excess of internal over external osmotic pressure. These differences in ionic concentrations and in osmotic pressure would be most marked when the external concentration of diffusible ions is low.

In addition, it is quite possible that active transport takes place at the body surface or as a result of uptake of salts in food and selective retention or discharge by the contractile vacuole. The existence of some form of active transport is indicated by the recent work of CARTER (1955) on *Spirostomum ambiguum* in this department. After equilibration with radioactive salts, *Spirostomum* was shown to contain potassium in higher

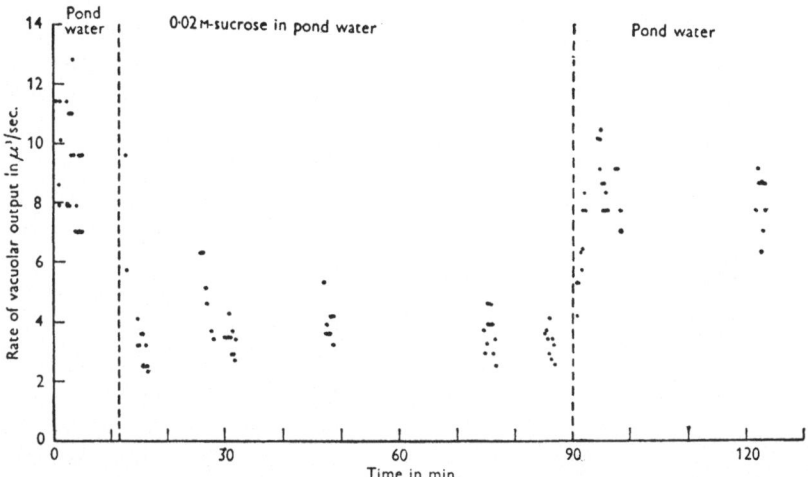

Fig. 6. The effect of a dilute solution of sucrose (0.02 M) in pond water on the rate of output of the contractile vacuole of the fresh-water peritrich *Carchesium aselli*.
(From KITCHING 1948 b.)

concentration, and sodium in lower concentration, than the outside medium. The internal concentration of bromide, used in certain experiments as an indicator of chloride, was consistent with the hypothesis that potassium and chloride are distributed in accordance with the DONNAN equilibrium but that sodium is actively extruded. As pointed out by CARTER, a sodium pump might serve to reduce the osmotic gradient across the cell surface.

The fact that salts can be shown to enter or leave the body of a protozoon when the external concentration is changed is not evidence against the existence of active transport. It would in fact be very surprising if active transport did not occur. However it is not known how the active transport mechanism would be affected by changes in external ionic concentrations.

The relation between rate of vacuolar output and concentration of solutes in the medium has been studied in two fresh-water peritrich ciliates; *Rhabdostyla brevipes* was subjected to a range of dilute sea waters (KITCHING 1934), and *Carchesium aselli* to various concentrations of sucrose (KITCHING 1938 a). The rate of vacuolar output of *Rhabdostyla brevipes* was reduced to a very low level in 12% sea water, and that of *Carchesium aselli* similarly in 0.05 M sucrose. The addition of sea water to the external medium may have other complicating effects of various kinds, and sufficient of the solute may penetrate within the time of the experiment to change the osmotic conditions materially. The effects of a relatively inert and non-penetrating non-electrolyte such as sucrose are easier to interpret. These are illustrated in Figs. 6 and 7. In any one concentration the rate of output is steady, and for a series of concentrations the relation betwen relative rate of output and external concentration is practically rectilinear except for concentrations sufficiently high to cause the organism to shrink by exosmosis. Extrapolation of the straight line to the abscissa indicates that the contractile vacuole of *Carchesium aselli* behaves as though the internal osmotic pressure normally exceeds that of the outside medium by an amount equivalent to about 0.04 molar sucrose. According to this view the body volume and internal osmotic pressure are accurately regulated for external concentrations of sucrose up to about 0.035 molar. It might be argued that constancy of body volume below this concentration is due to the masking effect which might be produced if a large part of the body were occupied by osmotically inactive materials.

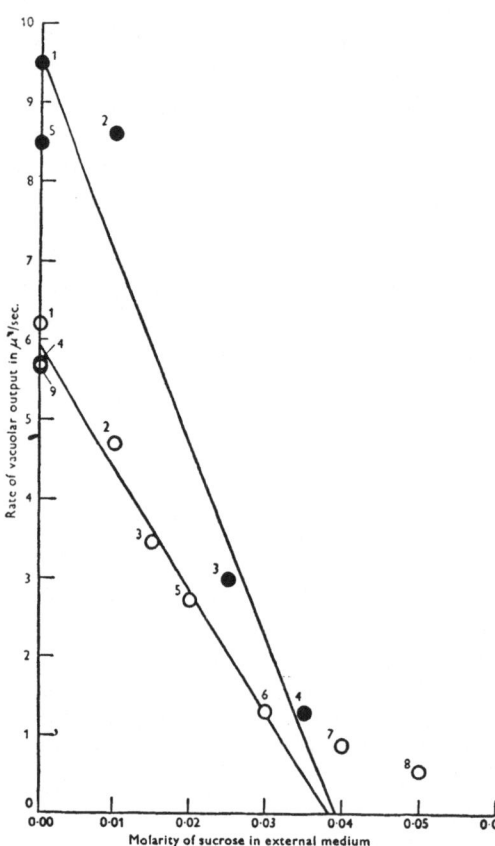

Fig. 7. The effect of treatment with a series of concentrations of sucrose in pond water on the rate of output of the contractile vacuole of the fresh-water peritrich *Carchesium aselli*. Clear and black circles indicate two separate experiments. The numbers show the order of treatment. The straight lines are dawn through points for concentrations of sucrose at which no shrinkage of the body was detected (i.e. not 7 and 8), and are discussed in the text.

(From Kitching 1948 b.)

However, the body shrinks very greatly in higher concentrations of sucrose, so that this explanation is incorrect.

The water-regulating activity of the contractile vacuole of *Carchesium aselli* has also been clearly demonstrated in experiments in which the osmotic difference between the cytoplasm and external medium has been artificially increased (Kitching 1951). An experiment is illustrated in Fig. 8. After initial observations in tap water, a *Carchesium* was irrigated with a solution of ethylene glycol in tap water. The body shrank and the contractile vacuole stopped, but eventually both recovered, no doubt owing to the penetration of ethylene glycol. The *Carchesium* was then irrigated with plain tap water again. As a result the rate of vacuolar output rose to a peak, but subsequently it fell off to about the original level for tap water, no doubt owing to the escape of the ethylene glycol. No changes were observed in the body volume unless the concentration of ethylene glycol had exceeded 0.2 molar. Thus during the period when the organism contained ethylene glycol but was immersed in plain tap water the contractile vacuole was exercising its water-regulating capacity to an abnormally high degree, and at its peak the rate of output showed an increment of 100% of the normal for each 0.05 molar increment in the ethylene glycol concentration with which the organism had previously been equilibrated. This positive reaction is perhaps even more impressive than the reduced activity with which the contractile vacuole responds to a decrease in the osmotic gradient.

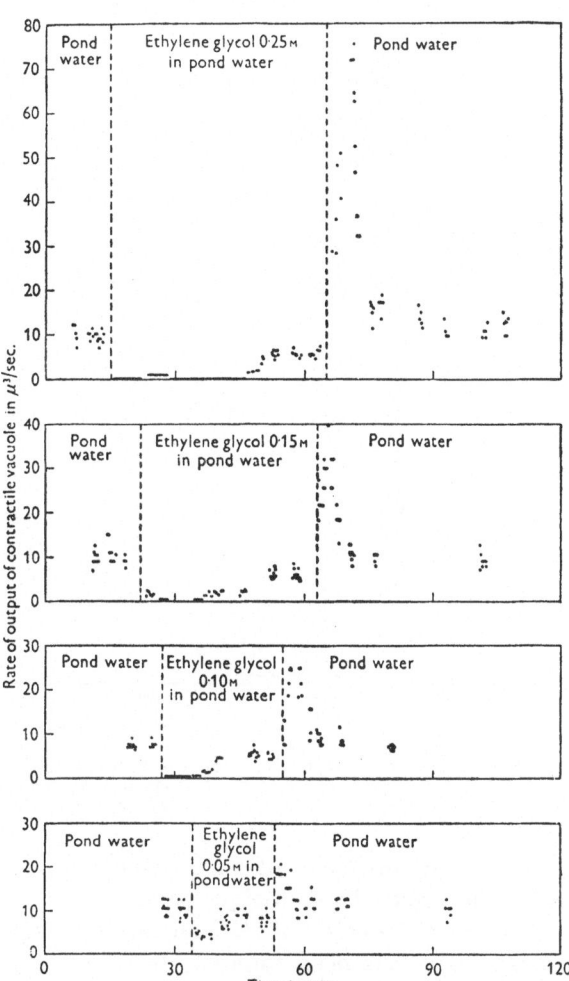

Fig. 8. The effects of treatment with solutions of ethylene glycol in pond water, and of return to pond water after equilibration with a solution of ethylene glycol, on the rate of output of the contractile vacuole of the fresh-water peritrich *Carchesium aselli.*
(From Kitching 1948 b.)

The relation between concentration of sea water and rate of vacuolar output of certain marine peritrich ciliates is shown in Figs. 9–11. Here again there is an increase in rate of output with decrease of external osmotic pressure, but the effect of a decrease in the latter is much greater at the lower concentrations. Thus, the curve shown in Fig. 11 is steeper for the lower concentrations of sea water than can be accounted for by the inverse relation between rate of output and external osmotic pressure which is claimed by Hopkins (1946) for *Amoeba lacerata* (p. 13). Addition of cyanide stops the contractile vacuole, and there is a further swelling of the body, as might be expected when the volume-regulating apparatus is put out of action (KITCHING 1936). The increase in volume is greater for the lower concentrations of sea water, as though in these the contractile vacuole were normally exercising a greater volume control. However this conclusion is open to the criticism that when respiration is depressed by

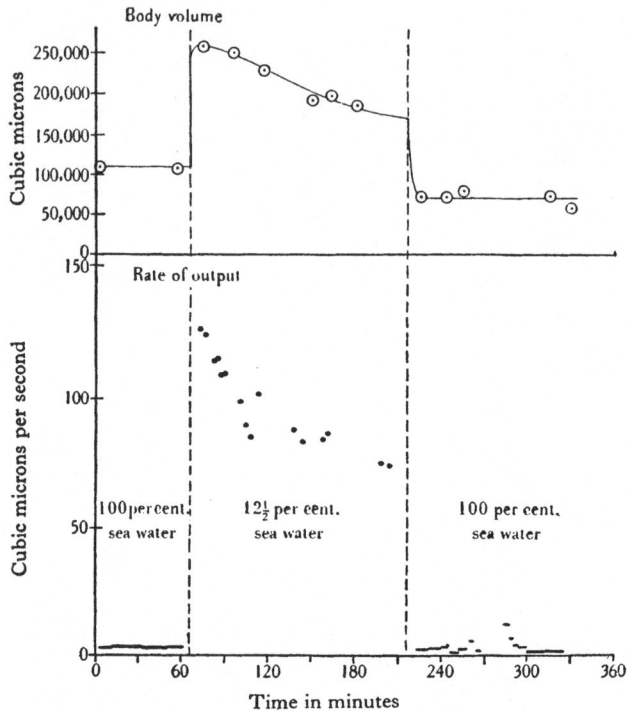

Fig. 9. The effect of dilute sea water on the body volume and rate of vacuolar output of the marine peritrich ciliate *Cothurnia curvula*.
(From KITCHING 1934.)

cyanide the products of incomplete catabolism may accumulate and so raise the internal osmotic pressure.

The rate of output of the contractile vacuoles of marine peritrich ciliates in sea water has been found to be of the same order as the rate of uptake of water in food vacuoles. It has therefore been suggested that the removal of water so taken up is one of the functions of contractile vacuoles in marine Protozoa (KITCHING 1939 a).

Osmotic relations in Suctoria

The suctorian *Discophrya piriformis* is pear-shaped, and like a pear has a stalk. It has proved convenient for osmotic experiments because it is attached to a substrate, so that it remains in the field of the microscope even under continuous irrigation, and because it has rotational symmetry, so that its body volume can be estimated from a suitable optical section.

When *Discophrya* which has been cultured in fresh water is irrigated with a dilute solution of sucrose, the rate of output of the contractile vacuole is reduced (Fig. 12). There is a rectilinear relation between rate of output and concentration of the medium, and the rate of vacuolar output is reduced to zero at about 0.04–0.05 molar sucrose (Fig. 13). The body volume is not detectably altered in solutions of sucrose up to 0.04–0.05 molar, but at higher concentrations the body shrinks. The organism thus behaves osmotically as though

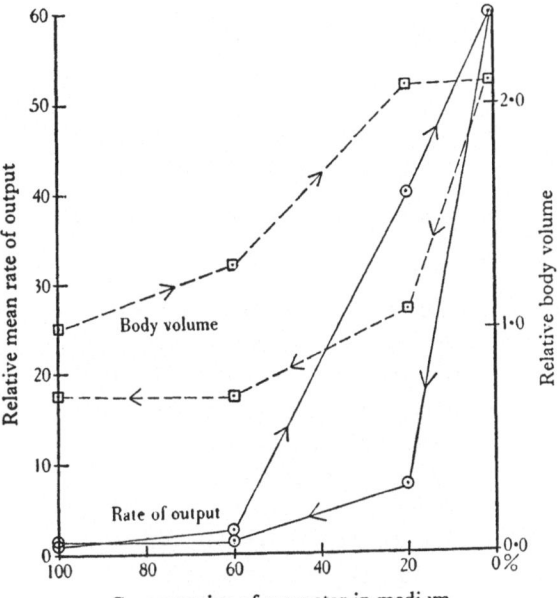

Fig. 10. The relations of body volume and rate of vacuolar output with concentration of medium for a single individual of the marine peritrich ciliate *Cothurnia curvula*, which was transferred by successive steps to more and more dilute sea water, and then back by the same steps in the reverse order to 100% sea water.

(From KITCHING 1934.)

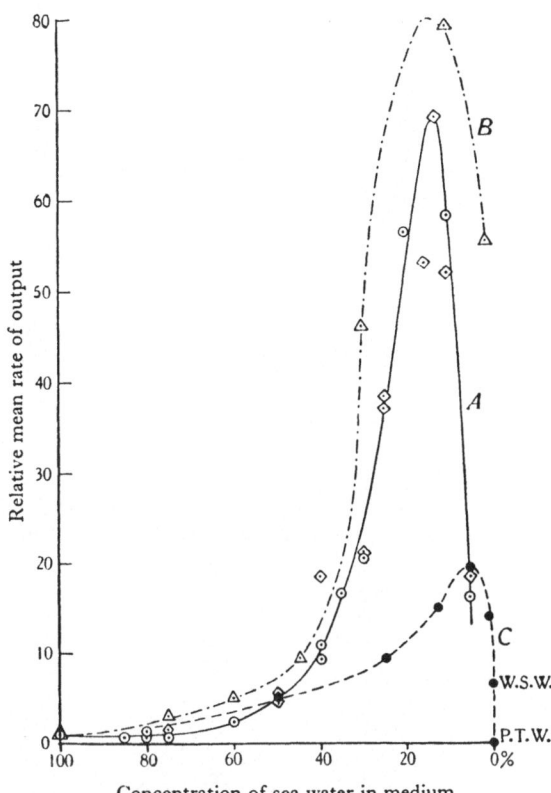

Fig. 11. The relation of rate of output with concentration of medium for the marine peritrich ciliates *Zoothamnium marinum* and *Cothurnia curvula*. Curve *A* : ⊙ *Zoothamnium marinum;* ⋘⋙ *Cothurnia curvula.* Each point represents a separate experiment. Curves *B* and *C:* experiments on two single individuals of *Cothurnia curvula*, each exposed to a series of concentrations of sea water. *W. S. W.* = Wembury stream water ("hard"); *P. T. W.* = Plymouth tap water ("soft").

(From KITCHING 1934.)

its internal osmotic pressure were that of a 0.04–0.05 molar solution of sucrose. It is true that shrinkage at lower concentrations might be masked if the organism contained a lot of non-aqueous materials, but the extreme shrinkage which occurs in high concentrations of sucrose shows that this is not so. Thus within the limits of observation the contractile vacuole of *Discophrya piriformis* behaves as an ideal osmoregulatory mechanism, baling out water in accordance with the rate of entry through the body surface, so that the organism can maintain a constant body volume in media of any osmotic pressure below its own (KITCHING 1951).

The rate of vacuolar output may also be increased above normal if the difference in osmotic pressure between the cytoplasm and external medium

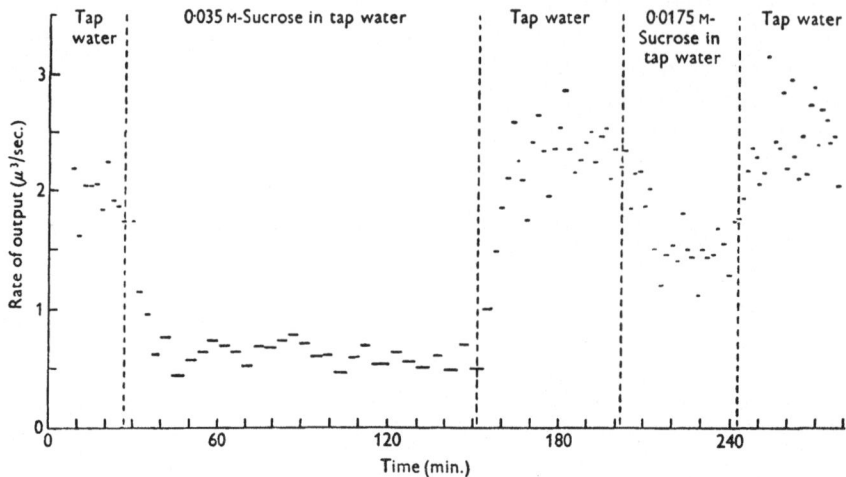

Fig. 12. The effect of treatment with a 0.035 M solution of sucrose, and of return to Bristol tap water, on the rate of output of the contractile vacuole of the fresh-water suctorian *Discophrya piriformis*. (From Kitching 1951.)

is artificially increased. In *Discophrya* previously equilibrated in a solution of ethylene glycol, there is a temporary increase in vacuolar output on

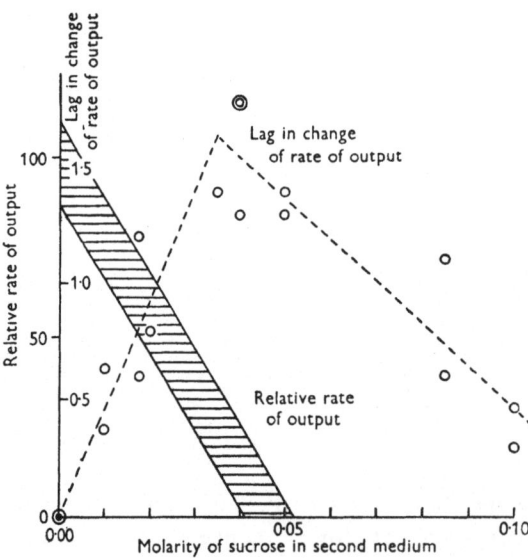

Fig. 13. Graph summarising the results of experiments (see Fig. 12) in which the fresh-water suctorian *Discophrya piriformis* was observed *(a)* in tap water, *(b)* in a solution of sucrose in tap water, *(c)* in tap water. For the relation of rate of vacuolar output with concentration of sucrose, the points lie within the shaded area. The rate of vacuolar output in tap water is taken as 100. The lag in change of output on transfer to the solution of sucrose is indicated by circles, and being a volume is expressed as a percentage of the body volume. The trend of these results is shown by the broken line.

(From Kitching 1952 b.)

transfer to water without ethylene glycol, as in the case of the ciliate *Carchesium aselli*. The same is true when *Discophrya* cultured in 10% sea water is transferred to fresh water; in this case the rate of output in fresh water at first increases and then falls off, but remains above what it had been in 10% sea water (Fig. 14).

In various suctoria the rate of output of the contractile vacuole increases during feeding (Rudzinska and Chambers, 1951, for *Tokophrya infusionum*; Kitching, 1951 and 1952 a, for *Discophrya piriformis*; Hull, 1953, for *Solenophrya micraster*). In all these cases the decrease in volume of the prey is greater than the increase in

volume of the suctorian, and this is attributed to extra activity of the contractile vacuole. The rate of output declines towards the end of a meal, but
even after the prey has been discarded it remains higher than it was origi-
nally. This is illustrated for *Discophrya piriformis in* Fig. 15. The extra
vacuolar output which occurs during feeding is approximately equal to the
amount by which the growth of the suctorian falls short of the loss in volume
of the prey. Agreement is slightly better if account is taken of the drift in

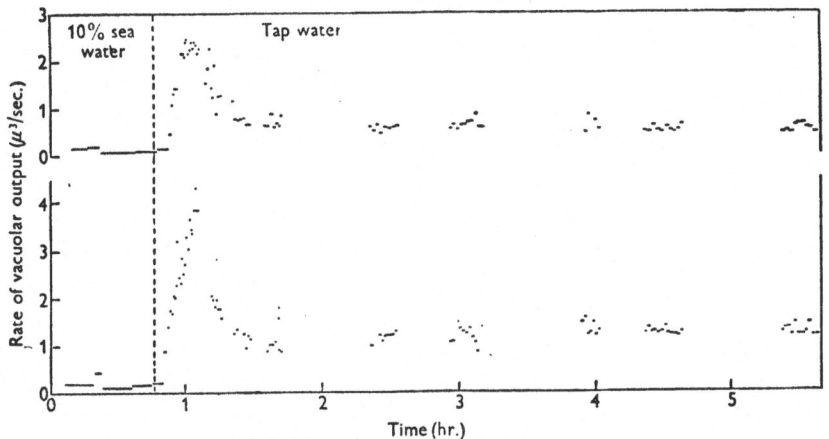

Fig. 14. The effect of transfer to tap water of the suctorian *Discophrya piriformis* cultured in 10% sea
water on the rate of vacuolar output. This individual had two contractile vacuoles.
(From KITCHING 1951.)

base line indicated by the rather greater output after feeding than before.
This latter increase in rate of output may partly be due to the increased
surface area of the body, but is probably also partly due to an increase in
the internal osmotic pressure of the organism. This is suggested by the
fact that whereas in unfed individuals a 0.05 molar solution of sucrose
reduces the rate of vacuolar output to zero, it failed to do so in fed ones.
From these observations it is clear that the contractile vacuoles of these
Suctoria serve to condense the food taken in, and so make room for still
more. It is not known whether they also help to get rid of additional
metabolic or digestive waste products which might otherwise accumulate.
The fact that there is a practically continuous cuticle makes this seem
more likely (see p. 15).

The control of vacuolar output

The rate of output of the contractile vacuole appears to vary in accordance with the osmotic stress imposed on the organism. The more the
conditions tend to promote swelling of the organism, the greater is the rate
of output. The results illustrated in Figs. 9 and 10 suggest that the rate
of vacuolar output is at least in part controlled by the body volume, and
this is in keeping with all other experiments so far described. As will be
seen from Fig. 9, on transfer of a marine peritrich to dilute sea water the

body swelled and the rate of vacuolar output increased sharply. However the body then shrank slowly and steadily, no doubt owing to the escape of salts, and the rate of vacuolar output also declined steadily. In the experiment illustrated in Fig. 10 the organism was subjected step by step to progressively more dilute sea water, and was then brought back to ordinary sea water by the same steps in the reverse direction. The body volume and the rate of vacuolar output were less on the return journey than they had been at corresponding steps on the outward journey, again no doubt owing to the loss of salts. It seems unlikely that the rate of output can be consistently correlated with the internal osmotic pressure or internal salt concentration in these experiments. Although the initial increase in rate of output was clearly associated with a decrease in internal osmotic pressure and salt concentration, the subsequent falling off in vacuolar output can hardly have been associated with an increase in either of these characteristics as well as with a leakage of salts. In addition, the rate of vacuolar output of Protozoa returned to fresh water after equilibration in a solution of ethylene glycol is extremely high, although their internal osmotic pressure is abnormally high. The hypothesis of a general relation with osmotic pressure is not acceptable, although a relation with the concentration of some particular substance remains possible. This might amount to much the same thing as a relation with body volume and might depend on the state of hydration of the protoplasm or of some protein component of it.

If the rate of output of the contractile vacuole is controlled in part by

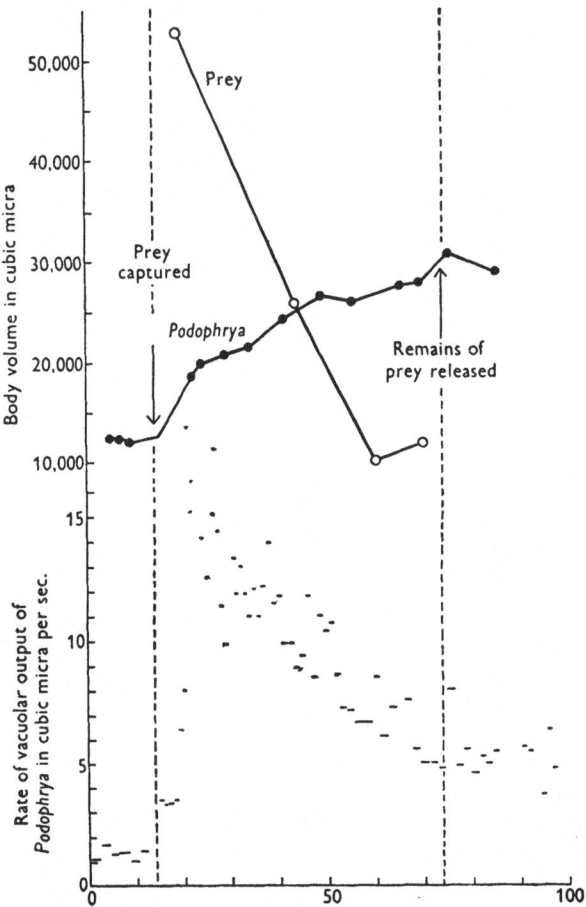

Fig. 15. Changes in the body volume of the suctorian *Discophrya piriformis* and of its prey *(Colpidium* sp.), and in the rate of vacuolar output of *Discophrya*, during a moderate meal.
(From KITCHING 1952 a.)

the body volume, how is the vacuolar output reduced to its appropriate level when a fresh-water protozoon is transferred to a medium containing added solute but with an osmotic concentration still below that of the protoplasm? The new medium cannot cause the organism to shrink by exosmosis, and yet the vacuolar output is nevertheless adjusted in such a way as to maintain the body volume constant. It has been suggested (KITCHING 1951) that control of the vacuolar output is mediated by the change of body volume which must result from the slight lag in the response of the vacuole to the new external medium. In the experiment on the suctorian *Discophrya piriformis* illustrated in Fig. 12, the change of medium was effected within a few seconds, but the rate of vacuolar output took several minutes to fall to the new level. If the rate of osmotic inflow of water into the body responded immediately to the change of medium, then the body must have decreased in volume by the amount of excess water baled out by the contractile vacuole during the lag period. Estimates of this decrease in volume, based on experiments of the type illustrated in Fig. 12, are plotted in Fig. 13. Very roughly, a shrinkage of 1½ % of the body volume is sufficient to bring the contractile vacuole to a halt, and this is brought about in a 0.04–0.05 molar solution of sucrose, which is presumed to be isotonic with the protoplasm. At still higher concentrations, the shrinkage necessary to stop the vacuole is brought about partly by exosmosis and only partly by vacuolar lag. It is therefore not surprising to find that the estimate of the shrinkage due to vacuolar lag is smaller the higher is the external concentration above isotonicity.

Effects of temperature on vacuolar output

The rate of vacuolar output of the fresh-water peritrich ciliate *Carchesium aselli* increases with temperature within the biological range, with a Q_{10} of 2.5 to 3.2 approximately (Fig. 16) (KITCHING 1948 a). From the equation for water balance (p. 11) it is clear that either the internal osmotic pressure or the permeability of the body surface to water must increase correspondingly. In fact, in the absence of any such change an increased rate of output will lead to a decrease in body volume, until by concentration of the body solutes the internal osmotic pressure has been raised sufficiently to produce an equal rate of osmotic inflow through the body surface. However no change in body volume could be detected, and it is necessary to conclude that temperature has a direct effect either on the osmotic concentration of the aqueous cytoplasm or on the permeability of the body surface.

Increase of temperature might possibly promote either the dissociation of dissolved proteins or the accumulation of incompletely degraded products of metabolism, and in this way cause an increase in the internal osmotic pressure of the organism. This was tested in experiments in which the rate of vacuolar output of *Carchesium aselli* was investigated in relation both to temperature and to external osmotic pressure (Kitching 1948 b). For instance, at 15⁰ C. the contractile vacuole is almost stopped in a 0.05 molar solution of sucrose but there is no loss of body volume, and it is therefore presumed that the internal osmotic pressure exceeds that of the external fresh water by about this amount. At 30⁰ C. the rate of vacuolar output averages $3 \times$ to $4 \times$ that at 15⁰ C., or even more if the exposure is brief, and to account for this increase the excess of internal osmotic pressure would now need to be equivalent to about 0.15 to 0.2 molar sucrose. However a 0.06 molar solution of sucrose still stops the contractile vacuole (Fig. 17). Clearly the increased output in fresh water at 30⁰ C. cannot be explained by an increase in internal osmotic pressure.

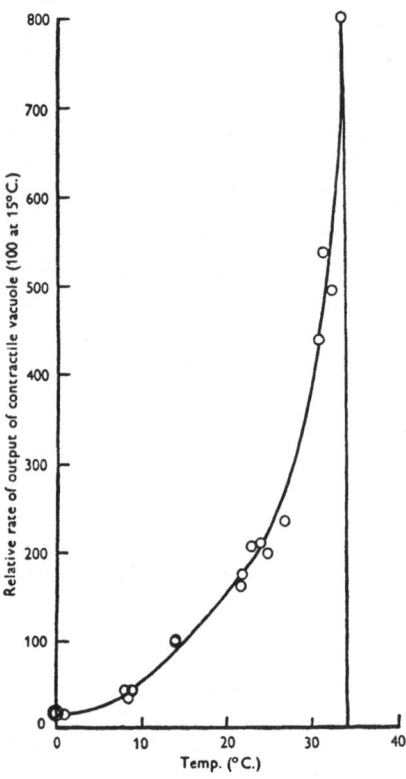

Fig. 16. The relation between temperature and rate of vacuolar output in the fresh-water peritrich *Carchesium aselli*. This graph is based on experiments on *C. aselli* acclimatized to 15⁰ C. and exposed for short periods to other temperatures. For each experiment the rate of vacuolar output at 15⁰ C. has been taken as 100.
(From Kitching 1948 a.)

The permeability of the cell surface of echinoderm and other marine eggs to water has been determined by analysis of the course of swelling of these eggs in hypotonic water. For *Arbacia* eggs it increases with rise of temperature over the biological range, with a Q_{10} of about 2.5 to 3.2 (Hartline, Lucké, and McCutcheon 1931). It is not possible to subject fresh-water Protozoa to an external osmotic pressure greatly below that of their normal external medium, and in any case swelling of the body would no doubt be checked by extra vacuolar activity. Attention was therefore turned to marine Peritricha, and *Vorticella marina* was chosen because it is a large peritrich, in which swelling would presumably continue effectively for a longer time owing to the larger volume/surface ratio. The contractile vacuole does not avail to stop swelling in marine peritrichs placed in dilute sea water. Accordingly *Vorticella marina* was subjected to sudden changes from 100% to 25% sea water, and the body volume was determined at short intervals. For this purpose the *Vorticella* was caused to contract, so that it became rotationally symmetrical, and was photographed in this state. It was found that *Vorticella marina* swelled more quickly the higher the temperature (Fig. 18). After suffering some swelling it usually blistered, and this occurred especially at high temperatures. The results suggest a permeability to water of 0.25 to 0.5 cubic micra per sq. micron of body surface per atmosphere per minute at 24–29⁰ C., as judged by the slopes of the tangents to the swelling curves. This would give a Q_{10} of about 2.5–3.2, but the figures are subject to considerable error, and other factors may intervene, such as a tendency of the cell surface to allow salts to leak through. It is therefore suggested tentatively that in fresh-water peritrich ciliates the contractile vacuole changes its rate of output, with change of temperature, in response to a change in the rate of entry of water by osmosis through the body surface, which in turn is due to a change in the permeability of the body surface to water (Kitching 1948 b).

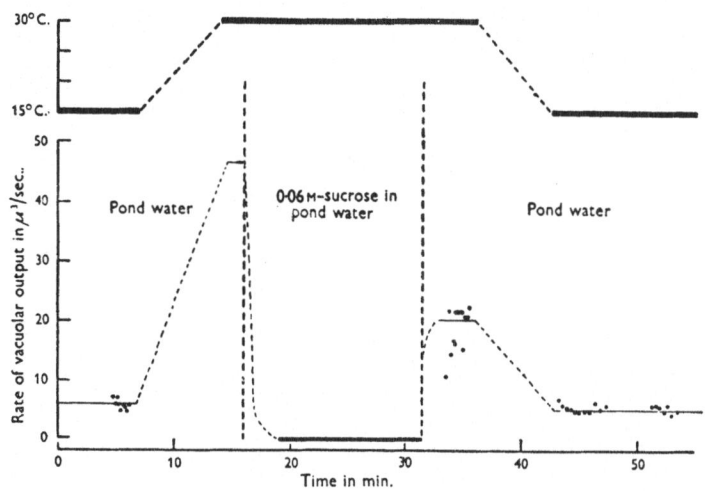

Fig. 17. The combined effects of sucrose (0.06 M in pond water) and high temperature (30⁰ C.) on the rate of vacuolar output of the fresh-water peritrich *Carchesium aselli*.
(From Kitching 1948 b.)

A direct effect of temperature upon the chemical processes governing vacuolar activity is also to be expected. This is illustrated by experiments in which the fresh-water suctorian *Discophrya piriformis* was subjected to a sudden change of temperature (Fig. 19; see Kitching 1954 a). In *D. piriformis* the vacuolar cycle takes a minute or more, so that it was possible to arrange a change of temperature which was abrupt relative to this period. A sudden rise from 5½ to 18⁰ C. caused at first a sharp fall in the rate of vacuolar output, and this was due, not to any interference with systole, which in fact became more frequent, but to a fall in the rate at which water entered the contractile vacuole. During this period of depression of vacuolar activity the body swelled slightly, so that the pellicle was more completely filled, and after this the rate of vacuolar output rose and eventually settled down at the level characteristic of the higher temperature. It is possible to suggest that the sudden change of temperature produced a transient "shock" effect, but this is a mere form of description which offers no opening for further work. It seems possible that the effect of an increase in temperature is to depress the segregation of water from the cytoplasm into the vacuole, and that the increased hydration of the cytoplasm caused by this depression then causes an increase in water segregation so that a new steady state is attained. It is thus suggested that the direct

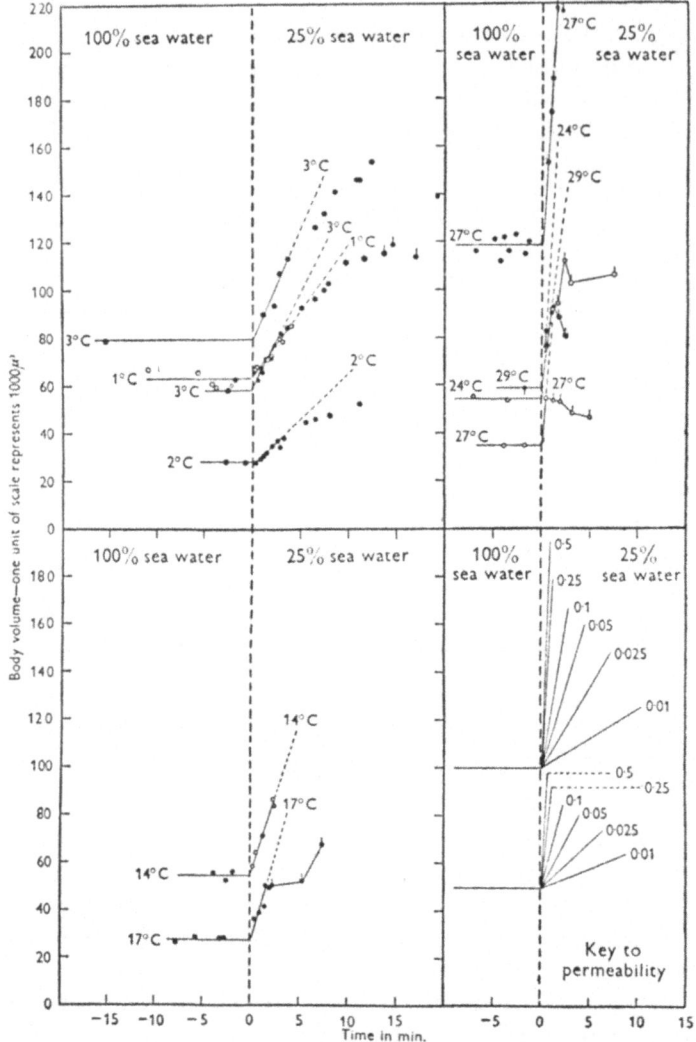

Fig. 18. Rate of swelling of the peritrich *Vorticella marina* on transfer from 100 to 25% sea water. Results are given for low temperatures (top left), intermediate temperatures (bottom left), and high temperatures (top right). Lines drawn at a tangent to the swelling curves indicate the initial rates of swelling. Where the point is marked with a vertical line the organism was blistered. The key (bottom right) shows the theoretical initial rate of swelling for various permeabilities of the body surface, in cubic micra of water passing per square micron of body surface per atmosphere per minute, on the assumption that the body surface is uniformly permeable.

(From Kitching 1948 b.)

effect of temperature on the contractile vacuole is unimportant relative to the effect of temperature on permeability, because the sensitivity of the vacuolar mechanism to the state of hydration of the cytoplasm is very considerable. Thus any effect of temperature either on the vacuolar mechanism or on the osmotic inflow of water into the body is compensated for with very little change of body volume.

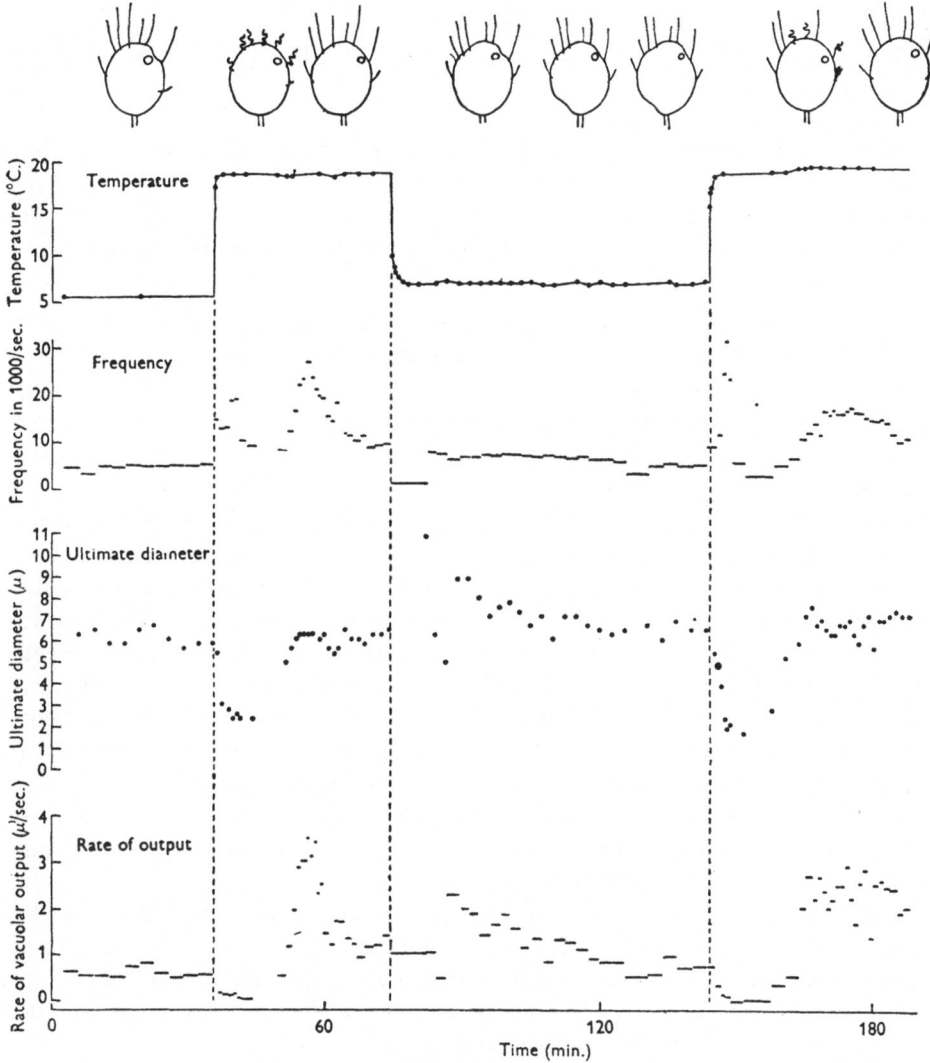

Fig. 19. Effects of sudden changes of temperature on the activity of the contractile vacuole of *Discophrya piriformis*.
(From KITCHING 1954 b.)

Excretion of Nitrogenous Substances

Because of our impressions of the excretory organs of the higher Metazoa, the contractile vacuole looks like an excretory device. It pumps out water, just as does a kidney. In a thick animal the usefulness of an excretory organ pumping out water and dissolved excretory matter is beyond question, but in a very thin animal, if the body surface is freely permeable to the excretory substances, it might be expected that diffusion through the body surface would suffice. We have then to consider three possibilities:

(a) that the body surface is readily permeable to the excretory substances produced, so that these diffuse away through it. Some proportion of excretory matter will find its way into the vacuolar fluid, but the amount is likely to be small.

(b) that the body is relatively impermeable to one or more of the nitrogenous excretory substances, but that this material diffuses readily into the contractile vacuole or is present in the contributory vacuoles when these are formed. In this way excretory matter is pumped out with the vacuolar fluid in significant quantity even though it is not transported into the vacuole against the concentration gradient.

(c) that nitrogenous excretory matter is transported actively into the contractile vacuole, either by some process resulting in its concentration at a centre around which a contributory vacuole forms, or by secretion into the vacuole across the vacuolar membrane.

The evidence available concerning these three possibilities is scanty. In connexion with possibility (a), Dr. A. Couper of the Department of Chemistry, University of Bristol, has confirmed for me by calculation, on certain reasonable hypotheses, that if the surface of the organism offers no barrier to diffusion the fraction of a substance such as ammonia which will be eliminated by the contractile vacuole is negligibly small, in spite of the water stream converging on the vacuole from other parts of the cell. On the other hand if the body surface is rather impermeable to the excretory substance, it is clear that the part played by the contractile vacuole will become important, and at the same time the internal concentration of the excretory substance will become much greater. Under such circumstances it might become desirable for the organism to keep down its internal concentration of the excretory substance by actively concentrating this substance in the vacuolar fluid.

Evidence as to the nature of the nitrogenous substances excreted by Protozoa is restricted to a rather small number of species. The results of various investigators are not completely consistent but suggest that ammonia and urea are formed. There is no satisfactory evidence for the excretion of any other nitrogenous substance.

It seems almost certain that ammonia would diffuse very quickly out through the body surface, except possibly from Protozoa having a thick and continuous cuticle. Ammonia is known to enter various cells very quickly (Danielli 1943). It is true that a high concentration of ammonium chloride is maintained in the cell sap of *Noctiluca*, but this is remarkably acid, so that very little ammonia would be present as such. (Gross 1934; see also Krogh 1939). Thus it does not seem likely that the contractile vacuole plays an important role in the excretion of ammonia in the Protozoa, but it is possible that other compounds, to which the body surface is less permeable, pass out in the vacuolar fluid.

There is considerable variation in the permeability of various cells to urea. Although urea passes fairly readily through the surfaces of mammalian erythrocytes (Davson and Danielli 1943) it is by no means clear that this would be true of the body surface of Protozoa, nor indeed that all these would behave alike in this respect. Pantin (1931) found in certain experiments on marine amoebae that urea could largely replace the salts in sea water, in so far as osmotic pressure was concerned; and Kitching (1936) found the same for marine peritrich ciliates. Weatherby's (1927) failure to demonstrate urea in the vacuolar fluid of *Paramecium* by injection of xanthydrol reagent signifies little. Lison (1936) has pointed out

Table 2. *Nitrogenous excretory products of Protozoa.*

Species	Ammonia	Urea	Authority
Paramecium caudatum . .	—	+	Weatherby (1927)
Paramecium sp.	—	+	Weatherby (1929)
Spirostomum sp.	—	+	Weatherby (1929)
Spirostomum sp.	+	—	Specht (1934)
Didinium sp.	+	—	Weatherby (1929)
"*Glaucoma*" sp.	+	—	Doyle & Harding (1937)
* "*Colpidium campylum*" .	+	+	Nardome & Wilber (1950)

* sterile culture.

that it may take some time for a precipitate to form, and it is clear that urea might easily diffuse out of the vacuole or cell as a result of destruction of the membrane by the reagent injected. On the other hand this objection is met in other experiments in which Weatherby (1929) sucked out fluid from the contractile vacuole of *Spirostomum*, discharged it into a drop containing urease, and after a short time added Nessler's reagent as a test for any ammonia so formed. The results of the four tests carried out indicated a concentration of ammonia (resulting from hydrolysis of urea) of 1 part by weight in 500,000. No ammonia was found when urease was omitted. Weatherby concluded that, of the urea known to be excreted by a *Spirostomum*, not more than 1% could be passing out in the vacuolar fluid.

The association of contractile vacuoles with granules, and the origin of contributory vacuoles from or in association with granules (MacLennan 1933), has been considered to indicate the solution of excretory matter into the vacuolar fluid. However the nature of these granules is not known, and it seems possible that granular structures might be associated with the origin of vacuoles without consisting of excretory matter. Further work is needed before the importance of these granules can be assessed.

Respiration

The oxygen dissolved in the water which enters the body and replaces that discharged by the contractile vacuole is negligible in comparison with

the respiratory needs of the organism (LUDWIG 1928). For instance, at 20⁰ C.
Paramecium caudatum was found by PACE and KIMURA (1944) to use its
own body volume of oxygen in about a quarter of an hour, but in this
time the total output of the contractile vacuole amounts only to one body
volume of water or less (Table 1).

The elimination of respiratory carbon dioxide by contractile vacuoles
is not impossible (LUDWIG 1928), in the form of bicarbonate. However it
seems certain that a surface membrane which is sufficiently permeable,
whether in whole or in part, to let oxygen enter freely will also let carbon
dioxide escape equally freely. If this is so the reasoning about loss of
excretory matter (p. 30) will apply to carbon dioxide also; the proportion
eliminated in the vacuolar fluid will be very small. Some bicarbonate
however will inevitably be formed within the cell, and some of this may
find its way into the vacuolar fluid.

The Mechanism of Diastole

The segregation of water into the contractile vacuole or into contributory
vacuoles may be ascribed to:

(a) osmosis,
(b) phase separation,
(c) active transport or secretion of water.

In addition, the vacuolar fluid may perhaps be modified by the active
transport of soluble substances across the vacuolar membrane.

According to the theory of vacuolar growth by osmosis, a solute is presumed to be concentrated at a vacuole-forming centre and to attract water
to itself osmotically through a surrounding selectively permeable membrane. Alternatively it might be suggested that a suitable soluble substance is secreted into the vacuole continuously, and so attracts water
osmotically. In either case the solute might be an excretory product. This
theory is attractive both because it offers a mechanism of diastole based
on a well established physico-chemical phenomenon and because it conforms
with what one may suppose to be the needs of the organism in respect of
excretion as well as of osmoregulation. However the accumulation of the
necessary solute would require explanation. The solute might be produced
by a suitable chemical reaction at the surface of a granule. In this
connexion it is interesting that acid secretion, so well known in higher
animals, may very probably take place into newly-formed food vacuoles
as indicated in the accompanying article.

The possibility that vacuoles of various kinds may originate by phase
separation or coacervation is discussed briefly by FREY-WYSSLING (1948).
The formation of vacuoles in plant cells was attributed by GUILLIERMOND
(see FREY-WYSSLING 1948) to the segregation of hydrophilic colloids, which
attracted water to themselves. Much more information is needed on the
possible mechanisms of phase separation. In observations on the X-ray
diffraction of emulsions of lecithin and water, SCHMITT and PALMER (1940)

deduced that water in the interspaces between bimolecular lipoid leaflets may be squeezed out under the influence of protein or salts, which are presumably attracted to the hydrophilic ends of the lecithin. It is tempting to suggest that the osmiophile protoplasm which often surrounds contractile vacuoles represents a region containing lipoid materials concerned in some way in a phase-separating process by which minute contributory vacuoles are formed. It is also possible that phase separation is accomplished by processes of protein contraction. This might account for the sensitivity of water segregation to a sharp rise in temperature (p. 27) and to high hydrostatic pressure (KITCHING 1954 a, b). Mechanisms for the transport of substances by proteins against concentration gradients have been proposed by DANIELLI (1952) and GOLDACRE (1952). In the present case the segregation of water by some such mechanism might or might not involve transport against a concentration gradient.

These considerations lead naturally to the third possibility, namely that of the secretion of water against the concentration gradient (KITCHING 1938 b). A process of secretion involving osmotic work would in any case need to be coupled with some energy-yielding chemical reaction. Evidence for the occurrence of active transport of water in various tissues has been assembled by ROBINSON (1953, 1954), but has been criticized by CONWAY (1953), who demonstrated that the supposed hypertonicity of various mammalian cells over the fluids bathing them may be due to the abnormal accumulation of metabolites resulting from the experimental conditions. Nevertheless the possibility remains, and it is difficult otherwise to explain the osmotic relations of *Hydra* (LILLY 1955). Thus an active phase separation, based on protein contraction, and providing for the transport of water against the concentration gradient, provides a very attractive hypothesis.

In order to assess these three possible alternative suggestions, it would be helpful to know how much of the water in contractile vacuoles enters by accretion of contributory vacuoles, and how much if any enters molecule by molecule, whether by osmosis or by active transport. Actually contributory vacuoles might be formed on a submicroscopic scale, so that it is impossible at present to assert positively that any water enters the main vacuole in any other way, although this has usually been assumed. On the other hand, the formation of contributory vacuoles must have some beginning, and here also osmosis, phase separation, and active transport must all be considered.

The evidence adduced by HOPKINS (1946) in support of diastole by osmosis has already been mentioned (p. 13). In a fresh-water amoeba (*A. lacerata*) cultured in various dilutions of sea water, the rate of vacuolar output was found to be inversely proportional to the osmotic pressure of the medium. On the supposition that there was little difference in osmotic pressure between the cytoplasm and medium, HOPKINS concluded that the contractile vacuole swells osmotically until it comes into osmotic equilibrium with the cytoplasm. HOPKINS also found that the contractile vacuole of an

Amoeba lacerata which has been transferred from 5% to 100% sea water shrinks, at first as a diminishing sphere but later by an inward collapse of one side. When the *A. lacerata* is returned to 5% sea water, the contractile vacuole swells again and recovers its shape. Hopkins was also able to observe osmotic shrinkage and swelling in contractile vacuoles removed from the amoeba and lying free in the external medium. He therefore concluded that diastole is due to the osmotic swelling of the contractile vacuole, and ascribed the necessary osmotic pressure to excretory products. However in these experiments we are concerned with an amoeba living in a rather saline medium, and it seems quite likely that the contractile vacuole contained a considerable amount of inorganic salts. For instance, any mechanism which normally may remove salts from the vacuolar fluid in fresh-water amoebae could hardly be expected to do so completely when the amoeba was cultured in brackish water. It is by no means established that the osmotic behaviour of the contractile vacuoles in Hopkins' experiments was due entirely or mainly to excretory products, nor (as will be shown later) is the selective permeability of the vacuolar wall in any way incompatible with the possibility that the vacuolar contents may be modified actively by selective transport of water or solutes across the vacuolar membrane.

From other work it is clear that the rate of vacuolar output is not necessarily related inversely to the internal osmotic pressure of the organism. For marine peritrich ciliates the rate of output is much greater in very dilute sea water than would be required by this relation (Fig. 11 and Kitching 1934). After a rapid injection into *Amoeba dubia* of a quantity of distilled water equal to about half the volume of the organism, the rate of output increased to between three and four times the previous value (Howland and Pollack 1927; see also Fig. 4). Similarly in the suctorian *Discophrya piriformis* and in fresh-water peritrichs the change in rate of vacuolar output associated with a change in the osmotic concentration of the medium is many times greater than the change in internal osmotic pressure. In the case of experiments with ethylene glycol (p. 18), it is even in the opposite direction. If diastole is brought about by the osmotic activity of excretory products, it is necessary to assume that the production of suitable excretory products is increased proportionately. This is quite possible.

In this connexion the rather high temperature coefficient for vacuolar output could conveniently be explained in terms of metabolism and the production of excretory products, although other equally good explanations might be applied. The fact that vacuolar output is often reduced considerably by respiratory poisons such as cyanide (Kitching 1936, 1938a) and is sooner or later completely inhibited by lack of oxygen in various Protozoa (Kitching 1939b, 1939c) might also be ascribed equally well either to a suppression of the formation of excretory products or to an interference with the supply of respiratory energy necessary for an active secretory process.

If diastole is due to the osmotic activity of excretory products, it is necessary for excretory products to be produced at a sufficient rate to account for the observed rate of output of the contractile vacuole. On the assumption that the vacuolar fluid is progressively diluted until it becomes isotonic with the cytoplasm, it was estimated (KITCHING 1952 b) for *Paramecium caudatum* that a quantity of protein would be used up every hour not less than 0.3–1% of the total wet weight of the body. For the marine peritrich ciliate *Cothurnia socialis* in 25% sea water the figure is 5%, which is impossibly high, but it seems likely that some salt is present in the vacuolar fluid. The amount required for *Amoeba proteus* (0.008%) is easily possible. The rate of oxygen consumption of *Paramecium caudatum* is barely sufficient to produce enough urea for the purpose, even if only protein is degraded. However if various solutes enter the vacuole from the cytoplasm, the amount of excretory matter required might be very low. It seems possible that inorganic salts might be lost in this way in the case of marine or brackish water Protozoa, but rather doubtful if fresh-water Protozoa could afford to waste them so prodigally.

If the contractile vacuole or the contributory vacuoles do not grow by osmosis, then it is necessary to explain the osmotic work which must be performed at the vacuolar surface in the separation of cytoplasmic proteins and probably of other solutes from the vacuolar fluid. For lack of well established examples in other cells, one might hesitate to suggest an active secretion of water across the vacuolar membrane. However a hypotonic vacuolar fluid might equally well be produced by a process of phase separation, giving droplets of fluid containing inorganic salts and excretory products in solution, followed by a process of active resorption of valuable solutes. It is not unreasonable to suggest that the vacuolar surface is of the nature of an internal cell membrane (KITCHING 1954), which may well have the property, found so widely in various cell membranes, of transporting certain ions actively against the electrochemical gradient. Valuable unionised substances might also be withdrawn. It would in fact be surprising if some selective resorption did not occur.

It might be objected, if the vacuolar membrane is also selectively permeable with respect to water and solutes, that water will also be lost from the vacuole osmotically, so that resorption of valuable solutes would achieve nothing. However the supply of water by phase separation and the resorption of valuable solutes might far outstrip the osmotic resorption of water. The objection has been answered neatly by LØVTRUP and PIGOŃ (1951) who considered the hypothetical case of a spherical vacuole inside a spherical cell of ten times its diameter. The cytoplasm is hypertonic to the vacuolar fluid and outside medium, which are of equal osmotic concentration. If the vacuolar membrane and cell surface have the same permeability, the rate of passage of water by osmosis into the cytoplasm from the outside medium will be 100× the rate of passage of water from the vacuole into the cytoplasm. On the other hand for the maintenance of a steady state the rate of accumulation of water in the contractile vacuole (whatever may be mechanism) must equal the total rate of entry into the cell, namely $101\times$ the osmotic loss from the vacuole. This argument depends on the assumption that the cell surface is all as permeable as the vacuolar membrane, and may well be more suited to an amoeba than to a ciliate with a thick cuticle. However it does meet the objection mentioned above.

It is not at present possible to predict the relation between the osmotic pressure of the external medium and the rate of vacuolar activity in terms of the theory of phase separation and selective resorption outlined above. However vacuolar activity varies in accordance with small changes in cell volume, and it might be expected that these would influence phase separation. Apart from this there are other possible explanations for the apparent inverse relation between the salt content of the cytoplasm and the rate of vacuolar output. This relation was demonstrated by Hopkins (1946) for *Amoeba lacerata* in brackish water; it seems also to underlie the results for peritrich ciliates (Fig. 11 and Kitching 1934) in dilute sea water; and it is even suggested in the results for *Discophrya piriformis* adapted to 10% sea water (Fig. 14). When Protozoa are immersed in solutions of penetrating salts, these will become distributed in accordance with the Donnan equilibrium, except insofar as active processes may intervene. The resulting excess of internal over external osmotic pressure will be greater the more dilute the salt concentration, so that, als already mentioned (p. 13), a greater rate of vacuolar output will be required at the lower concentrations to keep the body volume constant. It seems possible that these changes in rate of vacuolar output with salt concentration represent the response of an active mechanism to the changes in osmotic stress rather than the simple osmotic device postulated by Hopkins.

Perhaps we should take a more dynamic view of the distribution of salts between the cell and the outside medium. For instance, it seems quite likely, at any rate for Protozoa in rather saline media, that inorganic salts may be lost in the vacuolar fluid. This loss may be counterbalanced by salts gained in food vacuoles. If it is not, then in the absence of any other disturbing factor a steady state will be set up in which the internal concentration of organic salts is lower than outside, but the total internal osmotic pressure higher. The extra osmotic pressure will be made up by colloids and other organic substances, and both water and salts will diffuse into the organism continually to counterbalance the loss *via* the contractile vacuole. Let us now consider an extreme and purely hypothetical case in which the contractile vacuole may be supposed to bale out a fluid having the same concentration of inorganic salts as the aqueous cytoplasm. As salts diffuse through the body surface less readily than water, an increase in the external salinity must involve a decrease in the cell volume in order that the necessary gradient of salt concentration may be established. This in turn would be expected to depress the rate of vacuolar output. There is no evidence for the existence of a steady state of this kind, but the effect described, in less schematic form, may possibly contribute to the observed relation between rate of vacuolar output and salinity.

In actual fact the rate of vacuolar output may well be adjusted to a complex of conditions, to which the state of metabolic activity, the energy requirements of the mechanism, and the state of hydration of the body all contribute in varying degree. The state of hydration would in turn depend on such factors as the DONNAN distribution of salts, the dynamic balance of salt uptake and salt loss, active transport, and the turn-over due to food vacuoles.

In conclusion, I am tentatively inclined to favour the view that the segregation of water into contributory or contractile vacuoles is not by osmosis, but by some form of phase separation which itself may well be active. The contraction of proteins may be involved, and this in turn may result in the active transport of water inwards to the vacuole and of desirable solutes outwards to the cytoplasm. Any desirable solutes not controlled in the initial segregation of water are likely to be subject to active transport across the vacuolar membrane subsequently.

The Mechanism of Systole

In order that water shall be driven out of the contractile vacuole at systole, the hydrostatic pressure within the vacuole must exceed that outside. The difference of pressure needed in the case of *Paramecium* to drive out the water at the rate observed through a pore of the magnitude found in this organism has been estimated very approximately as about $1/3$ cm. of water (KITCHING 1952). There may easily be an error of several fold in this estimate, but even so it is a small value.

The necessary hydrostatic pressure in the contractile vacuole might be produced either by general body turgor or by tension at the vacuolar membrane. Systole appears to proceed just as briskly in a *Paramecium* flattened by exosmosis (KITCHING 1952 b), so that in this case body turgor apparently plays little part. For *Discophrya piriformis* systole is abnormally brisk in an organism cultured in dilute sea water and newly transferred to fresh water (KITCHING 1952 b). Evidently the protoplasm is tending to swell osmotically but is held by the pellicle, so that the internal hydrostatic pressure may be considerably raised. However systole proceeds apparently quite normally in *D. piriformis* in which the body surface has been caused to wrinkle either by the recent capture of food or by the application of high hydrostatic pressure (Fig. 20 and KITCHING 1954 b). Thus, body turgor in these Protozoa may hasten the discharge of water from the contractile vacuole but is not essential. We must attribute systole to a local pressure on or tension in the vacuolar membrane.

Pressure on the vacuolar fluid might be generated locally either by an inherent tension in the membrane itself, comparable with the tension at the surface of living cells (HARVEY 1937), or quite possibly by some active contractile process either in the membrane or in the protoplasm immediately surrounding it. A tension of about 0.05 dyne/cm., maintained throughout systole, would be sufficient to discharge the vacuolar fluid at the rate observed (KITCHING 1952 b), and is of the same order as the tension found at cell surfaces. However there are indirect reasons for suggesting that some process of active contraction may be concerned.

The critical action by which systole is initiated is presumably the formation or opening of the pore. In amoebae this can only happen when the contractile vacuole is lodged in the plasmagel, and is possibly due to an instability of surface and vacuolar membranes when these are in contact back to back. Possibly the breakdown of the layers of oriented proteins of the type postulated by Mitchison (1952) is responsible. It is not known what causes the dissolution of the pore plug in ciliates. A rounding up of the contractile vacuole occurs in Ophryoscolecidae (MacLennan 1933) and sometimes in peritrich ciliates a few seconds before systole. It is ascribed by MacLennan to a solation of the surrounding protoplasm, which is also indicated by an increase of Brownian movement. It must indicate the existence of tension in the vacuolar surface. It is not known whether systole is initiated by a weakening of the pore plug or by an increase of pressure within the vacuole.

Under constant conditions the frequency of systole and the ultimate diameter of the contractile vacuole are usually nearly constant for a single individual over quite long periods of time. However both change with certain changes of external conditions. The interpretation of the vacuolar cycle would be simplified if either the frequency or the ultimate diameter changed, while the other remained constant. Thus, if systole always occurred automatically at a given vacuolar size, a mechanical explanation would be indicated; for instance, intravacuolar pressure might increase with vacuolar size until a given volume was reached, or the proper adjustment of the vacuole to the pore might only take place when the contractile vacuole has reached a given size. Alternatively one might postulate an independent timing mechanism by which the rhythm would be maintained; for instance, a chemical substance might accumulate with time until a certain critical level was reached, and be used up in systole. In the absence of definite knowledge a number of such devices could be postulated and models could be designed to work by either system. Actually, however, both the frequency and ultimate diameter change in response to a change in external osmotic pressure. Normally with decrease in external osmotic pressure the interval between contractions becomes shorter and the ultimate diameter becomes larger. The rate of segregation of water from the cytoplasm into the contractile vacuole is increased in response to the increased uptake of water by the organism from the external medium, and this increased rate of passage of water into the contractile vacuole is accommodated both by the larger size of the vacuole and by the greater frequency of systole. The two hypotheses mentioned above must therefore be modified. If systole simply occurs when certain mechanical conditions have been met, then these conditions are themselves influenced in accordance with the external osmotic pressure; for instance, if systole were due to the development of a certain critical pressure in the vacuolar fluid, produced by the expansion of an elastic vacuolar membrane, it is conceivable

that the tension achieved at a given degree of expansion might be reduced
by increased hydration of the protoplasm. On the other hand if systole is
actuated by a rhythmic timing mechanism, then this timing mechanism must
be open to influence from external conditions; for instance, it is possible
that the response of an actively contractile vacuolar wall to a chemical
environment progressively modified by the timing mechanism might be
hastened by an increased tension in itself resulting from a larger vacuolar

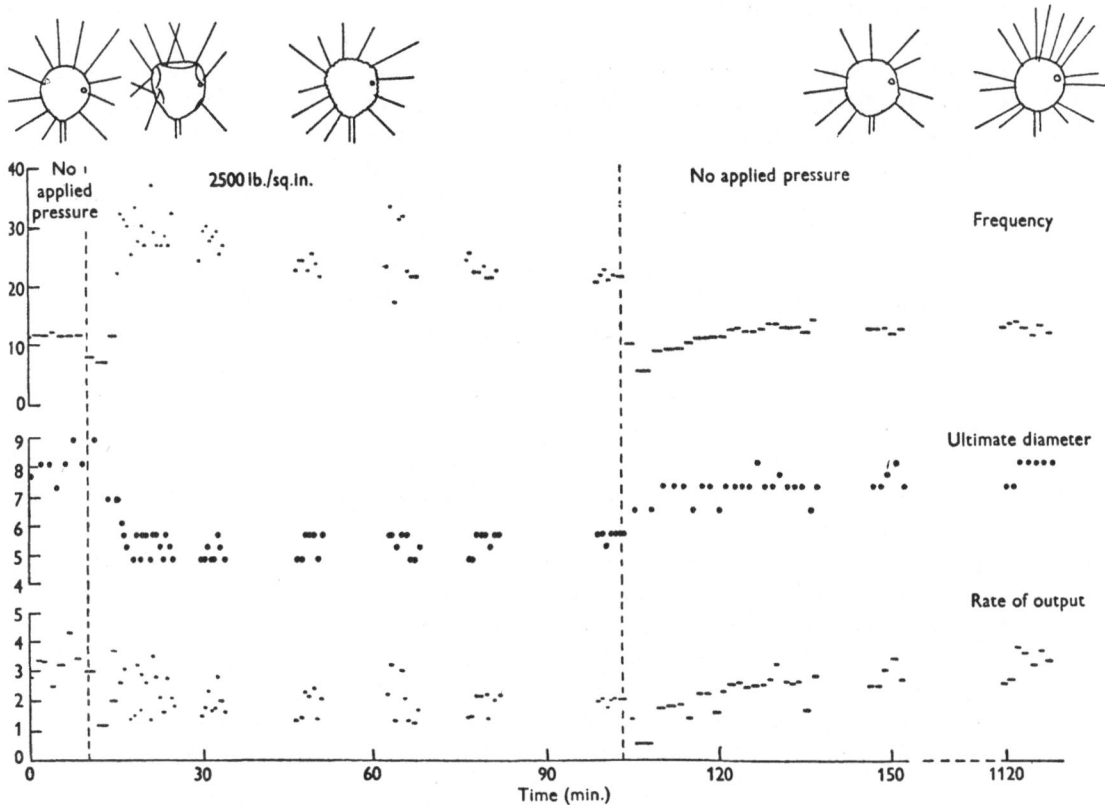

Fig. 20. Effects of a pressure of 2,500 lb./sq. in. (170 atm.) on the activity of the contractile vacuole of
Discophrya piriformis.
(From KITCHING 1954 b.)

size. There are clearly a number of ways in which the mechanical relations
necessary for systole or the frequency of a chemical timing mechanism
might become modified in response to changes in the cytoplasmic milieu.

The effects of temperature on the vacuolar cycle are clearly to be interpreted in terms of the linkage between frequency and ultimate diameter,
but do not give unequivocal support to either of the hypotheses discussed
above. In *Carchesium aselli* an increase of temperature above 15° C. causes
an increase both in frequency and in ultimate diameter (KITCHING 1948 a).
This result would be expected in any case owing to the increased osmotic
stress, although it might also indicate an acceleration of a timing mechanism.
A decrease below 15° C. leads to a decrease in frequency and an increase

in ultimate diameter. Again it is not clear whether we are dealing with an effect of temperature on the mechanical characteristics of the contractile mechanism or on a timing mechanism. The effect of a sudden rise in temperature on the activity of the contractile vacuole of *Discophrya piriformis* (Fig. 19) can conveniently be described in terms of a timing mechanism. There is an immediate increase in frequency, which may be ascribed to the effects of temperature on the supposed timing mechanism. Soon however the rate of passage of fluid into the vacuole falls abruptly, owing to some unknown effect of temperature on the segregation of water from the cytoplasm, and in correlation with this the vacuolar frequency falls. Subsequently the vacuolar output rises to its normal level for this temperature, and with it the frequency rises. A sudden fall of temperature leads to an immediate depression in vacuolar frequency, which later is partially restored. It might be suggested that a critical chemical process, neccessary for systole, is depressed, but that as the reactants accumulate from preceding reactions it is later forced on again (KITCHING 1954 a).

The effects of high pressure on the contractile vacuole of *Discophrya piriformis* (Fig. 20) show an interesting parallel with similar experiments on the frog's heart by EDWARDS and CATELL (1928). At moderate pressures the frequency is increased, but at higher pressures both frequency and rate of output are strongly decreased. As yet no serious conclusions can be drawn from this parallel.

The evidence available is not sufficient to distinguish between the two possibilities, but I am increasingly inclined to favour the view that in a number of Protozoa with fixed contractile vacuoles systole is controlled by a timing mechanism, and does not occur just automatically in response to certain mechanical relations brought about by diastole.

Results on the effects of hormones and other chemical agents on vacuolar activity have so far been unimpressive, but the injection of substances such as acetyl choline, adrenalin or ATP might lead to interesting results.

Summary

Contractile vacuoles vary in complexity from the simple roving type found in amoebae to the complicated systems of canals and reservoir found in *Paramecium* and various other ciliates. There is one interesting feature which is common to all types—the coalescence of contributory vacuoles or vesicles. Diastole in amoebae is due at least in part to the successive accretion of contributory vacuoles, and the reappearance of the contractile vesicle of the vacuolar apparatus of *Paramecium* is ascribed to a fusion of the vesicles derived from the central ends of the radial feeder canals.

It is not known to what extent water also enters contractile vacuoles by processes of diffusion or active transport. Indirect evidence has been adduced to suggest that water enters by osmosis, owing to the presence of dissolved excretory products, but this can be interpreted in other ways.

It is also possible that contractile vacuoles originate by some form of phase separation not yet understood and possibly involving the contractile properties of proteins, and it is possible that this process continues to operate in the walls of the vacuoles or feeder canals. This secretory process may be the function of that part of the vacuolar apparatus which blackens on impregnation with osmic acid, and which seems to possess some degree of permanence from vacuole to vacuole and in some cases from parent to daughter cell.

Remarkably little is known about the mechanism of systole. General body turgor may contribute, but it is not essential. In ciliates the main force is local and probably comes from a tension in the wall of the vacuole itself, but it is not known whether or not this is an active contraction of an oriented protein layer. The critical process for the initiation of systole is probably the opening of the pore. It is possible that in ciliates there is a rhythmically operating independent timing mechanism by which the vacuolar cycle is controlled, but its existence has not been demonstrated.

Osmoregulatory mechanisms are required by fresh-water Protozoa, because their body surface is permeable to water, at least in part, and because their internal osmotic pressure must exceed that outside owing to the presence of proteins in solution and no doubt also of inorganic salts and other organic substances. The contractile vacuole bales out water as fast as this enters by osmosis, and its output is regulated in accordance with the difference of osmotic pressure between the cytoplasm and external medium. In peritrich ciliates and in a suctorian it appears to act as a remarkably efficient regulator of the body volume.

The contractile vacuole no doubt also adjusts any discrepancy between the uptake and loss of water in food vacuoles. This is not normally very important, but might be in certain ciliates in which there is a thick and possibly impermeable cuticle and in certain marine Protozoa in which the osmotic turnover is small. In Suctoria the activity of the contractile vacuole is greatly increased during feeding, and serves to condense the food.

The regulation of vacuolar output appears to depend on small changes of body volume, and is possibly mediated by changes in the state of hydration of some cytoplasmic component, perhaps of a protein nature.

Vacuolar output increases with temperature, within normal biological limits. In short-term experiments on a fresh-water peritrich the Q_{10} of the vacuolar output was found to be 2.5 to 3.2, but in spite of this the body volume remained constant within the limits of observation. The extra uptake of water needed to balance the extra output at higher temperatures is probably due to an increase in the permeability of the body surface to water, and not to an increase in the internal solute content. Sudden changes of temperature also have a direct effect on the segregation of water from the cytoplasm, but any effect of this on the rate of output is soon regulated and checked in accordance with the small change in body volume which it causes.

It is not known to what extent solutes are selectively resorbed from the contractile vacuole, but it seems likely that a membrane akin to the plasma membrane, and possibly representing a specialized portion of the latter, will preserve this faculty. The salt balance of Protozoa probably involves selective resorption at both membranes, and potassium is known to be concentrated in the cytoplasm.

It is not known whether contractile vacuoles perform an excretory function, although the association of granules with contractile vacuoles has been taken to imply this. There is no reason to expect uniformity throughout the subkingdom of Protozoa in this respect. If the body surface is freely permeable to the excretory products, as is likely in the case of ammonia, no special excretory mechanism would be necessary. If the body surface is poorly permeable, the contractile vacuole might eject the excretory substances passively, but the concentration of these substances in the cytoplasm would rise considerably. If the contractile vacuole were to excrete these substances actively, their concentration in the cytoplasm could be kept down.

There is no evidence to suggest that contractile vacuoles perform a respiratory function, nor does it seem likely.

Many problems will be solved when the nature of vacuolar fluid is successfully investigated by means of chemical and physical procedures. Microinjection of biochemical agents may also throw interesting light on the vacuolar mechanism.

I am glad to acknowledge the sources of the following Figures: Figure 1 b, Quart. J. microsc. Sci., and Figures 6–20, J. exp. Biol. (by permission of the Company of Biologists Ltd.); Figures 2 a, 2 b, 5, Biol. Bull. Mar. biol. Labor., Woods Hole (Am.); Figure 2 c, Bot. Zbl.; Figure 2 d, J. Morph. (Am.); Figure 2 e, Univ. Calif. Publ. Zool.; Figures 2 f, 3, Trans. Amer. microsc. Soc.

References

Adolph, E. F., 1926: The metabolism of water in *Amoeba* as measured in the contractile vacuole. J. exper. Zool. **44**, 355—381.

Belda, W. H., 1942 a: Permeability to water in *Pelomyxa carolinensis*. I. Changes in volume of *Pelomyxa carolinensis* in solutions of different osmotic concentration. Salesianum **37**, 68—81.

— 1942 b: Permeability to water in *Pelomyxa carolinensis*. II. The contractile vacuoles of *Pelomyxa carolinensis*. Salesianum **37**, 125—134.

— 1943: Permeability to water in *Pelomyxa carolinensis*. III. The permeability constant for water in *Pelomyxa carolinensis*. Salesianum **38**, 17—24.

Carter, L., 1955: Ionic regulation in the ciliate *Spirostomum ambiguum*. Ph. D. thesis, University of Bristol; publication pending.

Conway, E. J., and J. I. McCormack, 1953: The total intracellular concentration of mammalian tissues compared with that of the extracellular fluid. J. Physiol. (Brit.) **120**, 1—14.

Dalton, A. J., and M. D. Felix, 1954: Cytologic and cytochemical characteristics of the Golgi substance of epithelial cells of the epididymis—*in situ*, in homogenates and after isolation. Amer. J. Anat. **94**, 171—208.

Danielli, J. F., 1952: Structural factors in cell permeability and secretion. Symp. Soc. exper. Biol. **6**, 1—15.

Davson, H., 1951: A text-book of general physiology. J. and A. Churchill Ltd., London, 659 pp.

— and J. F. Danielli, 1943 and 1952: The permeability of natural membranes. Cambridge University Press, 365 pp.

DOYLE, W. L., and J. P. HARDING, 1937: Quantitative studies on the ciliate *Glaucoma*. Excretion of ammonia. J. exper. Biol. **14**, 462—469.

EDWARDS, D. J., and McK. CATTELL, 1928: The stimulating action of hydrostatic pressure on cardiac function. Amer. J. Physiol. **84**, 472—484.

FREY-WYSSLING, A., 1948: Submicroscopic morphology of protoplasm and its derivatives. Elsevier Publishing Company, Inc., New York and Amsterdam, 255 pp.

FRISCH, J. A., 1939: The experimental adaptation of *Paramecium* to sea water. Arch. Protistenk. **93**, 38—71.

GATENBY, J. B., 1941: Behaviour of the osmic reducing substance of Protozoa during cell division. Proc. roy. Irish Acad. **46**, 161—172.

— A. J. DALTON, and M. D. FELIX, 1955: The contractile vacuole of Parazoa and Protozoa, and the Golgi apparatus. Nature (Brit.) **176**, 301—302.

— and B. N. SINGH, 1937: The Golgi apparatus of *Copromonas subtilis* and *Euglena* sp. Quart. J. microsc. Sci. **80**, 567—592.

GELFAN, S., 1928: The electrical conductivity of protoplasm. Protoplasma **4**, 192—200.

GELEI, J., 1935 a: A véglények kiválasztószerve alkati, fejlödéstani és élettani szempontból. Math. term. Közl. **37**, 1—128.

— 1938: Das Exkretionsplasma von *Didinium nasutum* in Ruhe und Teilung. Arch. Protistenk. **90**, 369—382.

GOLDACRE, R. J., 1952: The folding and unfolding of protein molecules as a basis of osmotic work. Internat. Rev. Cytol. **1**, 135—164.

GROSS, F., 1934: Zur Biologie und Entwicklungsgeschichte von *Noctiluca miliaris*. Arch. Protistenk. **83**, 178—196.

HARVEY, E. N., 1937: Methods of measuring surface forces of living cells. Trans. Faraday Soc. **33**, 943—946.

HOGUE, M. J., 1923: Contractile vacuoles in amoebae — Factors influencing their formation and rate of contraction. J. Elisha Mitchell Sci. Soc. **39**, Nos. 1 and 2, 6 pp.

HOPKINS, D. L., 1938: The vacuoles and vacuolar activity in the marine amoeba *Flabellula mira* Schaeffer and the nature of the neutral red system in Protozoa. Biodynamica **2**, no. 34 (33 pp.).

— 1946: The contractile vacuole and the adjustment to changing concentration in fresh water amoebae. Biol. Bull. Mar. biol. Labor., Woods Hole (Am.) **90**, 158—176.

HOWLAND, R. B., and H. POLLACK, 1927 a: Micrurgical studies on the contractile vacuole. J. exper. Zool. **48**, 441—458.

HULL, R. W., 1953: Observations on Suctoria: contractile vacuole rate changes during feeding and reproduction in *Solenophrya micraster* Penard 1914. Proc. Soc. Protozool. **4**, 20.

HYMAN, L. H., 1936: Observations on protozoa. I. The impermanence of the contractile vacuole in *Amoeba vespertilio*. II. Structure and mode of food ingestion of *Peranema*. Quart. J. microsc. Sci. N. S. **79**, 43—56.

— 1938: Observations on Protozoa. III. The vacuolar system of the Euglenida. Bot. Zbl. **58**, 379—382.

JACOBS, M. H., 1935: Diffusion processes. Erg. Biol. **12**, 2—160.

JENNINGS, H. S., 1904: A method of demonstrating the external discharge of the contractile vacuole. Zool. Anz. **27**, 656—658.

JEPPS, M. W., 1947: Contribution to the study of the sponges. Proc. roy. Soc., Lond. B **134**, 408—417.

KAMADA, T., 1935: Contractile Vacuole of *Paramecium*. J. Fac. Sci. Tokyo Univ. **4**, 49—62.

KING, R. L., 1928: The Contractile Vacuole in *Paramecium trichium*. Biol. Bull. Mar. biol. Labor., Woods Hole (Am.) **55**, 59—64.

— 1933: Contractile Vacuole of *Euplotes*. Trans. Amer. microsc. Soc. **52**, 103—106.

— 1954: Origin and morphogenetic movements of the pores of the contractile vacuoles in *Paramecium aurelia*. J. Protozool. **1**, 121—130.

— 1935: The contractile vacuole of *Paramecium multimicronucleata*. J. Morph. (Am.) **58**, 555—572.

— 1954: Origin and morphogenetic movements of the contractile vacuoles in *Paramecium aurelia*. J. Protozool. **1**, 121—130.

— and H. W. BEAMS, 1937: The effect of ultracentrifuging on *Paramecium*, with special reference to recovery and macronuclear reorganization. J. Morph. (Am.) **61**, 27—49.

Kitching, J. A., 1934: The physiology of contractile vacuoles. I. Osmotic relations. J. exper. Biol. **11**, 364—381.
— 1936: The physiology of contractile vacuoles. II. The control of body volume in marine peritrichs. J. exper. Biol. **13**, 11—27.
— 1938 a: The physiology of contractile vacuoles. III. The water balance of freshwater *Peritricha*. J. exper. Biol. **15**, 143—151.
— 1938 b: Contractile vacuoles. Biol. Rev. **13**, 403—444.
— 1939 a: The physiology of contractile vacuoles. IV. A note on the sources of the water evacuated, and on the function of contractile vacuoles in marine Protozoa. J. exper. Biol. **16**, 34—37.
— 1939 b: On the activity of Protozoa at low oxygen tensions. J. cellul. a. comp. Physiol. (Am.) **14**, 219—236.
— 1939 c: The effects of a lack of oxygen and of low oxygen tension on *Paramecium*. Biol. Bull. Mar. biol. Labor., Woods Hole (Am.) **77**, 339—353.
— 1948 a: The physiology of contractile vacuoles. V. The effects of short-term variations of temperature on a fresh-water peritrich ciliate. J. exper. Biol. **25**, 406—420.
— 1948 b: The physiology of contractile vacuoles. VI. Temperature and osmotic stress. J. exper. Biol. **25**, 421—436.
— 1951: The physiology of contractile vacuoles. VII. Osmotic relations in a suctorian, with special reference to the mechanism of control of vacuolar output. J. exper. Biol. **28**, 203—214.
— 1952 a: The physiology of contractile vacuoles. VIII. The water relations of the suctorian *Podophyra* during feeding. J. exper. Biol. **29**, 363—371.
— 1952 b: Contractile vacuoles. Symp. Soc. exper. Biol. **6**, 145—165.
— 1954 a: The physiology of contractile vacuoles. IX. Effects of sudden changes in temperature on the contractile vacuole of a suctorian; with a discussion of the mechanism of contraction. J. exper. Biol. **31**, 68—75.
— 1954 b: The physiology of contractile vacuoles. X. Effects of high hydrostatic pressure on the contractile vacuole of a suctorian. J. exper. Biol. **31**, 76—83.
— 1954 c: Osmoregulation and ionic regulation in animals without kidneys. Symp. Soc. exper. Biol. **8**, 63—75.
Krogh, A., 1939: Osmotic regulation in aquatic animals. Cambridge University Press, 242 pp.
Lison, L., 1936: Histochimie animale. Gauthier-Villars, Paris, 320 pp.
Lilly, S. J., 1955: Osmoregulation and ionic regulation in *Hydra*. J. exper. Biol. **32**, 423—439.
Lloyd, F. E., 1928: The contractile vacuole. Biol. Rev. **3**, 329—358.
— and J. Beattie, 1928: The pulsatory rhythm of the contractile vesicle in *Paramecium*. Biol. Bull. Mar. biol. Labor., Woods Hole (Am.) **55**, 404—416.
Løvtrup, S., and A. Pigoš, 1951: Diffusion and active transport of water in the amoeba *Chaos chaos* L. C. r. Lab. Carlsberg **28**, No. 1, 36 pp.
Ludwig, W., 1928: Der Betriebsstoffwechsel von *Paramecium caudatum* Ehrbg. Zugleich ein Beitrag zur Frage nach der kontraktilen Vakuolen. Arch. Protistenk. **62**, 12—40.
MacLennan, R. F., 1933: The pulsatory cycle of the contractile vacuoles in the *Ophryoscolecidae*, ciliates from the stomach of cattle. Univ. Calif. Publ. Zool. **39**, 205—250.
— 1944 a: The growth of the contractile vacuole in *Amoeba proteus*. Physiol. Zool. **17**, 260—269.
— 1944 b: The pulsatory cycle of the contractile canal in the ciliate *Haptophrya*. Trans. Amer. microsc. Soc. **63**, 187—198.
Mast, S. O., 1926: Structure, Movement, Locomotion, and Stimulation in *Amoeba*. J. Morph. (Am.) **41**, 347—425.
— 1938: The contractile vacuole in *Amoeba proteus* (Leidy). Biol. Bull. Mar. biol. Labor., Woods Hole (Am.) **74**, 306—313.
— 1947: The food-vacuole in *Paramecium*. Biol. Bull. Mar. biol. Labor., Woods Hole (Am.) **92**, 31—72.
— and W. J. Bowen, 1944: The food-vacuole in the *Peritricha*, with special reference to the hydrogen-ion concentration of its contents and of the cytoplasm. Biol. Bull. Mar. biol. Labor., Woods Hole (Am.) **87**, 188—222.
— and C. Fowler, 1935: Permeability of *Amoeba proteus* to water. J. cellul. a. comp. Physiol. (Am.) **6**, 151—167.

Mast, S. O., and D. J. Hopkins, 1941: Regulation of the water content of *Amoeba mira* and adaptation to changes in the osmotic concentration of the surrounding medium. J. cellul. a. comp. Physiol. (Am.) **17**, 31—48.

Metcalf, M. M., 1910: Studies upon *Amoeba*. J. exper. Zool. **9**, 301—331.

Mitchison, J. M., 1952: Cell membranes and cell division. Symp. Soc. exper. Biol. **6**, 105—127.

Moore, I., 1934: Morphology of the contractile vacuole and cloacal region in *Blepharisma undulans*. J. exper. Zool. **69**, 59—104.

Müller, R., 1936: Die osmoregulatorische Bedeutung der kontraktilen Vakuolen von *Amoeba proteus, Zoothamnium hiketes* und *Frontonia marina*. Arch. Protistenk. **87**, 345—392.

Nardone, R. M., and C. G. Wilber, 1950: Nitrogenous excretion in *Colpidium campylum*. Proc. Soc. exper. Biol. a. Med. (Am.) **75**, 559—561.

Nassonov, D., 1924: Der Exkretionsapparat (kontraktile Vakuole) der Protozoa als Homologen des Golgischen Apparats der Metazoazellen. Arch. mikrosk. Anat. **103**, 437—482.

Oberthür, K., 1937: Untersuchungen an *Frontonia marina* Fabre-Dom. aus einer Binnenland-Salzquelle unter besonderer Berücksichtigung der pulsierenden Vakuole. Arch. Protistenk. **88**, 387—420.

Pace, D. M., and K. K. Kimura, 1944: The effect of temperature on respiration in *Paramecium aurelia* and *Paramecium caudatum*. J. cellul. a. comp. Physiol. (Am.) **24**, 173—183.

Pantin, C. F. A., 1931: On the Physiology of amoeboid movement. VIII. A. The action of certain non-electrolytes. B. A note on the isoelectric point of the proteins of a marine *amoeba*. J. exper. Biol. **8**, 365—378.

Robinson, J. R., 1953: The active transport of water in living systems. Biol. Rev. **28**, 158—194.

— 1954: Secretion and active transport of water. Symp. Soc. exper. Biol. **8**, 42—62.

Rudzinska, M., and R. Chambers, 1951: The activity of the contractile vacuole in a suctorian (*Tokophrya infusionum*). Biol. Bull. Mar. biol. Labor., Woods Hole (Am.) **100**, 49—58.

Schmidt, W. J., 1939: Über die Doppelbrechung des Amöbenplasmas. Protoplasma **33**, 44—49.

Schmitt, F. O., and K. J. Palmer, 1940: X-ray diffraction studies of lipide and lipide-protein systems. Cold Spr. Harb. Symp. Quant. Biol. **8**, 94—101.

Specht, H., 1934: Aerobic Respiration in *Spirostomum ambiguum* and the production of ammonia. J. cellul. a. comp. Physiol. (Am.) **5**, 319—333.

Taylor, J. V., 1923: The contractile vacuole in *Euplotes*: an example of the sol-gel reversibility of cytoplasm. J. exper. Zool. **37**, 259—282.

Weatherby, J. H., 1927: The function of the contractile vacuole in *Paramecium caudatum*; with special reference to the excretion of nitrogenous compounds. Biol. Bull. Mar. biol. Labor., Woods Hole (Am.) **52**, 208—218.

— Excretion of nitrogenous substances in *Protozoa*. Physiol. Zool. **2**, 375—394.

— 1941: "The contractile vacuole" in "Protozoa in biological research" by G. H. Calkins and F. M. Summers, Columbia University Press, New York, 1148 pp.

Wichterman, R., 1953: The Biology of *Paramecium*. The Blakiston Company, Inc., New York and Toronto, 527 pp.

Wilber, C. G., 1945: Origin and function of the protoplasmic constituents in *Pelomyxa carolinensis*. Biol. Bull. Mar. biol. Labor., Woods Hole (Am.) **88**, 207—219.

Zuelzer, M., 1927: Über *Amoeba biddulphiae* n. sp., eine in der marinen Diatomee *Biddulphia sinensis* Grèv. parasitierende Amöbe. Arch. Protistenk. **57**, 247—284.

Food Vacuoles

By

J. A. KITCHING

Department of Zoology, University of Bristol

With 24 Figures

Contents

Introduction

Food is digested within food vacuoles in many animal cells. Intracellular digestion of solid food within food vacuoles is the sole means of digestion of many Protozoa, as well as of Porifera. It also occurs in the Coelenterata, Ctenophora, Turbellaria, Rotifera, Brachiopoda, Lamellibranchia, and Gastropoda, and it is suspected or reported in a few Arthropoda (e. g. the mite *Liponyssus*, REICHENOW 1922), in Cephalochorda, and in certain other minor groups. However, in all these cases except possibly in some Turbellaria, the food is subjected first to extracellular digestion in greater or lesser degree. (See the reviews by Krijgsman 1953 and Yonge 1954.) In some cases also it is claimed that discrete inclusions within epithelial cells result from precipitation of food substances absorbed in solution rather than ingested (Roesler 1934), but this is difficult to prove. In general intracellular digestion is found in the more primitive groups and members of groups. Even in Mammalia some fat is absorbed without complete hydrolysis (Frazer 1946; Reiser, Bryson, Carr, and Kuiken 1952), and minute lipoid spindle-shaped droplets have been demonstrated in transit through the free border of the intestinal epithelium (Baker 1951), lodged apparently in the fine canals which traverse this border (Baker 1942). The uptake of lipoid droplets, of small particles of other materials (Moellendorff 1925), and of intact protein molecules by the mammalian small intestine will not be considered further in this account.

The ingestion of particles, digestible or otherwise, by phagocytic cells is of very widespread ocurrence in the animal kingdom, and is by no means confined to the digestive system. In the higher vertebrates the macrophage system extends throughout the body and is present in various organs and tissues. For instance histiocytes, both fixed and motile, are present in connective tissues; and macrophages are found scattered irregularly in the walls of the sinusoids of the lymphatic and myeloid tissues and of the liver. Macrophages and certain types of leucocytes ingest bacteria and other foreign bodies and so play a vital part in the defences of the body, as has been recognised since the classical work of Metschnikoff (1893, 1905). Dust cells remove foreign particles in the lungs. Phagocytosis is also important in the normal processes of repair both during maturity and during development. Old erythrocytes are destroyed especially by the macrophages of the liver and spleen. During the development of animals preliminary structures are broken down, and the débris are removed to a large extent by phagocytes. This is true even of animals with a direct development (Glücksmann 1951), but is especially evident in cases of metamorphosis, as for instance in Amphibia and Insecta.

Some cells ingest droplets of liquid without any solid matter. This "pinocytosis" was described by Lewis (1931) for macrophages from cultures of rat omentum. Droplets of liquid, taken up at the margin of the wavy veil-like pseudopodia, pass in towards the centre of the cell and shrink rapidly until they are reduced to small granules. The rate of absorption of water was estimated by Lewis to amount to several times the volume of the cell in 24 hours, but it is not known what happens to this water. Pinocytosis might be more widespread than is known at present. It has been observed in growing neurites in tissue culture (Hughes 1953). The advancing tip of the neurite shows much pseudopodial activity and droplets pass down rapidly from it towards the body of the cell, as is very beautifully shown in a film taken by Dr. A. F. W. Hughes. Pinocytosis results in the intake of water and presumably of nutrient material. It is probable that in some cases it has a nutritive function.

This account is concerned primarily with the food vacuoles formed by animals as a nutritional process, although comparisons will also be drawn with other forms of phagocytic activity. In various Protozoa it is possible, with difficulty, to follow individual food vacuoles over a period of time; for this reason the most important work has been done on members of this sub-kingdom, although even here the fundamental physiological and biochemical aspects of intracellular digestion remain almost unexplored, and important morphological features are very incompletely understood. In the Metazoa the technical difficulties of observation have restricted our knowledge of intracellular digestion to a very elementary level. Because continuous observation of a single food vacuole is usually not possible, observations have in nearly all cases been confined to the examination of samples of animals at different times after feeding, so that continuity is lost and great variability is introduced. Moreover, owing to the need to cut up the material, the food vacuoles examined are no longer in normal living tissues; in fact, in many cases investigators have relied entirely on fixed material.

The biochemical processes concerned in the production of intracellular enzymes and the means of their secretion into food vacuoles have not yet been resolved, but are likely soon to become accessible to investigation. The separation of cytoplasmic constituents by centrifugation has already made a useful contribution; and an increased knowledge of the chemistry of nucleo-cytoplasmic relationships, and improvements in microscopy and especially electron microscopy, are likely to result in considerable advances.

In order that the processes of phagocytosis and intracellular digestion may be appreciated as a whole in relation to the organism concerned, separate short accounts are given below of food vacuoles in the large laboratory amoebae (*A. proteus* and *Pelomyxa carolinensis*), in two smaller amoebae (*A. mira* and *Entamoeba histolytica*), in *Paramecium*, in Porifera, in Coelenterata, in Turbellaria, and in Lamellibranchia. These are the examples for which the most complete accounts can be given, although those drawn from the Metazoa will demonstrate how little is known about their intracellular digestion. The rest of this article contains comparative accounts and generalisations concerning certain selected aspects of the physiology of food vacuoles. This paper is not a complete and comprehensive account of food vacuoles wherever they occur but a limited review of interesting aspects of the subject.

Large Fresh-Water Amoebae

(*Amoeba proteus* and *Pelomyxa carolinensis*)

Amoeba proteus, Pelomyxa carolinensis, and other related spp. engulf food material by flowing around it, and in doing so they enclose with it a droplet of the external medium, thus forming a food vacuole. There is no doubt that this process depends on amoeboid movement, which is an active contractile process, and not on surface tension (Jennings 1904; review by de Bruyn 1947). Although some progress has been made in the study of stimulation and response (Goldacre 1952) the behavioural mechanism by which an amoeba is caused to form a food cup around a prospective item of food has not yet been fully explained in physiological terms. Presumably the pseudopod, in advancing towards the food, is locally checked as it approaches very close to it, and so flows around it.

The larger amoebae ingest a variety of animal or plant materials, alive or dead, and show evidence of selection of that which is nutritionally useful. Movement of the prospective food particle is often important in provoking food cup formation, and grains of globulin, fibrin, or even glass may be ingested if agitated with a needle, although previously without agitation they had produced no reaction (Schaeffer 1917). However amoebae feeding on dead or motionless organic matter might be expected to exercise a chemical selection, unless they are to ingest much useless material. According to Schaeffer (1916) amoebae will form food cups in response to peptone solution diffusing from a glass capillary.

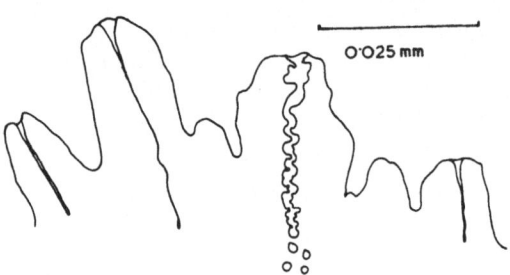

Fig. 1. Uptake of fluid ("pinocytosis") by *Amoeba proteus* in 3% egg albumen solution.
(From Mast and Doyle 1934.)

Amoebae also possess the faculty of taking up vacuoles containing only liquid (Edwards 1925; Mast and Doyle 1934) under certain conditions. When *Amoeba proteus* is placed in a solution of egg albumin (1–3%) in culture medium its surface becoms wrinkled all over and by the fusion of adjoining protuberances it forms a number of tubes leading from the outside to the interior of the organism. The tubes become beaded, and ultimately the beads separate as a series of vacuoles containing liquid derived from the outside (Mast and Doyle 1934). From a study of the uptake of fluorescein-labelled protein from 1% protein solution, Holter and Marshall (1954) found that *Pelomyxa carolinensis* (as "*Chaos chaos*") took up about one third of its body volume of fluid in this way during a period of three hours. This pinocytosis by amoebae occurs also in solutions of calcium gluconate or in dilute sea water, and was considered by Mast and Doyle to represent a response to the loss of water brought about by the increased external osmotic pressure rather than to specific chemical substances in the medium.

Amoebae show a "preference" for some organisms as food over others. *Amoeba proteus* was found by Mast and Hahnert (1935) to ingest many more *Chilomonas paramecium* than *Monas punctum*, even when there were many more *Monas* in the culture medium. Moreover *Monas* proves to be indigestible. This preference cannot be explained in terms of a difference in the number of contacts with the two kinds of flagellate; there were plenty of contacts with *Monas*, but these apparently failed to elicit an effective feeding response.

The length of time required for prey to die in food vacuoles in *Amoeba proteus* has been reported by MAST and HAHNERT (1935) as 3–18 minutes for *Chilomonas paramecium* and up to 3½ hours for the indigestible *Monas punctum*. (Vacuoles containing *Monas* fused together so that large numbers [over 1,000] of *Monas* came to be contained in a single large vacuole.) According to GREENWOOD (1887) various captured infusoria become still in 5–20 minutes.

A food vacuole shrinks from the time when it is first formed, and it becomes more acid. The prey usually dies by about the time when the food vacuole has reached its least volume and greatest acidity (MAST 1942). From the colour of ingested yeast cells which had previously been stained in boiling solutions of indicator dyes, MAST estimated the pH of the vacuolar fluid at this time as about 5.6. Subsequently the vacuole enlarges, and the fluid in it becomes less acid, reaching pH 7.3, as estimated by MAST.

The disintegration of an ingested *Chilomonas* has been followed in *Amoeba proteus* by MAST and HAHNERT (1935) and MAST and DOYLE (1935 b), and in *Pelomyxa carolinensis* by WILBER (1945). It has been the aim of these investigations to determine when possible the relation between digestion and absorption of food on the one hand and the origin of the various visible cytoplasmic components on the other. For this the important descriptions of these components by MAST and DOYLE (1935 a), SINGH (1937), ANDRESEN (1942), and WILBER (1945) are relevant. Additional evidence is provided by the autoradiographic studies of ANDRESEN, CHAPMAN-ANDRESEN, and HOLTER (1952), who followed the uptake of ^{14}C from food vacuoles in *Pelomyxa carolinensis*. In this work the radioactive carbon was introduced by photosynthesis into *Paramecium bursaria* by way of its symbiotic algal cells or into *Stentor polymorphus* in the plant flagellates on which it fed, and these ciliates were in turn fed to the *Pelomyxa*.

In their study of the digestion of *Chilomonas* by *Amoeba proteus*, MAST and HAHNERT followed the fate of various visible constituents of the flagellate, namely numerous starch granules and fat globules, the neutral red droplets (detected with neutral red), two "ellipsoids," and the nucleus. The sequence of events is shown diagramatically in Fig. 2, taken from their account. The *Chilomonas* rounded up soon after death. The neutral red droplets came to the surface and passed out into the vacuolar fluid, and many fused with others to give larger globules termed by MAST and DOYLE (1935 b) the 'vacuole refractive bodies.' The fat also came to the surface and passed into the vacuolar fluid, and later disappeared. The starch grains remained for longer without visible change, but later diminished and vanished. Four or five hours after death nothing remained but the ellipsoids and neutral red droplets, and subsequently even the ellipsoids disintegrated.

From the disintegration of the ingested *Chilomonas* there can be little doubt that various proteins are digested within the food vacuole, and it seems likely that these are broken down to amino acids, although there is no direct evidence for this. Starch is evidently digested. The digestion of fat is suggested in subsequent work by MAST (1938) in which amoebae (*A. proteus*) containing little fat were fed on *Colpidium striatum* containing many fat globules (Fig. 4). Samples of the amoebae were stained

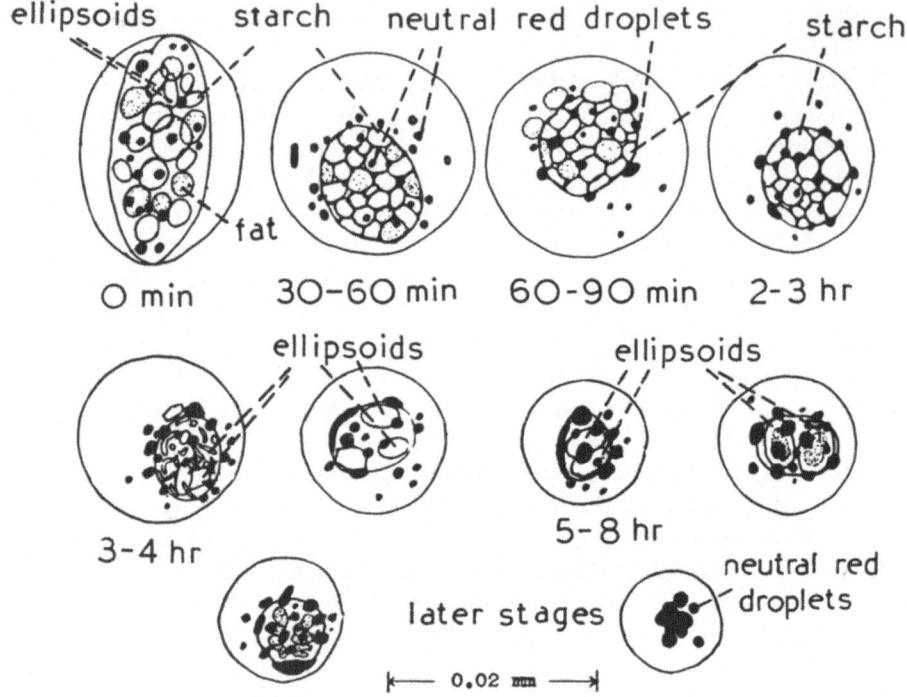

Fig. 2. Stages in the digestion of *Chilomonas* by *Amoeba proteus*.
(From MAST and HAHNERT 1939 [relettered].)
(Copyright (1939) by University of Chicago)

at intervals with Sudan IV as an indicator of fat. The food vacuoles divided up into numerous daughter vacuoles (as also described below), and the fat was found to disappear ultimately from these, while much smaller fat droplets appeared in the cytoplasm of the amoebae. Further observations made with the help of nile blue sulphate indicated that the fat turned acid within the food vacuoles, but was neutral in the cytoplasm of the amoebae. It was therefore suggested that the fat was broken down in the food vacuole and resynthesised as neutral fat in the cytoplasm. Castor oil hydrolyses *in vitro* in the presence of ground up *Pelomyxa carolinensis* (WILBER 1946).

Amylase, proteinase, and peptidase have been demonstrated in cytolysed whole amoebae (HOLTER and DOYLE 1938; HOLTER 1954), but it is not known whether the enzymes extracted are in all cases the same as those which take part in digestion within food vacuoles. During the later stages of digestion, the food vacuole subdivides into a number of daughter vacuoles (MAST and DOYLE 1935 b for *A. proteus;* WILBER 1945 and ANDRESEN, CHAPMAN-ANDRESEN, and HOLTER 1952 for *P. carolinensis*). Some sixteen hours after ingestion according to MAST and DOYLE, the food vacuole of *Amoeba proteus* is found to contain crystals as well as vacuole refractive bodies (Fig. 3). (The latter are the fused neutral red droplets of MAST AND HAHNERT.) By the subdivision of the food vacuoles these inclusions come to be contained separately in the daughter vacuoles. Their subsequent fate is the subject

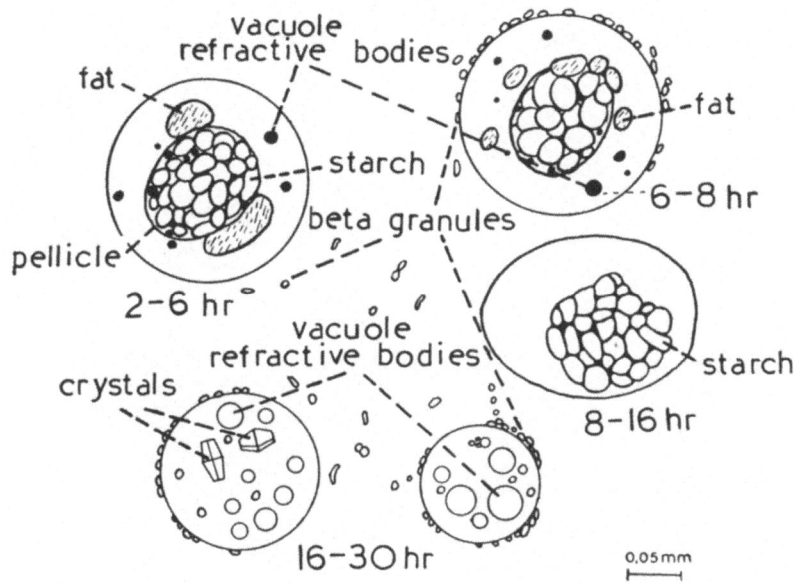

Fig. 3. Stages in the digestion of *Chilomonas* by *Amoeba proteus.*
(From MAST and DOYLE 1935 b [relettered].)

of some disagreement. MAST and HAHNERT (1935) suggested that the daughter vacuoles disintegrate releasing the neutral red droplets (or vacuole refractive bodies) into the cytoplasm, while MAST and DOYLE (1935) apparently simultaneously denied this, stating that the vacuole refractive bodies disintegrate while still within the food vacuoles and pass into the cytoplasm by diffusion. Both MAST and DOYLE (1935 b) and WILBER (1945) observed crystals in food vacuoles, and concluded that these originate from the digestion of food. It was also presumed that the crystals in the food vacuoles are identical with the crystals in small vacuoles which are scattered throughout the cytoplasm and that these small vacuoles are in fact products of the subdivision of food vacuoles. The crystals are of two kinds, plate-like crystals which are possibly of leucine, and bipyramidal crystals of unknown composition (MAST and DOYLE, 1935 a). From observations of three unusually large pyramidal crystals in crystal vacuoles in a specimen of *Amoeba proteus,* MAST and DOYLE (1935 b) concluded that crystals in vacuoles diminish and finally disappear. They also observed in an amoeba wich had been centrifuged and cut so as to reduce the number of cytoplasmic refractive bodies that during the next two days the crystals greatly diminished in number and the cytoplasmic refractive bodies became much more numerous. They concluded that the substance in the crystals was used to form refractive bodies. In some cases "blebs" were seen on the crystals in *Amoeba proteus,* and as these stained with neutral red it was suggested that they were developed from the vacuole refractive bodies and gave rise to the outer layer of the cyto-

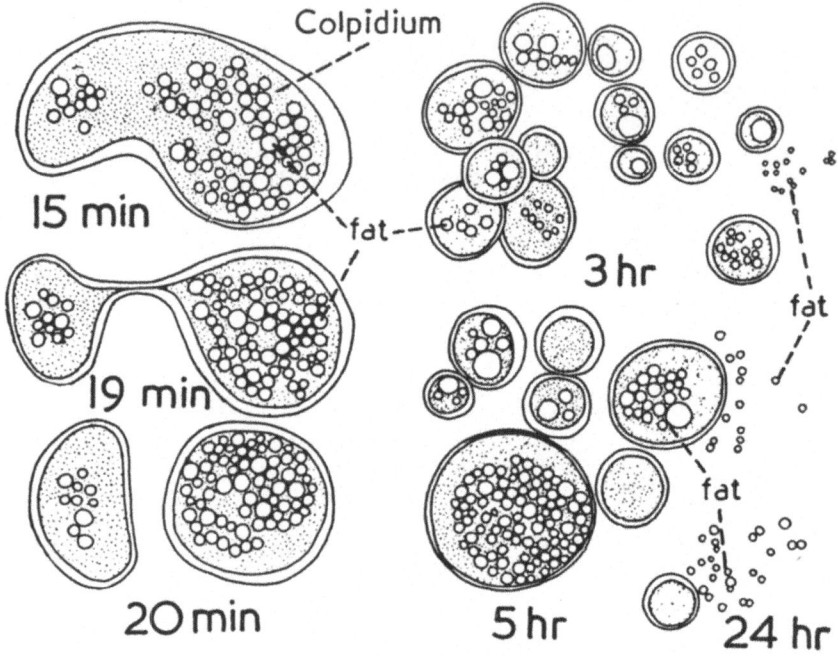

Fig. 4. Digestion of the ciliate *Colpidium striatum* by *Amoeba proteus.*
(From Mast 1938 [relettered].)

plasmic refractive bodies which also stains with neutral red. However, according to Wilber (1945), in *P. carolinensis* crystals and vacuole refractive bodies previously in daughter food vacuoles come to lie free in the cytoplasm, crystals develop blebs and dissolve into them, and finally the blebs unite with vacuole refractive bodies to form cytoplasmic refractive bodies.

Discrepancies between different accounts may in part be explained by differences in the species of amoeba observed, or even in the kind of food given to the same species of amoeba. However we must mention the work of Bernheimer on the small shelled amoeba *Cochliopodium bilimbosum,* which has only a few crystals and is therefore much more favourable material for their observation. In this organism the crystals are excreted one by one, and dissolve in the outside medium. In *P. carolinensis* maintained without food the crystal vacuoles fuse together and large aggregations of crystals are defaecated, but this is presumably an abnormal phenomenon (ANDRESEN and HOLTER 1945). It is also curious that in *P. carolinensis* fed with ciliates containing organic ^{14}C the crystals in the cytoplasm apparently failed to develop any demonstrable radioactivity. The whole problem of the origin, nature, and fate of the crystals in amoebae requires much more investigation. The evidence so far available is far too slender and too intermingled with speculation to lead to any conclusions.

It is well known that food residues may be defaecated by amoebae, usually near the tail. After *P. carolinensis* had been fed on *Paramecium*, defaecation occurred over a period of about two days. By this time food had been almost eliminated from the amoebae and the number of discharged food balls corresponded roughly to the number of food vacuoles estimated as present at the beginning of the experiment (ANDRESEN and HOLTER 1945). The apparent unimportance of defaecation in the observations of MAST and others and of WILBER may be due to differences in the food.

Small Amoebae

(Flabellula mira and *Entamoeba histolytica)*

The smaller amoebae have so far received much less attention than they merit as material for observation alive. In spite of their smaller size they offer certain obvious advantages: vacuoles and other cytoplasmic inclusions are not so numerous as to obscure one another, and movement is slower, so that they can be followed with less difficulty. Ingestion of food by various small amoebae is described on p. 27. Important accounts are available of food vacuoles in the small marine amoeba *Flabellula mira* Schaeffer (also known as *Amoeba mira*) and in the small endoparasitic amoeba *Entamoeba histolytica*, thanks to the work of D. L. HOPKINS.

Except at the hyaline border, which extends along the advancing front of the amoeba, the cytoplasm of *Flabellula mira* (Fig. 5) is full of vacuoles of various sizes (HOPKINS 1938). Bacteria are ingested with very little uptake of fluid, and once within the cytoplasm each bacterium unites with and is surrounded by one of the smaller vacuoles. This vacuole then unites with others, until larger vacuoles are formed, each with a number of bacteria inside it. By repeated fusion a cloacal vacuole is formed, which discharges its contents to the outside, and is in turn replaced by another.

In the presence of dilute neutral red or nile blue sulphate the various cytoplasmic vacuoles become stained *in vivo*. With neutral red the smaller vacuoles stain red, but after repeated coalescence they turn yellow and finally they lose all their colour. With nile blue sulphate all the vacuoles are blue, except in some cases the cloacal, which may be colourless. Thus there is a clear indication of a relatively acid phase followed by an alkaline phase, and a strong suggestion that the accumulation of dye indicates some condition associated with digestion.

On mechanical disturbance of *F. mira*, minute granules appear in the cytoplasm, attaining eventually a size of 0.5μ or more. Each of these granules is enclosed in a minute vacuole. With continued disturbance the larger cytoplasmic vacuoles are discharged and the cytoplasm becomes filled with the small new vacuoles, each containing its granule. (There are also granules in small vacuoles in encysted amoebae, but no large vacuoles.) If the amoeba is allowed to resume normal activity, the granules disappear and the normal diversity of vacuolar size becomes restored.

The rate of elimination of water *via* the food-vacuolar system is much influenced by the concentration of the sea water in which the amoebae have been raised and with which they are in dynamic equilibrium. The

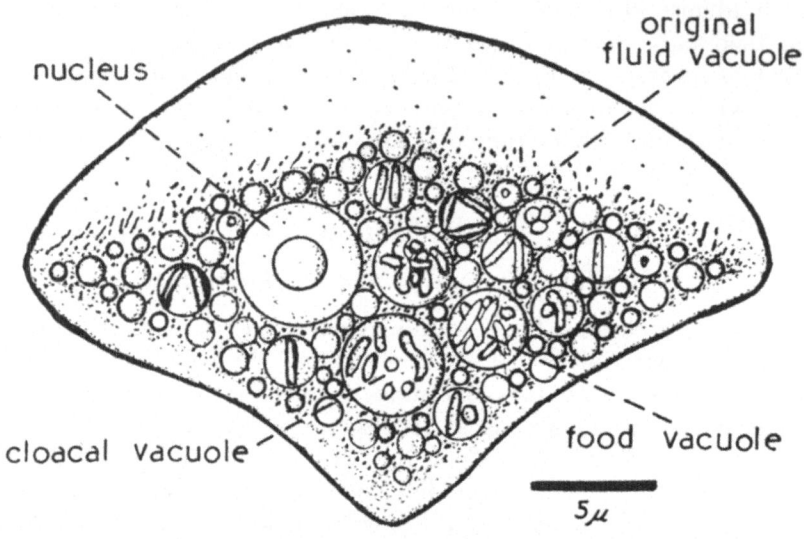

Fig. 5. Diagram of *Amoeba (Flabellula) mira*, showing system of digestive vacuoles.
(From HOPKINS 1938 [relettered].)

more dilute the sea water, the larger are the food vacuoles at elimination and the more frequently does elimination take place (MAST and HOPKINS, 1941). The rate of output of water from active amoebae is approximately inversely proportional to the concentration of the medium (Fig. 6), as in the case of the contractile vacuole of another small amoeba, *A. lacerata* (HOPKINS 1946; see also KITCHING 1956). On transfer to a stronger or weaker concentration of sea water, the amoebae shrink or swell, but soon regain their original size, so that it seems that certain ions pass in or out fairly readily. It therefore appears likely that the internal osmotic concentration is close to that of the medium. Accordingly the inverse relation between the rate of output and concentration of medium might be explained by supposing that the vacuoles start with a given amount of solute and grow by osmosis until they come into osmotic equilibrium with the cytoplasm. As suggested by MAST and HOPKINS, the substance which precipitates to form the granules might provide the osmotic pressure required to operate this kind of vacuolar mechanism.

In *Entamoeba histolytica*, as seen in culture, food material such as red blood corpuscles (ALEXEIEFF 1933), bacteria, or starch grains (HOPKINS and WARNER, 1946) sink in through the body surface with little or no surrounding water, and come to lie apparently free in the cytoplasm. Red blood corpuscles, according to ALEXEIEFF, enter as though sucked in, and are compressed in transit as though passing through a narrow hole. (See also p. 28 and Fig. 16.) Food is ingested near the posterior end of the body, in the region where the plasmagel is solating, and is carried

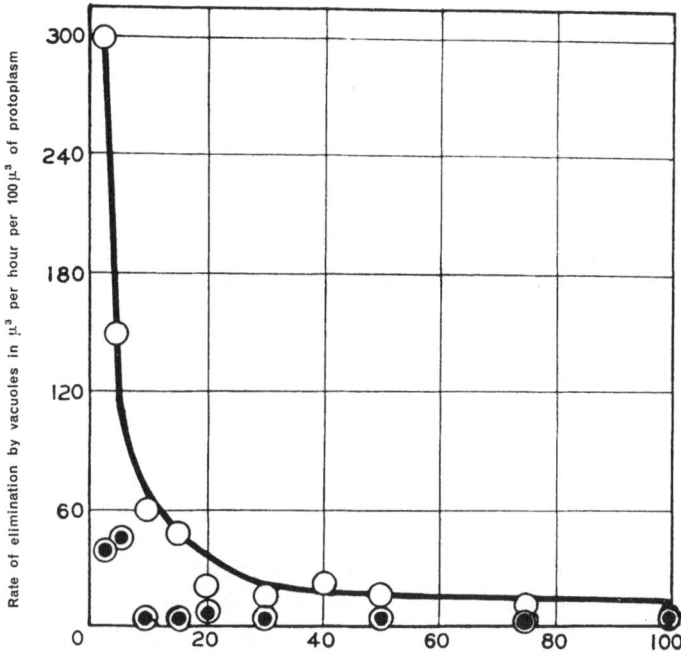

Fig. 6. Relation between the rate of elimination of fluid by the vacuoles of *Amoeba (Flabellula) mira* and the concentration of sea water used as culture medium (sea water = 100). ● a specimen which was not feeding and had granules in nearly all the hyaline vacuoles; ○ a specimen which was actively feeding and had few or no granules in the hyaline vacuoles. The curve is drawn on the assumption that the rate of elimination of water is inversely proportional to the concentration of the culture fluid.

(From original of figure I, S. O. MAST and D. L. HOPKINS, T. CELL. a. comp. Physiol. *17*, 35)

forwards in the plasmasol. There, according to HOPKINS and WARNER, spherical bodies which originate in the cytoplasm adjoining the nucleus attach themselves to the surface of the food particle and spread over it. By uniting around it and taking up water they form a food vacuole. Even after the formation of a vacuole additional spherules may pass through the vacuolar membrane and adhere to the food particle. An ingested starch grain at this stage becomes corroded, presumably by the digestive action of the spherules, and finally breaks up, the pieces separating into a number of vacuoles. The residues are ultimately defaecated at the posterior end of the organism, sometimes by discharge of the vacuoles to the outside, sometimes by the breaking off of a filament containing a faecal vacuole from the uroid or tail.

Normal activity and active feeding only occur under somewhat reducing

conditions, so that if neutral red is present in the amoebae it is reduced
to the colourless condition and no vital staining is apparent. Under such
moderately reducing conditions the cytoplasm contains some relatively
large clear vacuoles, which arise by the coalescence of smaller vacuoles,
which in turn are formed in the clear cytoplasm. On the other hand under
oxidising conditions the process is reversed; the clear vacuoles break up,
and granules appear in many of the smaller vacuoles so formed. Thus

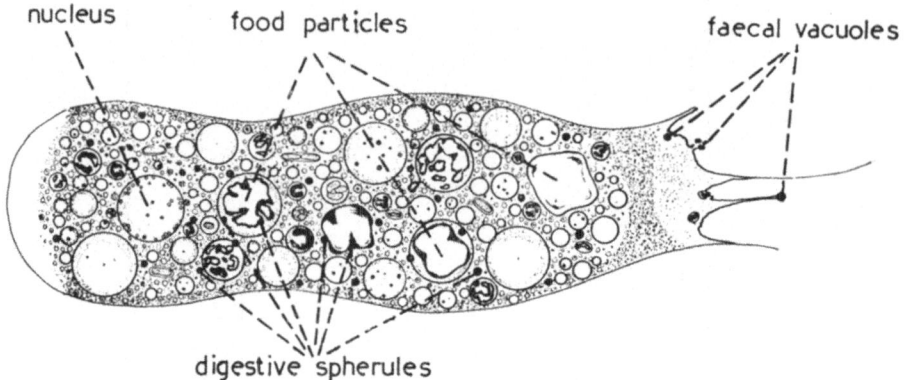

Fig. 7.   Diagram of *Entamoeba histolytica*, showing digestive vacuoles and spherules.
(From Hᴏᴘᴋɪɴs and Wᴀʀɴᴇʀ 1946 [relettered].)

both in *Flabellula mira* and *Entamoeba histolytica* the vacuoles fuse to
form larger ones only during normal activity, whereas the precipitation of
some substance to form granules and the interruption of the vacuolar cycle
takes place when the activity of the amoebae is arrested.

The chemical nature of the granules precipitated in the vacuoles is not
known. The most likely cause of their disappearance on the resumption
of activity is a chemical reaction converting them to a soluble form,
although other less likely hypotheses might be formed. It will be inferred
later that a relatively strong acid is secreted into the food vacuoles of
some Protozoa. This might be the means of dissolving the granules.
Further chemical information is needed.

Paramecium

Food vacuoles are taken up by *Paramecium* spp. by means of a permanent and complicated feeding apparatus. The description in
Wɪᴄʜᴛᴇʀᴍᴀɴ's (1935) very useful book is based on the work of Bᴏᴢʟᴇʀ,
Gᴇʟᴇɪ, Lᴜɴᴅ, and Mᴀsᴛ. The structure of the pharynx, of the elaborate
system of cilia projecting into it, and of the complex of fibrillae lodged
within its walls, is shown in Fig. 8. Ultimately the feeding behaviour of
Paramecium must be interpreted in terms of these structures.

It has long been debated as to what if any powers of selection *Paramecium* exercises in feeding. Direct observation has shown that it has a
tendency to reject larger particles and to accept smaller ones into the

pharynx (Bozler 1924). According to Mast (1947), of the particles which are swept by ciliary action into the vestibulum, many are swept out again, including most of the larger ones. Most of the smaller ones which enter

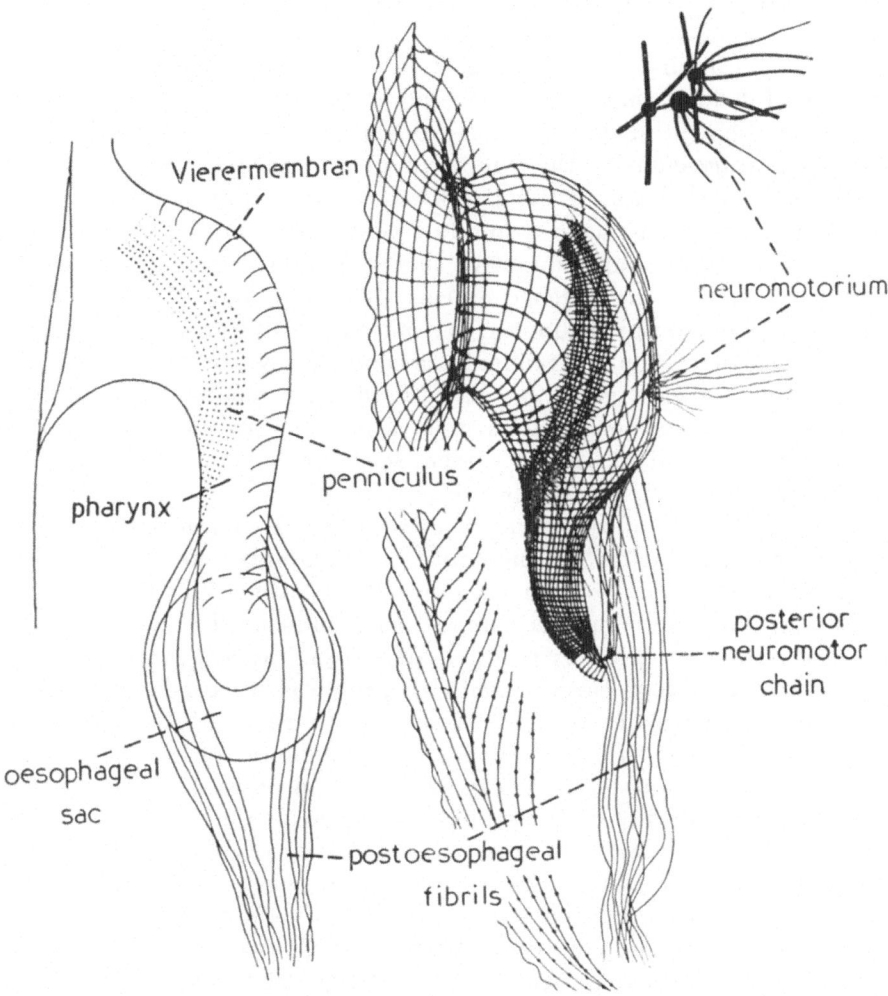

Fig. 8. Feeding apparatus of *Paramecium*.
Left: outline of pharynx and associated structures of *P. aurelia*.
(From Mast 1947 [relettered].)
Right: fibrillar network of *P. multimicronucleatum*.
(From Lund 1933 [relettered].)

are passed along the *membrana quadripartita* ("Vierermembran"), from which they are either rejected or passed on into the oesophageal sac. Those of the larger particles which obtain entry are swept directly down the pharynx into the oesophageal sac (Mast 1947).

A several-fold change in the concentration of carmine suspension produces relatively little change in the number of carmine particles or food

vacuoles taken up (Metalnikow 1912, Losina-Losinsky 1931). This relative
constancy is rather fortunate for experimental purposes. It is not surprising, as the rate of uptake of food vacuoles, in so far as it is related
to particles (see below), is probably related to particles reaching the
oesophageal sac rather than to particles swept up towards the pharyngeal
opening.

It is well established that *Paramecium* (*caudatum* group) takes up
various useful food materials much more readily than various useless
substances, although little attention appears to have been paid to the
feeding of *Paramecium* in the wild. In the experiments of Metalnikow
(1912) and Losina-Losinsky (1932) *Paramecium* formed many food vacuoles
containing egg yolk or bacteria but few containing carmine or India ink
when both nutritive and innutritive materials were present together in
the medium; but in the absence of egg yolk or of added bacteria they
took up a fair amount of the innutritive material. Sulphur, powdered glass,
and other particles can be rendered acceptable by treatment with egg
yolk or starch (Dembowski 1922). *P. trichium* is stated by Bragg (1936a)
to take up bacteria rather than carmine when both are present. However
it is difficult to establish that this evident selection is due to chemical rather
than physical properties of the particles.

As an illustration of the importance of physical characteristics it has
been found that *Paramecium* (including *P. caudatum*) takes up India ink
or *Sepia* ink more readly than carmine (Metalnikow 1912, Bozler 1924).
Bozler found however that if carmine was ground until it was as fine as
Sepia ink it was accepted as readily. Moreover, the appearance of food
vacuoles containing both carmine and *Sepia* ink was deceptive: a little black
masked an abundance of carmine, which was only revealed when the *Paramecium* was crushed. It is very difficult to exclude the possibility that the
selection of nutritive materials is not also based on physical characteristics.
For instance, according to Bozler's interpretation, bacteria would be accepted
because very small particles are accepted anyway, and starch or yolk
globules because they are smooth, whereas carmine and various other
innutritive materials would be rejected because they are angular. Grittner
(1951) found that in the presence of the bacteria *Proteus* sp. and *B. subtilis*,
Paramecium caudatum ingested mainly *Proteus* sp., which is the smaller,
even though this eventually proved toxic. In the absence of *Proteus* sp.,
Paramecium ate mainly the spore capsules of *B. subtilis* rather than the
free bacilli. He attributed the selection to size.

Investigators have attempted to test for chemical selection by offering
Paramecium a choice between nutritive material (either untreated or
treated with a relatively harmless dye) and the same nutritive material
treated with a poisonous substance (Metalnikow 1912; Bozler 1924; see also
Lund 1914 for *Bursaria*). Starch or yeast cells treated with iodine and
yeast cells or leucocytes treated with thionine were scarcely ingested at
all, in contrast to the untreated food material. However Bozler found
that with thorough washing out the treated yeast cells became acceptable,
and he concluded very reasonably that in the absence of thorough washing

out the residual iodine has a generally toxic or depressing effect. In any case it is clear that experiments of this sort may bear little relation to natural conditions. It is true that chemical food selection might perhaps be based on rejection of poisonous food, for instance bacteria having some antibiotic property which the *Paramecium* might not be able to overcome. On the other hand it is much more likely that a positive selection for something digestible, as opposed to mud particles, would play the major rôle in chemical selection. This aspect of the problem has been neglected, and is not illuminated by experiments with poisons.

The mechanism of food selection is not known. According to BOZLER the particles evoke a variable response in the individual cilia, so that each is accepted or rejected according to its nature. On the other hand LOSINA-LOSINSKY (1931) has suggested that selection is based on coordinated behaviour of the pharyngeal cilia, depending on the fibrillar system. This very interesting possibility is worth further investigation. Observations that *Paramecium* gradually learns to refuse carmine do not however necessarily imply that experience has influenced a behaviour-coordinating mechanism capable of adjustment to specific situations. They may merely indicate an increased tendency to reject which acts differentially against the uptake of particles having the physical characteristics of carmine. It would not be surprising for such a cytoplasmic condition to be transmitted to daughter cells, as described by LOSINA-LOSINSKY. More experimentation is needed on this interesting question.

The formation of the oesophageal sac of *Paramecium* might be effected in various possible ways. Contractile fibres might pull back the posterior wall of the pharynx, but this would require a most elaborate system to maintain the rounded outline during the growth of the sac (BOZLER 1924), and the only known fibrils, the postoesophageal fibrils, are not suitably disposed. A decrease of internal hydrostatic pressure might cause an inpushing of a mechanically weak portion of the body surface, but there is no evidence to suggest the necessary periodic lowering of internal pressure; for instance the uptake of food vacuoles is not correlated with discharge of the contractile vacuoles. The beat of the pharyngeal cilia might inflate the oesophageal sac by hydrostatic pressure. However the formation of food vacuoles shows considerable independance from ciliary activity; vacuole formation in *Paramecium caudatum* can be interrupted even though ciliary activity continues (as discussed by BOZLER 1924), and in certain other ciliates (see below) vacuole formation can continue even though the cilia have been practically stopped by the addition of agar to the medium (KITCHING 1938). Moreover it would be necessary to suppose, with BOZLER, that stimulation of the oesophageal sac causes an increase in power output by the cilia. It is possible that the paraoesophageal fibrils might coordinate the pharyngeal ciliary mechanism with the oesophageal sac, and might even be concerned in promoting the separation of the latter, but any such suggestion is pure speculation. It is also possible that the membrane of the base of the oesophagus is capable of relaxing or expanding in response to stimulation.

The oesophageal sac would then be maintained in a distended state in response to a bombardment with particles entering it from the pharynx, aided perhaps by the constant pressure of water set up by the cilia. The theory of Mitchison and Swann (Mitchison 1952) regarding the structure of red cell and sea urchin egg cell membranes has suggested a molecular anatomy which could form the basis of membrane expansion and contraction, and the plasmalemma of amoebae seems to possess these properties (Goldacre 1952). From this point of view the base of the oesophagus is a region of localised food cup formation, comparable in this capacity with the surface of a pseudopod in an amoeba.

The evidence so far available suggests that both the formation of the oesophageal sac and its separation from the pharynx as a food vacuole are stimulated by the entry of particles. After one food vacuole has been pinched off, the first particle to strike the bottom of the pharynx appears to stimulate the initiation of a new oesophageal sac (Bozler 1924), and later the entry of a large particle into this is often immediately followed by the pinching off of the vacuole, although it is not essential to it (Bragg 1935). Animals in a solution free of particles failed to take up food vacuoles, but the addition of carmine led to their formation (Bozler 1924). *Paramecium* forms many large food vacuoles in tragacanth, and also in polyvinyl alcohol (Mast 1947), as though stimulated to do so by the physical properties of these substances. When the uptake of food vacuoles is suspended, as for instance by the use of a medium free of particles, a periodic local streaming of protoplasm takes place in the region of the oesophageal sac of *P. caudatum*, with a frequency of 30–60 seconds (Bozler 1924). In *P. trichium* the general streaming of protoplasm is faster at the moment of separation of the food vacuoles from the pharynx (Bragg 1936b). It is even possible that there is an internally generated rhythm, capable of modification by external stimuli.

Transport of the newly-separated food vacuole to the posterior end of the body is attributed by Bozler, for *P. caudatum,* to a local streaming of protoplasm, with the postoesophageal fibrils acting as guides. On the other hand Lund (1941) concluded that the food vacuole is separated from the pharynx and conducted posteriorly by peristaltic movements of the postoesophageal fibrils. This would account for the spindle-like shape of the food vacuoles at this stage of its career. These possibilities are discussed on p. 32.

Changes in the food vacuole from the time of its separation from the pharynx are illustrated in Fig. 9, taken from Mast's (1947) account; this largely confirms the earlier description and figures by Nierenstein (1905) except as mentioned below.

The newly-formed food vacuole shrinks rapidly, and the bacteria etc. contained in it are aggregated together. "Neutral red granules," revealed in the presence of dilute neutral red, are especially dense around the oesophageal sac, and accompany the food vacuole into the interior of the body (Fig. 10). They cluster around the food vacuole as it shrinks, but during this time they appear to become less numerous, and they eventually disappear. According to NIERENSTEIN they pass into the food vacuole, but this interpretation, though supported by FORTNER (1933), has been rejected by other workers (KOEHRING 1930; DUNIHUE 1931; MAST 1947). It is however true that food vacuoles stain with neutral red from this time on. An association of the neutral red globules ("acidophile granules" or "toxophile

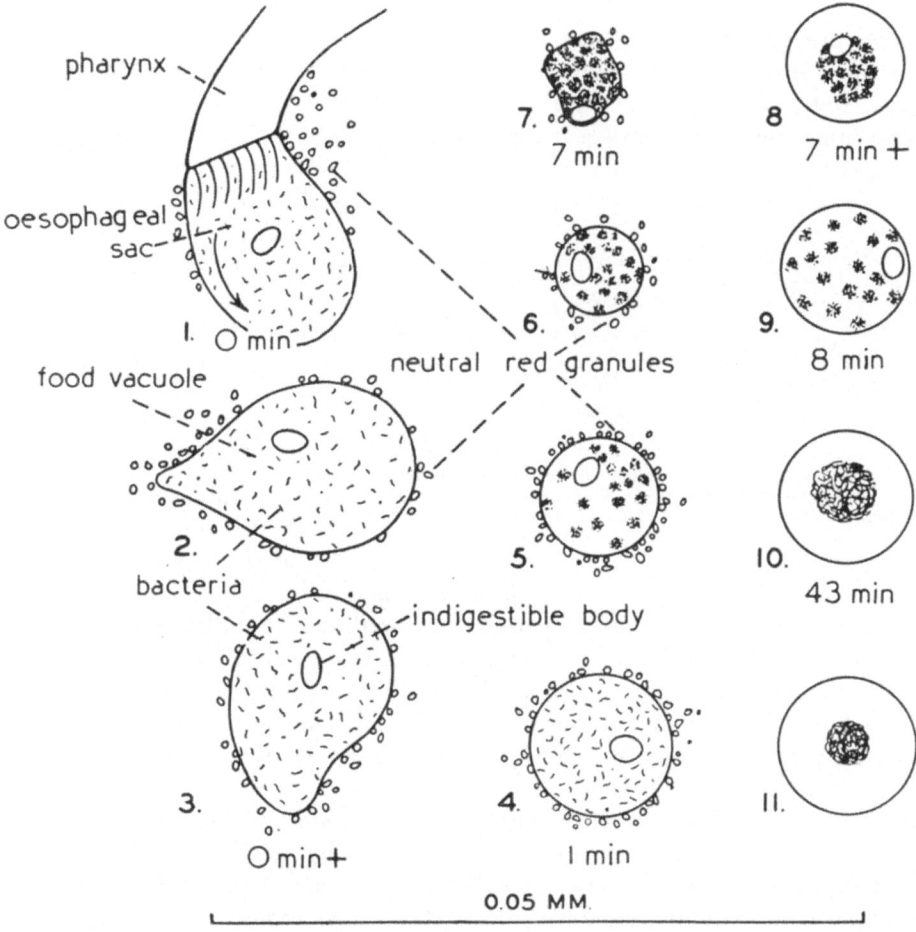

Fig. 9. Changes in the appearance of a food vacuole of *Paramecium aurelia* from the time of formation. (From MAST 1947 [relettered].)

granules" of FORTNER) with digestive processes is indicated by the work of FORTNER (1928, 1933). *Paramecium caudatum*, which had been exposed to a suspension of ground-up bacteria (*E. coli* or *Proteus* sp.) presumed to contain bacterial toxins, failed to show any neutral red globules, as though these were either missing or inactive. Food vacuoles formed in these individuals were abnormal, in that the acid phase (see below) was weak or absent, and the ingested bacteria remained mobile and did not coagulate. The food vacuoles circulated normally but for a somewhat

shorter than normal time, and their contents were defaecated in due course
with the contained bacteria undigested and even still alive. The effect
was the same whether the *Paramecium* was exposed to bacterial extract
during feeding or before. Fortner therefore concluded that normally the
neutral red globules enter the food vacuole and agglutinate and kill the
bacteria in it in preparation for further digestion; but that if the bacterial
components (or "toxins") which react with the substance of the neutral
red globules are present in high concentration in the outside medium, they
can enter the *Paramecium* through the general body surface and inactivate
the neutral red globules as they lie in the cytoplasm. Whatever may be
the precise interpretation, Fortner's results provide strong indirect evidence
of a connexion between the neutral red bodies and digestion. Moreover,
additional extremely interesting observations link the neutral red bodies with the meganucleus. Immediately after treatment with bacterial toxins *Paramecium* showed no signs of neutral red bodies when exposed to dilute neutral red. About 20 minutes after

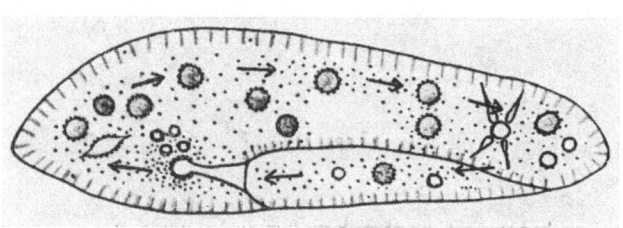

Fig. 10. Food vacuoles and neutral red granules in *Paramecium caudatum*.
The black dots are neutral red granules.
(From Dunihue 1931, with arrows added to show the general course of
protoplasmic streaming.)

transfer of the *Paramecium* to a toxin-free medium a delicate red-
coloured zone arose around the meganucleus without actually touching
it. The neutral red globules which originated in this way at first spread
backwards, especially to the neighbourhood of the pharynx, but later
were carried to all parts of the body by cyclosis. The normal condition
of the cytoplasm with regard to neutral red globules was restored in
2–8 hours.

While the newly-formed food vacuole of *Paramecium* is shrinking it
becomes acid. This acidity, observed qualitatively by le Dantec (1890),
Shapiro (1927), and many others, is sufficient to turn congo red blue
(Metalnikow 1912), as is often seen in elementary class experiments. This
indicates that the contents of the food vacuoles can become at least as
acid as pH 3.2. In Shapiro's (1927) experiments the maximum acidity
(pH 4.0) may have been affected by the buffering action of the indicators
in solution. In many cases dead yeast cells stained in Congo red (or thymol
blue) turned blue (or pink) in food vacuoles (Nierenstein 1925; Mast 1947),
and matched similar cells in buffer solutions as acid as pH 1.0 to 1.4. (In
the case of Congo red a greater acidity is needed to produce a blue colour
when the dye is used in the form of stained yeast cells than when it is
free in solution.) The source of the acidity will be discussed in a later
section (p. 35).

Shrinkage of the food vacuole is soon followed by a rapid swelling, and
at the same time the contents become less acid. Experiments with dead

yeast cells stained in indicator dyes have indicated that the pH rises to 7.0–7.8 (MAST 1947).

Little is known about the processes of digestion in *Paramecium* spp. It is not known whether any digestion occurs in the acid phase, nor what function the acid performs. In *P. caudatum*, according to NIERENSTEIN (1905), visible signs of digestion first appear in bacteria, yolk granules, and starch grains during the alkaline phase. Grains of albumen or egg yolk were seen to disappear in food vacuoles by METALNIKOW (1912). Individuals previously starved to reduce their fat content to a negligible level and then fed on egg yolk or oil emulsion were found after 24 hours to contain much fat in the cytoplasm (NIERENSTEIN 1910). *P. caudatum* was found to remove various amino acids from 1% solution, presumably by uptake in food vacuoles (EMERY 1928).

Food vacuoles circulate with the streaming protoplasm, and as the course of cyclosis is a regular one it is not surprising that they follow a fairly regular route, although minor variations may occur (METALNIKOW 1912). A food vacuole may circulate several times, and overtaking can occur (DUNIHUE 1931); so that, contrary to KOEHRING (1930), we must conclude that there is no fixed channel. Food vacuoles containing various materials presumed to be nutritive, namely milk, starch, egg yolk, or various spp. of bacteria, circulate for much longer than those containing certain obviously useless substances, namely carmine, powdered glass, aluminium, sulphur, or chalk (METALNIKOW 1912, 1916). Eventually food vacuoles collect for defaecation in a region median to the gullet (DUNIHUE 1931, for *P. caudatum*), and are discharged at a fixed anal spot ("cytopyge") which lies on the oral surface between the pharyngeal opening and the posterior end of the body but varies in position according to the species (WICHTERMAN 1951).

Porifera

In spite of considerable technical difficulties, observations have been made of phagocytosis and digestion in living fresh-water sponges. Small pieces of *Spongilla lacustris* were induced by VAN TRIGT (1919) to grow on to a coverglass, so that they could be examined even with an oil immersion objective. VAN WEEL (1949) studied thin living sections of the tropical *Spongilla proliferans*, and KILIAN (1952) grew *Ephydatia fluviatilis* between slide and coverglass. These observations on living material were supplemented by examination of fixed material in sections. There is a general agreement as to conclusions.

Particles are taken up by the choanocytes and also by the dermal layer if they come into contact with it. Carried by the water current, particles reach the collars of the choanocytes. They move down on the outside of the collars to their bases, although it is not clear how they do so. Here they are ingested without any visible sign of pseudopodia; they just sink in. At this stage the particles appear to lie free in the cytoplasm of the choanocytes, without any surrounding vacuoles. They are carried to the bases of the choanocytes, and from there they are transferred to 'archaeo-

cytes' (amoebocytes). According to van Weel the cell mebranes of
choanocytes and archaeocytes break down where the cells are in contact,
but Kilian, expressing some doubt on this question, has suggested that
a cell to cell transfer might take place without any such fusion of the cells
concerned.

Within the archaeocytes the corrosion or disintegration of toad spermatozoa and erythrocytes, fat droplets originating from milk (van Weel
1949), and coagulated albumen
containing Indian ink (Kilian
1952), takes place over a period
of several hours or more. Many
of the food particles develop vacuoles. Fat droplets appear to
become smaller, and acquire the
capacity to stain blue with Nile
blue (van Weel). After 14 hr.
(Kilian) the indigestible material
is massed into larger clumps in
the archaeocytes, which wander
towards the excurrent canals and
collect around them. Vacuoles
containing faecal material now
come to project into the lumen of
a canal, and the particles within
them show great activity. Material is discharged by stages, according to Kilian, and the vacuole
itself separates from the archaeo-
cyte, is held briefly captive, like
a balloon, by a long filament of
protoplasm, and finally breaks
loose. However according to van
Trigt, who used a different
sponge, the faecal vacuole merely
discharges its contents to the out-
side. Digestible substances are found in large quantities in the sponge body
two to three days after feeding, whereas Indian ink and carmine are
eliminated almost entirely within 24 hr. (Kilian).

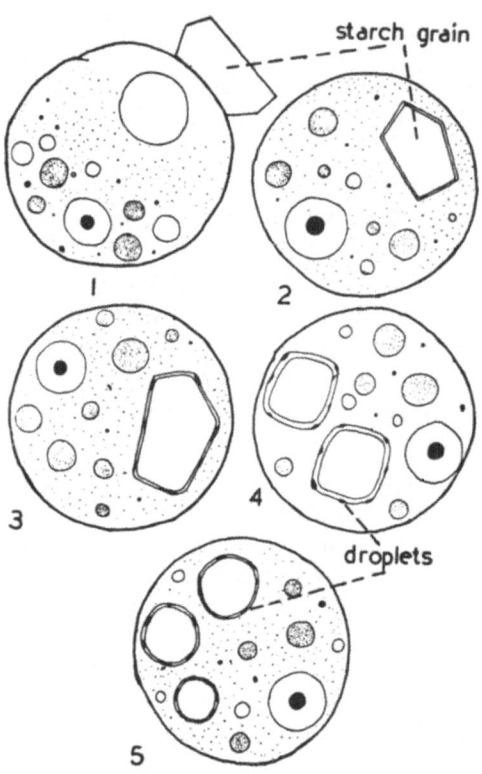

Fig. 11. Ingestion and digestion of starch grain by archaeocytes separated from the sponge *Pellina semitubulosa*.
(From Pourbaix 1931.)

The digestion of starch grains, bacteria, and other particles within
the archaeocytes of a marine halichondriid sponge, *Pellina semitubulosa*,
was investigated by Pourbaix (1931), who has also summarised earlier
literature. A specimen of *Pellina* was kept in an aquarium, and pieces
removed at suitable intervals after feeding were pressed through bolting
silk. Archaeocytes were identified in the resulting juice, and from the
condition of the food particles contained within them the progress of
digestion was deduced (Fig. 11). Starch grains and bacteria were ingested

by the extension of a single large pseudopod, and came to be enclosed in food vacuoles, but the process is not described in detail. Litmus within a food vacuole was a first reddish mauve, but later turned a lilac blue, indicating a more alkaline reaction. With the use of a vital dye (neutral red?) small droplets or granules were seen adhering to the outside of the food vacuoles, and similar granules appeared black after treatment with osmium tetroxide. Food material within vacuoles appeared to disintegrate over a period of several days, starch losing its angularity and its reaction to lugol solution. Finally there remained small empty vacuoles.

A study of material from calcareous sponges examined at intervals after feeding has been described by VOLKONSKY (1930). In agreement with COTTE (1904) he concluded that particles are taken into the choanocytes and digested within them. The particles were first free in the cytoplasm, but (according to VOLKONSKY's interpretation) later came to be surrounded by elements of the "vacuome" (neutral red bodies), which fused to form a food vacuole. Later still, mitochondria adhered for a time to the walls of the food vacuole, and swelled during the digestion of certain materials (milk globules) within the vacuole. Illustrations are given in a different paper (VOLKONSKY 1933).

Coelenterata

Many investigators have studied the digestive processes of coelenterates. Early literature is surveyed in BOSCHMA's paper (1925) and there is also the more recent work of YONGE (1931) on corals.

The coelenterates are carnivorous, and secrete a strong extracellular protease into the lumen of the enteron, so that animal food is drastically broken down and is presumably reduced to a size suitable for phagocytosis. The endodermal epithelium of the gastral cavity bears pseudopodial processes, which can be seen in living material (CLAUS 1874; METSCHNIKOFF 1880; PARKER 1880), and according to METSCHNIKOFF in the more transparent types, such as the siphonophore *Praya diphyes,* these cells can be seen to take up solid food after the manner of rhizopods, surrounding the food particles by means of numerous long pseudopodia.

There is some evidence that phagocytic activity may be stimulated by the presence of suitable substances in the enteron. When starch grains alone were injected into the enteron of *Hydra,* none or very few were taken up by the endoderm; but when they were injected together with *Daphnia* juice, many were taken up (BEUTLER 1924). This does not necessarily imply any capacity for selection between individual particles; in fact the evidence, such as it is, seems to favour the opposite view, as the starch grains proved of little value to the *Hydra.*

The food vacuoles of coelenterates at first show an acid reaction as judged by the colour of litmus within them (CHAPEAUX, 1893, and MESNIL, 1901, for actinians and siphonophores; BEUTLER, 1924, for *Hydra;* BOSCHMA, 1925, for a coral and for other references). The degree of acidity is not known. Subsequently, in the coral *Astrangia,* a return to alkalinity has been reported (BOSCHMA 1925).

Some indication of the progress of digestion within the food vacuoles of *Hydra* was also obtained by BEUTLER (1924). Fibrin containing particles of lamp black was seen at first to be in the form of solid lumps within food vacuoles, and there was no Brownian movement of the particles, but in vacuoles examined a few hours after feeding the fibrin was distributed evenly and appeared liquid. When olive oil was given, oil droplets were found to be taken up by the endoderm cells, and from examination of material at various times after feeding it was concluded that they became sub-divided. Later, minute droplets of fat appeared to have invaded adjacent cells. No change could be seen in ingested starch grains, but it was suggested that glycogen appeared in the cells of *Hydra* after a meal of animal matter rich in this substance. More complete evidence is required. Indigestible material such as carmine or lamp black remained for a long time in the endoderm cells, but never entered the ectoderm.

In corals, ingestion of solid lumps of iron saccharate is confined to the epithelium of the inner region ("absorptive zone") of the mesenterial filaments, and the phagocytosis of particles of food is therefore attributed solely to these cells. Discharge of carmine previously injected into the tissues of the coral also occurs through the absorptive zone (YONGE 1931).

Turbellaria

Intracellular digestion in planarians has been studied by a number of investigators, including METSCHNIKOFF (1878), ARNOLD (1909), SAINT-HILAIRE (1910), JACEK (1916), WESTBLAD (1922), WILLIER, HYMAN and RIFENBURGH (1925), and von LEVETZOW (1943). It has not proved possible to observe the digestive processes of the gut epithelium in living animals, so that conclusions are based in general on the study of stained sections for which the material was fixed at intervals after feeding. SAINT-HILAIRE (1910) used both living and fixed material, and in some cases removed a series of portions from the same *Planaria*. JACEK examined the gut cells of whole living *Stenostomum* sp. compressed under a cover-glass, but as the worms did not survive this condition for more than a few minutes the same limitations apply. The food in these various observations consisted of convenient natural products such as coagulated blood or raw liver, and sometimes of relatively pure materials, such as egg white, starch grains, or oil emulsion.

It is generally assumed that particles are taken up from the lumen of the gut by phagocytosis into the phagocytic cells which essentially form the gut epithelium. Suitable blunt processes are seen in section (WILLIER, HYMAN, and RIFENBURGH 1925). Both in fixed material (*Planaria* sp., HYMAN, WILLIER, and RIFENBURGH 1924) and in living animals (*Stenostomum* sp., JACEK 1916) food material may be observed lying in vacuoles in the gut epithelium, although according to JACEK some ingested fat droplets also lie free in the cytoplasm. In some cases the epithelium forms a syncytium (von LEVETZOW 1943). It is not known whether dissolved material is also taken up in food vacuoles or can enter the cells in any other way, but there is no evidence to suggest this, and in fact it was concluded by WILLIER, HYMAN, and RIFENBURGH (1925) that no extracellular digestion occurs in *Planaria*, so that there would be little if any useful material in solution in the gut lumen.

The ingested food material breaks down within the food vacuoles. ARNOLD's (1909) pictures illustrate the disintegration of ingested erythrocytes and leucocytes in the gut cells of *Planaria lactea* fed on coagulated blood. SAINT-HILAIRE (1910) and WILLIER, HYMAN, and RIFENBURGH (1925) have described changes in the staining reactions of ingested food which undoubtedly reflect the course of digestion, although it is not possible to interpret them chemically except in a very general way. In the latter study changes are described in the appearance of liver particles, which presumably consisted mainly of protein. The particles became smaller and more densely staining, and as they disappeared globules of fat appeared. JACEK fed *Stenostomum* on coagulated egg white and observed the digestion of the protein and the appearance of fat droplets in the gut cells.

The intracellular digestion of nucleo-protein in *Planaria dorotocephala* was followed by KELLEY (1931). Sections of worms which had been fed on thymus were stained (a) with iron haematoxylin, or (b) by Feulgen's method, or (c) by Feulgen's method without acid hydrolysis. With iron haemotoxylin the food vacuoles underwent a regular series of changes and finally disappeared in about eight days. With Feulgen's technique, desoxyribose nucleic acid was demonstrated within food vacuoles within five minutes of feeding, lasted for about 30 hours, and then disappeared. However, without hydrolysis nucleic acid did not appear for the first 1½ hours, then was present as before, and disappeared also as before by about 30 hours. Clearly nucleo-protein taken into a food vacuole is normally hydrolysed there in the first 1½ hours. Using a polarising microscope KELLEY also detected the appearance of crystals in the gut cells of living animals, presumably of some breakdown product of nucleo-protein, possibly guanine or pyrimidine.

In the *Temnocephala*, the occurrence of extracellular and intracellular digestion are described by GONZALEZ (1949).

Lamellibranchia

Digestion in Lamellibranchs has been studied extensively; see YONGE (1954) and MANSOUR-BEK (1954) for bibliographies. The part played by amoebocytes is discussed in the review by WAGGE (1955). From the point of view of intracellular digestion the most important accounts are those of YONGE for *Mya arenaria* (1923) and *Ostrea edulis* (1926). Wider questions of digestive physiology are involved in any consideration of the part played by food vacuoles in lamellibranchs.

According to YONGE the Lamellibranchs feed mainly on phytoplankton, although MANSOUR (1946) has reported the digestion of zooplankton by *Tridacna*. It is generally agreed that the crystalline style produces an extracellular amylase. According to YONGE, there is no other extracellular enzyme, but MANSOUR-BEK (1946) has claimed the existence of an extra-cellular protease and GEORGE (1952) of an extracellular lipase, the latter produced by the style.

It is generally agreed that amoebocytes are abundant in the lumen of the stomach, and that they ingest and digest various food particles there.

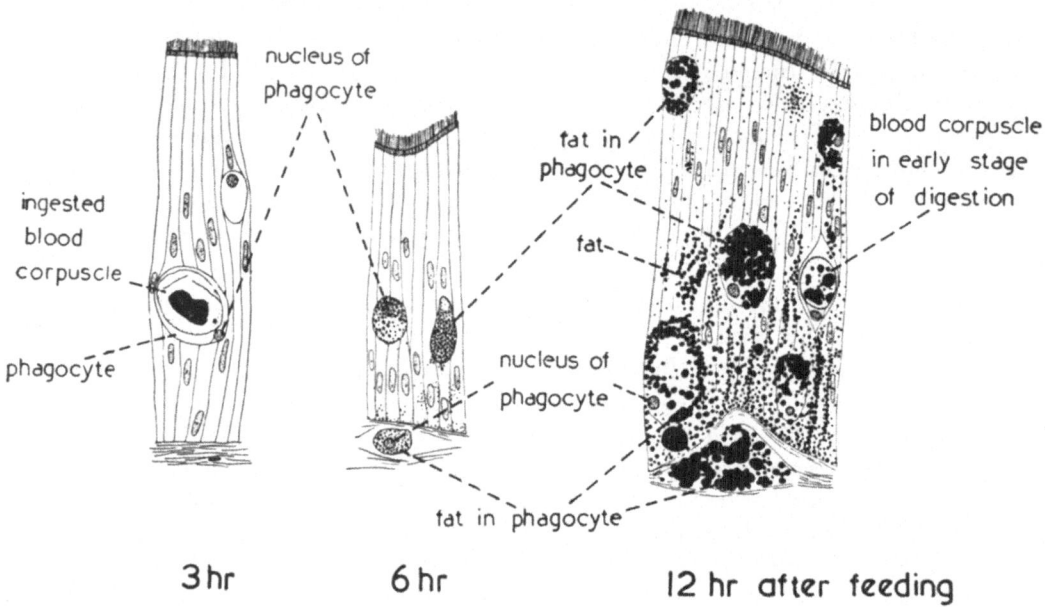

Fig. 12. Stomach epithelium of the lamellibranch *Ostrea edulis* at 3 hr., 6 hr., and 12 hr. after addition of dogfish blood to the sea water. Flemming fixation. × 450.
(From YONGE 1926 [relettered].)

YONGE (1926) added dogfish blood corpuscles to the sea water in which *Ostrea edulis* was being kept, and examined the oysters at intervals (Fig. 12). Within the first few hours after feeding the erythrocytes were taken up by phagocytes in the lumen of the stomach. The phagocytes were found to penetrate between the epithelial cells of the stomach wall, while the ingested erythrocytes disintegrated within them, leaving a large number of globules blackened as a result of Flemming fixation and pre-sumed to be fat. Twelve hours after feeding the globules were also abundant in the epithelial cells and in phagocytes in the underlying tissue. In other experiments the diatom *Nitzschia* was likewise taken up by phagocytes and carried to the stomach epithelium, where it was digested intracellularly. Droplets of olive oil stained red with Nile blue sulphate turned blue after ingestion by phagocytes, which also invaded the stomach epithelium and gave it a blue colour, presumably owing to the liberation of fatty acids (YONGE 1926). On the other hand GEORGE (1952) failed to

observe any invasion of the stomach epithelium or digestive gland or
other tissues by amoebocytes in *Crassostrea virginica* after a meal of fat:
the fat entered the stomach epithelium, but not by means of amoebocytes
according to GEORGE's interpretation. Ground-up phagocytes promote the
digestion of starch, glycogen, sucrose, maltose, methyl acetate, gelatine,
and peptone (TAKATSUKI 1934). The amoebocytes of *Venus mercenaria*
show a strong lipolytic activity (ZACHS and WALSH 1953). Thus the
phagocytes possess enzymatic properties suitable for digestion, they ingest
food particles, and intracellular breakdown appears to proceed within
them. There is less agreement as to their subsequent fate and their nutritional function.

The function of the digestive gland of lamellibranchs has been
the subject of considerable controversy. It has been regarded as an
organ of secretion and alternatively of absorption and intracellular
digestion. There is no convincing evidence to show that it secretes extracellular enzymes. On the other hand the epithelium of its tubules has
been shown to contain particles of India ink, carmine (VONK 1924) and
iron saccharate (YONGE 1926) after a meal of these materials, and this is
taken as evidence of phagocytosis. Extracts of the digestive gland have
been shown to promote the breakdown of starch, glycogen, certain
disaccharides, fats, and proteins (YONGE, 1926, for *Ostrea edulis* and earlier
references; GRAHAM, 1931, for *Ensis siliqua).* YONGE has concluded that the
digestive gland is an organ of absorption and intracellular digestion only.
The presence of carmine and of iron (in lumps) is probably fairly satisfactory evidence of phagocytosis in this case, but if it were possible to
study the uptake of digestible food material, rather than of something indigestible and destined for discharge, this would be even more impressive.
(For instance, in the case of the nudibranch gastropod *Jorunna tomentosa,*
MILLOTT (1938) observed fish blood corpuscles, as well as iron, in vacuoles
in the digestive gland.)

The cytochemical identification of iron after a meal of iron saccharate
has been used by a number of workers as a general test for absorption.
According to HIRSCH (1925), iron in granules or lumps when first taken up
would indicate phagocytosis and a diffuse distribution of iron would
indicate absorption from solution. According to YONGE (1926), "Soluble
matter, such as iron saccharate, is absorbed exclusively in the cells of the
digestive diverticula in larva, spat, and adult, being invariably taken into
large vacuoles and carried away by leucocytes. Presumably, therefore,
the products of extracellular digestion in the stomach due to the action
of the digestive enzymes from the style are here absorbed." YONGE's conclusion was reached in part because no iron appeared elsewhere in the gut
walls. It is assumed that where nutritive solutes are taken up there iron
is capable of entering. As it is possible that the mechanism of entry of
sugars is specific, this assumption requires to be justified. In the present
case the iron appeared in lumps, presumably taken in as such, and there
is no direct evidence to show whether the dissolved products of digestion
are also taken up in the digestive gland.

Much remains to be discovered about food vacuoles in lamellibranchs. Valuable information might be obtained by autoradiography.

Selection of Food Particles

It is convenient to differentiate between selection by chemical and by physical properties, the latter including size, shape, texture of surface, weight, motility, etc. It is also useful to distinguish between selection from a distance and selection on contact, although this distinction is sometimes difficult to apply. Finally, the problem is somewhat different for amoeboid cells and for ciliated or flagellated cells.

Leucocytes are attracted towards various bacteria and other particles of organic origin from distances of up to 1 mm., so that chemotaxis plays a part in food selection (McCutcheon 1946). However the nature and origin of the attractive chemical condition are not known. Removal of substances from the medium may be as important as the production of substances in attracting the leucocytes (McCutcheon 1955). There is also some slight evidence to suggest that amoebae are possibly attracted towards nutritive material (Schaeffer 1917).

On contact, both in leucocytes and in amoebae selection may be exercised between one type of particle and another. For instance, in Fenn's (1921) experiments contact with a particle by a leucocyte resulted in phagocytosis much more often in the case of carbon than of quartz. Phagocytosis by leucocytes is strongly promoted by the opsonins and tropins present in serum, and it is believed that a particle is normally coated by serum protein before it is ingested (as reviewed by Mudd, McCutcheon, and Lucké 1934). Antigens become coated with antibody protein and so are prepared for ingestion; thus a highly specific chemical selection takes place. Nevertheless this selection does not result from any activity on the part of the leucocyte; it is determined by an external reaction. The situation in amoebae is less clear. Soil amoebae are able to utilize certain bacteria as food but are poisoned by others (Singh 1945); nevertheless it has yet to be shown that they avoid the noxious kinds. *Hartmanella* sp. feeds preferentially on bacteria with flagella, because these are agglutinated to the surface (Ray 1951). *Amoeba proteus* is stimulated to engulf particles if these are moving (Schaeffer 1917). It must be of great biological importance for amoebae to differentiate between inorganic particles and food, and it seems unlikely that soil amoebae, for instance, will rely merely on movement of the prey.

There is little evidence concerning food selection by the phagocytic cells of the digestive systems of higher animals. The presence of food in the enteron appears to stimulate phagocytosis in coelenterates (Beutler 1924), but this does not mean that there is any selection as between one particle and another. It does not seem likely that there could be any such selection on a chemical basis, as any dissolved food material is likely to be widely distributed within the digestive cavity.

A very considerable power of selection is shown by the ciliate *Stentor*, which ingests flagellates but rejects inanimate particles such as carmine or sulphur, when these are offered to it one by one. Moreover it shows preferences for some kinds of flagellates over others (SCHAEFFER 1910). *Paramecium* also shows a preference for bacteria over carmine and other useless particles when these are available together, although it eats carmine readily in the absence of bacteria. As already mentioned, sulphur and powdered glass are rendered acceptable to *Paramecium* by treatment with egg yolk or starch (DEMBOWSKI 1922). Similarly the ciliate *Balantidium coli* will ingest carbon or carmine abundantly if these are treated with colloidal starch solution, but only a little otherwise (NELSON 1933). This is the nearest approach to a demonstration of chemical selection in the uptake of food by ciliates, although it is still possible that the difference is a physical one.

The collar cells of sponges take up particles, whether nutritive or not, and nothing is known as to their powers of selection except that they are imperfect if they have any at all.

The capacity to defaecate useless material is to be regarded as intra-cellular selection. It is widely distributed among phagocytic cells. For instance, food vacuoles containing nutritive material circulate within *Paramecium* (p. 19) or *Bursaria* (LUND 1914a) for much longer than do those with useless contents. In various sponges, useless material is not passed from the choanocytes to archaeocytes but is discarded. The mechanism by which rejection is determined in these cases is not known, and would be well worth studying.

Phagocytosis

Phagocytosis takes many forms: RHUMBLER (1910) recognized various types in amoebae: in 'Import' the food sinks in without any visible phagocytic movement on the part of the ingesting organism; in 'Umfließung' (or 'Circumfluenz') the protoplasm flows around the object, in full contact with it; in 'Circumvallation' it encloses the object in a drop of water; in 'Invagination' the object is drawn in by a visible invagination of the surface of the cell. Two different explanations of phagocytosis (reviewed by DE BRUYN 1947) have been proposed: surface tension, and amoeboid contractile movements of an active nature. 'Circumvallation' is clearly a form of amoeboid movement, as pointed out long ago by JENNINGS (1904), and the same is very probably true of 'Invagination,' and perhaps even of 'Circumfluenz.' It is not clear to what extent 'Import' must still rely on surface tension for an explanation, especially in the case of leucocytes.

The various species of *Amoeba* and related genera engulf food particles in many different ways. *Amoeba terricola*, used by RHUMBLER (1910) for an example of 'Invagination,' has a relatively thick pellicle. At the point of contact with the prey the surface of the organism invaginates carrying in the prey enclosed within a portion of the original pellicle (PENARD 1905). Many Amoebina form a densely staining differentiated region around the position of ingestion, like a temporary pharynx (Ivanic 1933, 1936 a and b; Wenrich 1941). Preparations of *Amoeba entzii* made by Ivanic and of *Entamoeba muris* by Wenrich suggest that bacteria or flagellates may

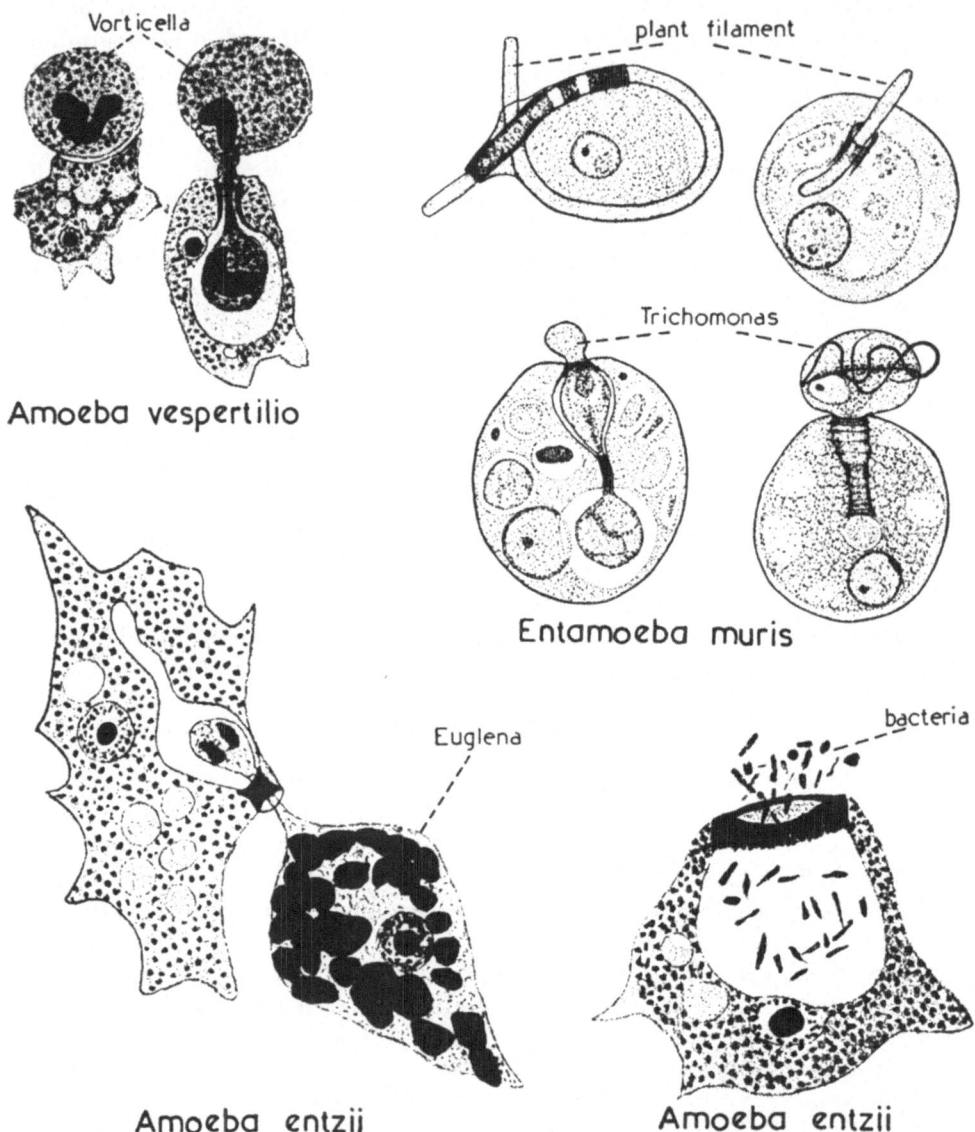

Fig. 13. Examples of ingestion by certain amoebae. *Amoeba vespertillo* from Ivanic (1936 b), *Entamoeba muris* from Wenrich (1941), *Amoeba entzii* from Ivanic (1936 a) (all relettered).

be sucked in (Fig. 13). However it is possible that with the larger objects some peristaltic action may be exercised by the temporary pharynx. Erythrocytes may be constricted like dumbells while being ingested by *Entamoeba histolytica*, according to Alexeieff (1933), or the nuclei may

be extracted and ingested (SEMENOFF 1937, 1938) as shown in Fig. 14.
Various spp. are able to engulf algal filaments many times their own
length. In *Amoeba verrucosa*, COMANDON and DE FONBRUNE (1936), using
motion pictures, detected waves of contraction passing along the outside
of the ingestion cone towards its tip. The contractions may therefore
possibly continue over the tip and back along the internal tube enclosing
the alga, so driving this along. In the case of *Amoeba sphaeronucleolosus*
a most detailed account has been given by WITTMAN (1950), from motion
pictures, of the ingestion of filaments of the alga *Oscillatoria* (Cyano-
phyceae). The amoeba forms two conical pseudopods pointing in opposite
directions along the algal filament, and encloses the filament in a groove in

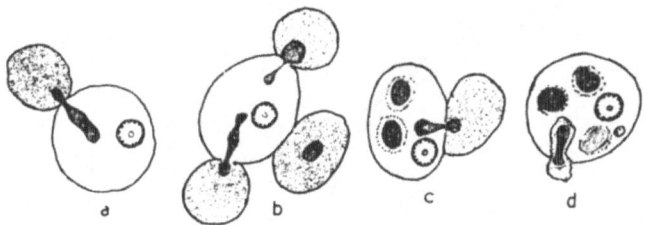

Fig. 14. Stages in the ingestion of frog erythrocytes by *Entamoeba histolytica*. The nucleus was usually ingested first, followed by some cytoplasm.
(From SEMENOFF 1937.)

its body, which closes as a tube stretching from tip to tip of the pseudopods
(Fig. 15). As the folds close, a longitudinal 'initial fibre' differentiates in
the cytoplasm distal to the enclosed alga and parallel with it. The enclosed
part of the alga is now drawn into a coil, the pseudopods drawing back
simultaneously with this process and later extending to enclose new
portions of the filament. Slipping of the alga within the tube is prevented
by pressure pads. Secondary traction fibre develop within the amoeba and
draw coils of the algal filament together, and it is presumed that the
'initial fibre' is also contractile.

In all the cases described above there is no doubt that ingestion is
effected by an active contractile process. The same is not necessarily true
of 'Circumfluenz' or 'Import'. Leucocytes ingest particles without any
visible amount of water; the particle comes into direct contact with the
surface of the leucocyte and passes in. The same is also true of certain
amoebae. For instance, bacteria are shown passing through the surface
of *Amoeba phagocytoides* directly into the cytoplasm in photographs by
COMANDON and DE FONBRUNE in GRASSÉ's (1953, p. 25) text-book. Both in
leucocytes and in certain amoebae, contact plays an essential part in the
initiation of phagocytosis. The opsonins and tropins of serum promote
phagocytosis by leucocytes. This enhanced phagocytic activity is associated with the deposition of a layer of protein upon the surface of the
particle ingested (MUDD, McCUTCHEON, and LUCKÉ 1934; WRIGHT and DODD
1955). It is likely that this enables the leucocyte to spread upon and
stick to the particle. Agglutination of bacterial flagella to the surface of

an amoeba promotes phagocytosis, as was reported by Mouton (1902) and subsequently more correctly interpreted by Ray (1951) in *Hartmanella* sp. Erythrocytes may also become stuck to the surface of *Entamoeba histolytica* (Semenoff 1938).

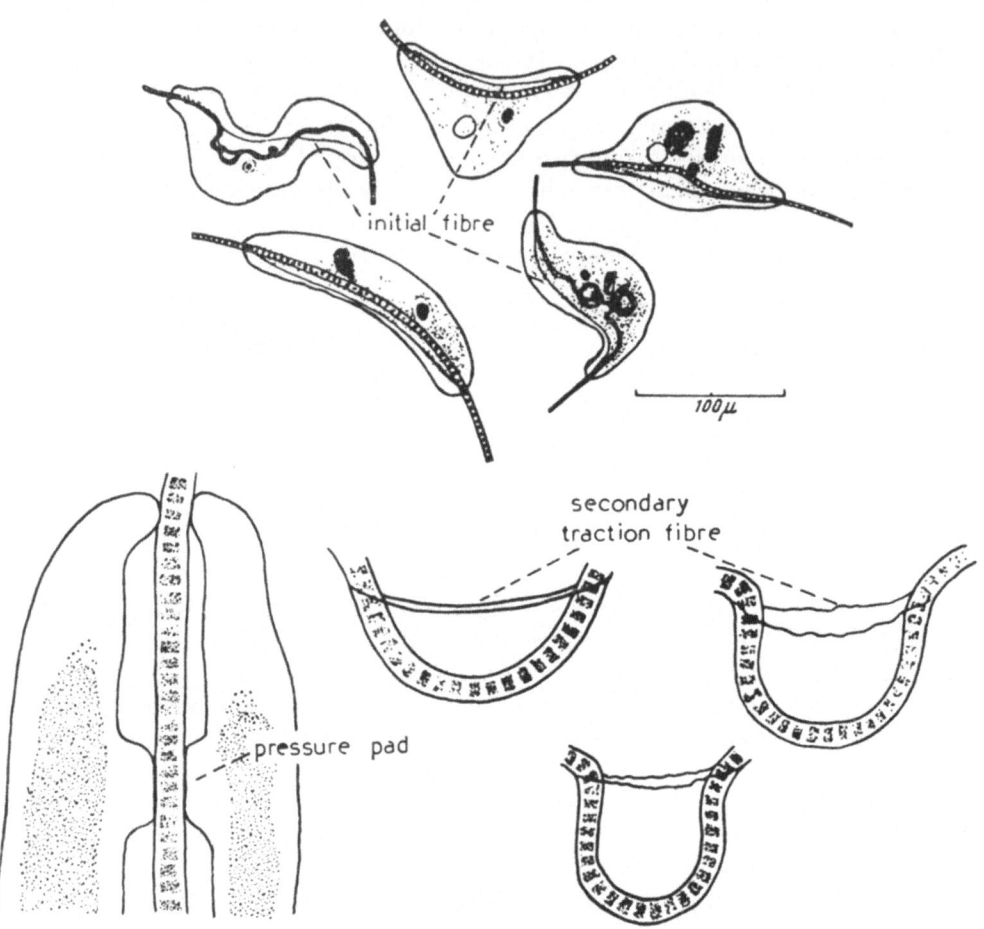

Fig. 15.   Ingestion of algal filaments by *Amoeba sphaeronucleolosus*.   Top, several specimens showing initial fibre and pseudopods extended along axis of filament (with scale).   Lower left, pressure pads holding filament within pseudopod.   Lower right, three stages in the contraction of a secondary traction fibre.
(From Wittmann 1950 [relettered].)

The interpretation of phagocytosis by leucocytes in terms of surface tension (reviewed by Mudd, McCutcheon, and Lucké 1934; but see also Gray 1931, chapter 18) was when first put forward the simplest working hypothesis, but this perhaps is no longer the case.   Oil drops will snap through the surface of an *Arbacia* egg, provided that the surface tension between the oil and water exceeds a certain critical value (Chambers and Kopac 1937).   The surface tension of the oil drop is presumably lower against cytoplasm because of the presence of protein.   In the case of leucocytes it is necessary to explain the uptake of a variety of materials

presumably having different surface tensions against blood plasma. The
effect on surface tension of a layer of protein deposited on these particles
remains to be discovered. Moreover, macrophages and other cells can take
up water by pinocytosis, which is very difficult to explain in terms of
surface tension. Leucocytes move by amoeboid movement, which cannot
be explained by surface tension in the simple physical sense but which
is an active process involving the contractility of protein components of
the cell. If leucocytes already possess the power of amoeboid contraction

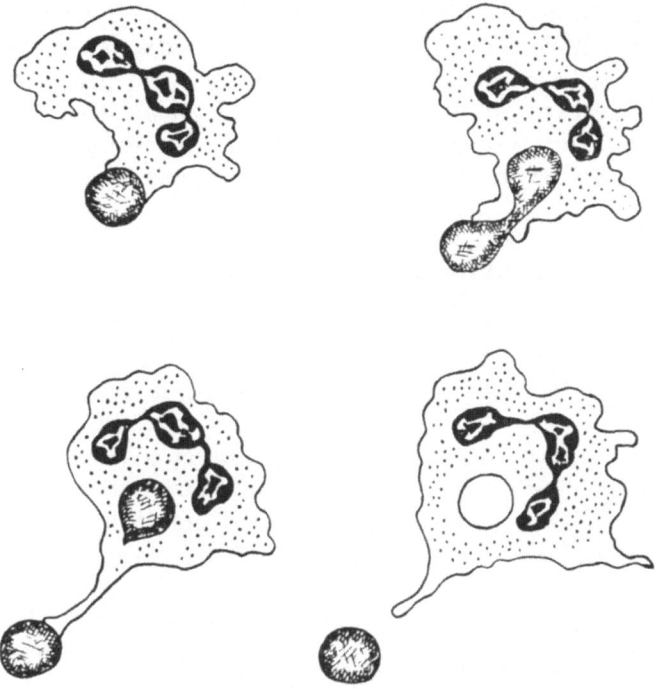

Fig. 16. Division of an erythrocyte by a granulocyte. Intracytoplasmic haemolysis in the last diagram.
(From BESSIS 1955; see also POLICARD and BESSIS 1953.)

which in other cases provides also the mechanism for phagocytosis, it is
not unreasonable to suggest that contractile movements may actuate
phagocytosis in leucocytes as well.

It is difficult to explain in terms of surface tension the recent observation of POLICARD and BESSIS (1953; see also BESSIS 1955) that a leucocyte
may pull in half an erythrocyte (previously damaged by anti-serum) which
it is ingesting (Fig. 16). The erythrocyte first sticks to the surface of the
leucocyte, and is then surrounded by a cup formed of hyaloplasmic
pseudopodial sheets. Then, with its base holding onto the erythrocyte, the
cup pushes the erythrocyte out and stretches it. The hyaloplasm of the
cup changes its shade from light to dark under phase-contrast. "A dark
ring-like structure forms at the edge of the hyaloplasmic cup. This ring
contracts rather rapidly, in a manner reminiscent of sphincter action,"

and the erythrocyte is cut in two, one half staying inside the leucocyte. The actual process of dividing the erythrocyte usually takes place without haemolysis, but this ensues later, probably as a result of digestion within the leucocyte. This division of an erythrocyte by a leucocyte is reminiscent of the division of a ciliate by an amoeba, described by KEPNER and WHITLOCK (1921) and BEERS (1924), and may find a similar explanation.

Thus it is possible that even 'Import' is a form of contractile activity, dependent on changes in the configuration of proteins at or adjoining the cell surface. It is interesting to note that quite possibly the entry of a spermatozoon into an egg is comparable to the ingestion of a bacterium by a leucocyte (ROTHSCHILD 1952). The contact necessary for 'Import' may well make a preliminary coating of the particle with protein necessary in the case of leucocytes, in order that specific serological requirements may be met. Presumably this problem is less acute when the particle is ingested together with water and digested without immediate contact with the protoplasm.

Movement of Food Vacuoles

In those Protozoa without fixed mouth or anal spot, no part of the course of food vacuoles is fixed; and in forms such as *Amoeba*, in which the shape is continually changing, the food vacuoles are carried hither and thither by the streaming of the cytoplasm. Even in Protozoa with a fixed mouth and anal spot, most of the intermediate course is irregular and dependent on protoplasmic streaming. Food vacuoles in ciliates may pass each other or may circulate several times. In *Spirostomum* indigestible materials take a shorter route (BISHOP 1923). There is no permanent cell gut, as has from time to time been supposed.

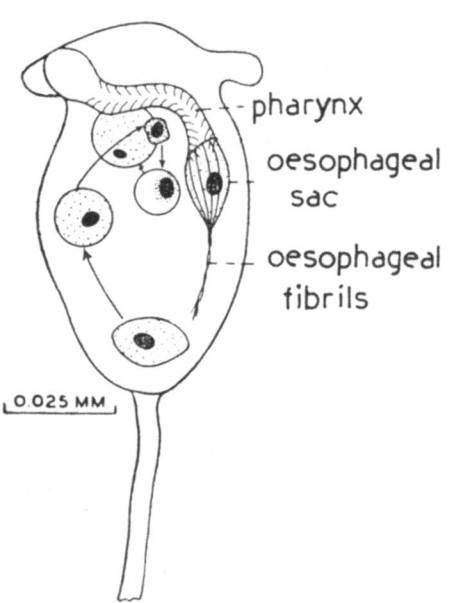

Fig. 17. Stages in digestive cycle in the peritrich ciliate *Vorticella similis*.
(From MAST and BOWEN 1944 [relettered].)

Nevertheless the existence has been established in various ciliates of "postoesophageal fibrils" hanging from the pharynx into the cytoplasm (Figs. 8 and 17) (ANDREWS 1923, for *Folliculina*; BOZLER, 1924, and E. E. LUND, 1941, for *Paramecium*; G. E. LUND, 1935, for *Oxytricha*). The appearance of a tube (GREEFF 1870, 1871, SCHRÖDER 1906 a, b, c) hanging from the pharynx in peritrich ciliates is really due to the presence of a number of separate fibrils (MAST and BOWEN 1944) (Fig. 18). In the peritrich *Carchesium polypinum*, on separating from the pharynx a food vacuole glides towards the base of the zooid and then stops (Greenwood 1894). In *Epistilis plicatilis* a food vacuole remains spindle-shaped, as though compressed, while it is traversing the initial part of the course, but subsequently becomes spherical (Fig. 19). During the initial part it follows a fixed route, moving considerably faster than the streaming protoplasm. Subsequently it slows down and appears to be carried irregularly in the cytoplasm (Kitching 1938).

It is evident that the nature of the movement of a food vacuole is different during the initial part of the course from that later on; this holds

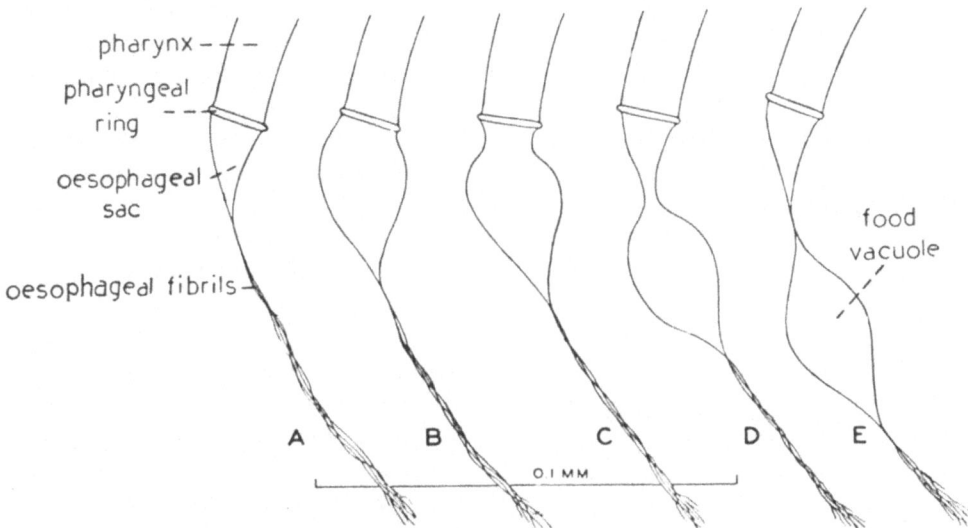

Fig. 18.   Pharynx and associated structures in the peritrich ciliate *Campanella umbellaria;* stages in uptake of a food vacuole.

(From Mast and Bowen 1944 [relettered].)

for Peritricha and probably for various other ciliates. How is the initial movement produced? There are various possibilities (Kitching 1938). It might be suggested that the energy is derived in some way from the difference in concentration between the vacuolar fluid and the surrounding cytoplasm, but it is difficult to see how this could be applied; and in fact the speed with which the food vacuoles traverse the initial part of the course is scarcely impaired even when the vacuole contains 0.05 M sucrose. It might be suggested that the food vacuole receives some initial 'push-off' from the pressure set up by ciliary activity, but consideration of the initial speed of the vacuole, of the distance covered, and of the minimal viscosity of the cytoplasm, will show that is this impossible. It might be suggested that if a food vacuole travelled down a continuous flexible tube, a pressure gradient along the length of the tube, imposed by the surrounding viscous cytoplasm, might drive vacuoles along the tube faster than the cytoplasm was itself moving. Even a tube-like bundle of separate fibrils might act in the same way provided that the cytoplasm possessed some cohesive properties, such as might be conferred by a gel structure. This possibility cannot lightly be dismissed. Finally, it might be suggested that the vacuole is driven by local contractile activity. There can be little doubt that the post-oesophageal fibrils guide the food vacuoles; possibly by some form contractile activity they also provide the motive force. The last two suggestions are both compatible with the known facts. The uptake of food vacuoles and the activity of the disk cilia in *Carchesium aselli* are inhibited by dilute cyanide; and if a food vacuole is taken up immediately after the application of cyanide, it moves extremely slowly over the initial part of the course (Kitching 1938). It is also interesting that if *Carchesium aselli is* exposed to a temperature of a little over 30^0 C., the beating of the disk cilia and the uptake of food vacuoles are both inhibited; and some time after the temperature is lowered they both start again together (Kitching 1948).

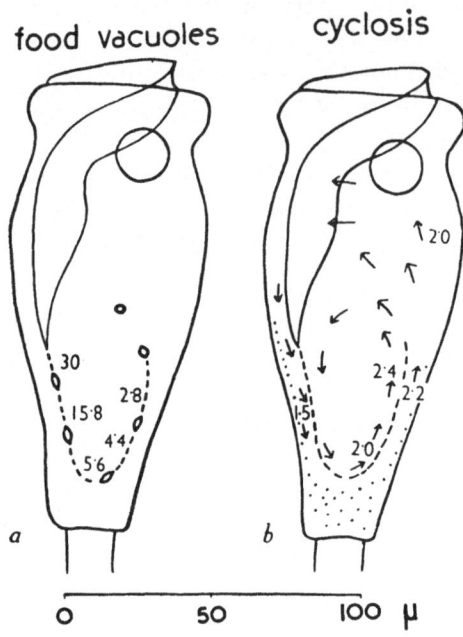

food vacuoles   **cyclosis**

Fig. 19. Course of food vacuoles (left) and streaming of protoplasm (right) in the peritrich ciliate *Epistilis plicatilis*. Velocities are given in μ per sec. Dots signify stationary protoplasm.
(From Kitching 1938.)

Clearly both are active processes, and it is likely that they are linked indirectly through a common source of metabolic energy. There is also the possibility of some co-ordinating mechanism connecting the activity of the disk cilia with the rhythmic initiation of the vacuolar process.

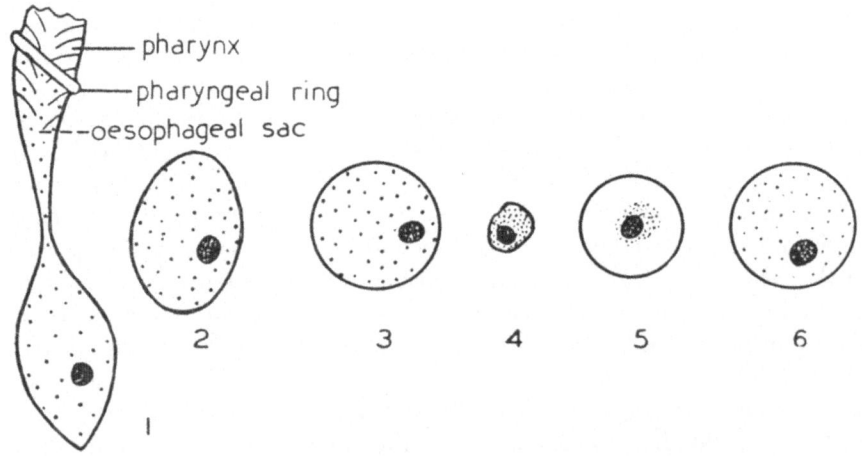

Fig. 20. Changes in a food vacuole of the peritrich ciliate *Vorticella similis*.
(From Mast and Bowen 1944.)

The Acidity of Food Vacuoles

In a number of cases, both in Protozoa and in Metazoa, it has been found that ingested particles of indicator dyes change colour in the direction of acidity. In many cases the acidity is probably very slight, althout it has not usually been assessed critically. There are many possibilities for error: for instance, the relatively large quantity of indicator necessary to make the colour visible is likely to buffer the vacuolar fluid and so minimize the fluctuations. Even so there is no doubt that in the ciliates the acidity may be quite considerable. In *Paramecium* it may reach pH 3.2, and possibly even pH 1.4 if the colour of dead yeast cells stained with Congo red or thymol blue may be used as a method of estimation (p. 18). A pH of about 3.2 is attained in the food vacuoles of *Vorticella* sp., as judged by this same method (Mast and Bowen 1944). In *Actinosphaerium eichhornii* the pH of food vacuoles reaches 4.3 as estimated by microinjection of indicators (Howland 1929). When the food vacuole swells again, it returns approximately to neutrality.

Acidity of food vacuoles has been attributed, at least in part, to the following causes: production of carbon dioxide by the respiration of the ingested organisms (Mast, 1942, for *Amoeba*); digestive decomposition of the food (also Mast, 1942, for *Amoeba*); acid originating from the peristome and produced by the metabolism of the latter, subsequently concentrated within the food vacuole by withdrawal of water (Mast and Bowen, 1944, for *Amoeba*; Mast, 1947, for *Paramecium*); and secretion of acid (most authors).

According to Le Dantec (1890), food vacuoles of *Amoeba* sp. containing a grain of alizarin but no nutritive material do nevertheless become acid. Moreover vacuoles of *Vorticella* sp. containing dead yeast stained with Congo red also turn just as acid as normal vacuoles, even though such yeast is not noticeably digestible (Mast and Bowen 1944). In each case this was taken as evidence that metabolic and degradative changes in the food, including the production of carbon dioxide, do not contribute much to the acidity which develops. More experiments are wanted. Even starting with distilled water, carbon dioxide alone will not produce a pH of 3.2, and in many cases the water taken in will have some slight buffering to be overcome. Moreover carbon dioxide would be likely to escape rather readily by diffusion.

It was claimed by Mast (1947) and Mast and Bowen (1944) for *Paramecium* and *Vorticella* that acids produced by the metabolism of the pharynx—"carbonic, lactic and other acids"—pass into the lumen and are ingested in a forming food vacuole. This acid, according to Mast's view, is then concentrated by the withdrawal of water from the food vacuole, so that the pH falls from 6 to about 3, a thousand-fold increase in the concentration of hydrogen ions. It is assumed either that the water in the food vacuole is entirely unbuffered or that base passes out as the water is withdrawn because the vacuolar wall is permeable to base but not to hydrogen ions or the acids concerned. If we grant this improbable assumption, and these authors' calculation that the decrease in aqueous volume of the food vacuole is sufficient, then the results which they claimed must surely follow. A much greater shrinkage would be needed to explain a pH of 1.4.

The fact that the maximum acidity of the food vacuoles of various Protozoa is reached at the time of minimum volume of these vacuoles is probably significant. It is also stated by MAST that when the food vacuole is taken up from a 0.05 M solution of lactose, which reduces the extent of shrinkage, the maximum acidity is much less. This supports the view that the acid becomes concentrated during the shrinkage but does not provide any evidence as to the nature or origin of the acid. Moreover it does not seem likely that base would diffuse out but not hydrogen ions, unless some active selection occurs which must be classed as a secretory activity.

It is not yet possible to say whether the acidity originates in the pharynx or after the vacuole has been pinched off. However the observation of LUND (1914 b), quoted by MAST, that the contents of the pharynx of *Bursaria* are already becoming acid before the vacuole has closed, would give some support to the first possibility.

The nature of the acid in the food vacuole remains unknown. It seems unlikely that lactic or other organic acids would leak out of the pharynx wall. The active transport of hydrogen ions by the gastric mucosa (reviewed by DAVIES 1951) and by the kidney (PITTS and ALEXANDER 1945) provide ample precedents for the suggestion that hydrogen ions might be secreted into forming or already formed food vacuoles either in company with anions such as Cl' or in exchange for cations such as Na'. It has been objected by MAST and BOWEN that hydrogen ions could not be entering the vacuole while water is being withdrawn from it. Indeed, if we think of both as passing through the same pores, remembering USSING's (1954) concept of water permeation, we must admit that an interesting objection has been raised. Nevertheless, even if there are pores, which is not certain, it must not be assumed that hydrogen ions would have to pass into the vacuole by the same channels as the outgoing stream of water. In any case the secretory activity might occur in the pharynx. The question of acid secretion remains open.

There is little evidence to explain the functional significance of the acidity of food vacuoles. It has been suggested that in ciliates it serves to kill bacteria or other forms of prey. No indication of digestion has been seen within food vacuoles during the acid phase, but this does not mean that no digestion occurs. By analogy with 'higher' organisms it might have been expected that the acidity would provide a condition suitable for preliminary digestion, particularly by proteolytic enzymes, but there is no evidence as yet to support the suggestion. However, even the death of bacteria may be regarded as a digestive process in that it must involve a breakdown of organization. Acidity may play a part in the clotting of the contents of the food vacuole. GREENWOOD (1894) attributed clotting to the presence of some substance within the vacuole, and ANDREWS (1946) has noted the presence of a secretion in the forming food vacuole of *Stentor*.

So little is known about the acidity of food vacuoles that there is ample opportunity for speculation and this in fact is all that this discussion of it can offer. More facts are wanted.

The Surface Membrane of Food Vacuoles

In many cases, and especially in Protozoa, it is well established that when a food vacuole is pinched off it is bounded by a membrane originating either from the general surface membrane of the organism, as in amoebae, or from the base of the pharynx, as in ciliates. At any rate in the early stages of a food vacuole, and possibly throughout digestion, this membrane may be expected to resemble a cell membrane in structure and properties. It probably starts off with the structure which normally confers selective permeability on the cell membrane and perhaps even with orientated layers of protein on the cytoplasmic side. Its selective permeability is indicated by the rapid shrinkage of food vacuoles soon after uptake (Figs. 9 and 20) (CARTER, 1856, for *Vorticella* and *Paramecium*; GREENWOOD, 1894, for *Carchesium*; NIERENSTEIN, 1905, for *Paramecium*; MAST and BOWEN, 1944, for *Campanella* and *Vorticella*; MAST, 1947, for *Paramecium*); this shrinkage is counteracted by the presence of a sufficient concentration of an inert non-electrolyte such as lactose (MAST 1947). In some experiments carried out in 1937–38 (as part of a wider investigation which remained incomplete because of the war), the ciliate *Carchesium aselli* was allowed to take up food vacuoles first from pond water and then from a solution of sucrose or glucose or mannitol in pond water. It was not possible to measure the initial volume of the food vacuole owing to the fact that at first the vacuole was not spherical, but with pond water the vacuole shrank rapidly and disappeared in about three minutes. With 0.02 M sugar solutions the shrinkage was arrested when the volume had decreased probably to about one half or one third of the original (Fig. 21). At this stage the effective cytoplasmic osmotic pressure, together with any pressure due to surface tension, were temporarily counterbalanced by the osmotic pressure of the vacuolar contents. If we take the osmotic pressure of the cytoplasm as about 0.05 osmolar, as suggested by KITCHING (1938), then—as an exceedingly rough estimate, and ignoring the possible effects of surface tension—the shrinkage curves accord with a permeability of about 1 μ^3/μ^2/atmosphere/minute. This is of the same order as the permeability of the surface of various cells (mammalian erythrocytes, 2.5–3.0; echinoderm eggs, 0.1–0.4) (LUCKÉ 1940). The striking rapidity of the initial shrinkage of the food vacuoles of certain fresh-water peritrich ciliates is probably due to the very small size of the vacuoles. For instance, for a pressure of 1 atmosphere and a permeability of 1 μ^3/μ^2/atmosphere/minute, the initial instantaneous rate of shrinkage of a vacuole of radius 3 μ would be equal to the volume of the vacuole per minute, whereas

14*

for one of radius 30 μ it would be only one tenth of the volume per minute. Thus a larger vacuole will remain relatively large for much longer. However, even in the case of vacuoles containing glucose a sudden shrinkage set in later (Fig. 22), as though a change of 'permeability' supervened, and the same was true of food vacuoles of marine ciliates. Important changes probably take place at this stage, and there is obviously scope for much more work along these lines.

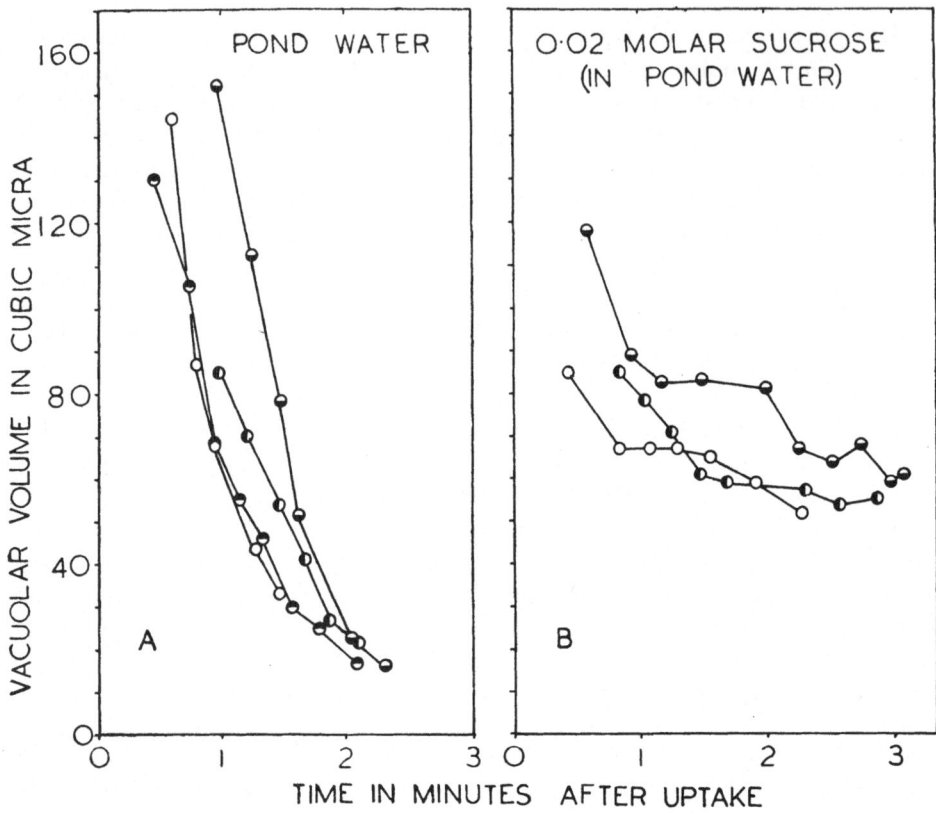

Fig. 21.   Changes in the volume of food vacuoles of the peritrich ciliate *Carchesium aselli* from the time of uptake, left with pond water, right with 0.02 molar sucrose in pond water as medium.

In phagocytosis by leucocytes, a particle is normally taken in without any visible quantity of water, but later a vacuole may form around it. In human neutrophiles an ingested bacterium at first lies free in the cytoplasm, but a vacuole forms very quickly; on the other hand no digestive vacuole forms around collodion particles (Marchant 1952). (See also Cameron, 1932, for coelomic corpuscles of earthworms, Jullien, 1928, for leucocytes of cuttle-fish, and Smith, Willis, and Lewis, 1922, for embryonic tissues of chick in culture.) Bacteria ingested by *Amoeba phagocytoides* soon become surrounded by food vacuoles (de Fonbrune, in Grassé's textbook, 1953). In certain Porifera, ingested particles apparently lie free in the cytoplasm while moving to the base of the choanocytes, but become surrounded by food vacuoles after they have been transferred to amoebocytes (p. 20). It is not known whether a membrane surrounds the particle when no vacuole can be seen; some surface effects must occur at the interface between particle and cytoplasm, but it is not possible to say whether or not a plasma membrane is present.

Interesting and important processes must take place during acidification and neutralization, during the entrance of enzymes, and during the outflux of the products of digestion. It is not known to what extent these occur

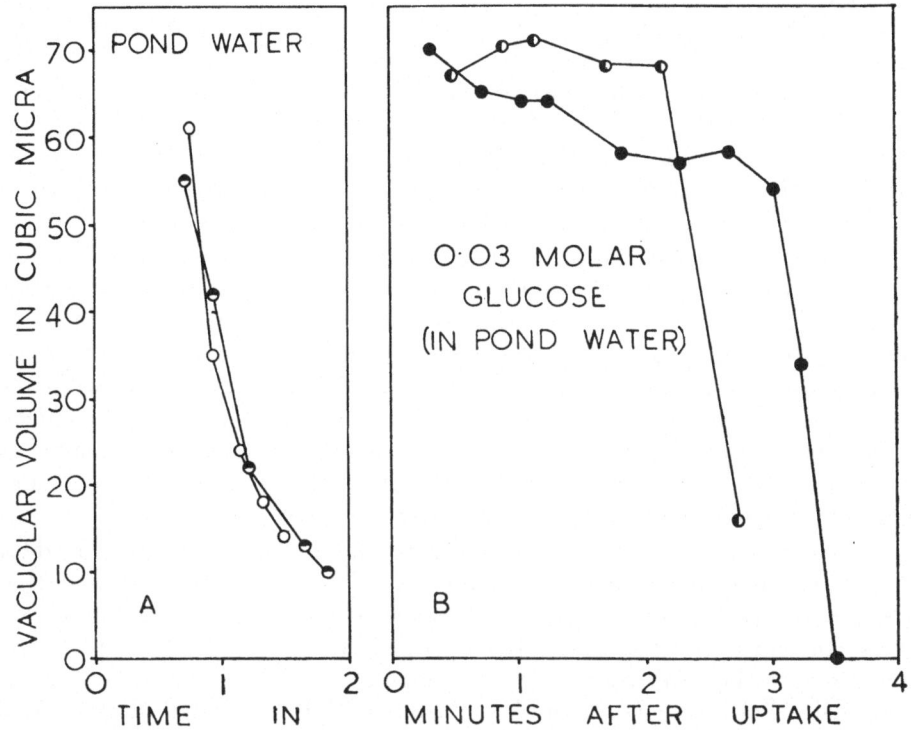

Fig. 22. Changes in the volume of food vacuoles of the peritrich ciliate *Carchesium aselli*, from the time of uptake, left with pond water, right with 0.03 molar glucose in pond water as medium.

as a result of simple physico-chemical processes such as diffusion, and to what extent active transport is involved. Acidification and the entrance of enzymes are discussed in separate sections. In the absence of information to the contrary one may suppose that the dissolved products of digestion pass into the cytoplasm by diffusion. The mechanism by which a food vacuole is maintained in circulation in the plasmasol so long as it contains useful food material is also quite unknown, but the surface membrane may perhaps be concerned. It seems possible that the outward passage of dissolved food substances from the vacuole may in some way inhibit the incorporation of the food vacuole into the plasmagel, perhaps by an effect upon the orientation of protein molecules at the cytoplasmic side of the vacuolar membrane.

Entry of Enzymes into Food Vacuoles

It is not yet known how digestive enzymes enter food vacuoles, although there are strong indirect indications. It is very possible that they are contained in droplets or granules, which enter the food vacuoles and become incorporated in them. This view was proposed by Nierenstein (1905) for *Paramecium* and extended by Volkonsky (1929) as a hypothesis applicable to all cases of intracellular digestion. Volkonsky considered that a newly formed food vacuole ('progastriole') receives its digestive enzymes by fusion with certain cytoplasmic globules ('vacuome') which can be detected by staining with dilute neutral red. Digestion proceeded in the resulting 'gastriole.' In view of the possibility that an artifact may be involved, great importance must be attached to the observation of Hopkins and Warner (1946), made on living material without any staining, that small spherules, originating in the cytoplasm near the nucleus, spread over the surface of food particles in *Endamoeba hystolytica* and form a food vacuole around them, after which the particles are digested.

In view of the association, both in Protozoa and in Metazoa, between intracellular digestion and small globules which stain pink *in vivo* with neutral red, it is necessary to point out (with MacLennan 1941) that all globules staining with neutral red need not be similar; they do not necessarily represent a single system. Moreover, when a globule is only visible after vital staining it is always possible that it may have been produced or caused to grow by the dye. These possibilities must be remembered when we assess observations made on 'neutral red granules'; the evidence none the less is quite impressive.

In general, food vacuoles stain with neutral red at some stage of their existence and contractile vacuoles do not. It is generally assumed that the dye is associated with some substance, present within the food vacuoles, for which it has a high affinity; although the possibility that it may in some cases be concentrated in the membrane ought perhaps first to be excluded. Volkonsky (1929) and Koehring (1930) considered that neutral red is bound by enzymes and indicates their presence. The accumulation of neutral red in the stomachs of various animals was demonstrated by Koehring. Although the specificity claimed has not been established, nevertheless digestive enzymes are probably one of the types of substance which bind neutral red.

The significance and even the morphological aspects of the association of neutral red globules with food vacuoles are far from clear. In *Paramecium* the neutral red globules undoubtedly collect around a newly formed food vacuole, and are believed by some workers to pass into it (see p. 17), but in *Stylonychia* (Hall 1931) and in *Vorticella* (Hall and Dunihue 1931) they show no relation with the food vacuoles.

A detailed account of the cycle of the food vacuole in the ciliate *Ichthyophthirius*, parasitic in the skin of fish, has been given by MacLennan (1936) (Fig. 23). Events immediately after the uptake of a food granule are hidden from view by the oral apparatus. A food granule when first visible is seen to be accompanied by a small rod which stains with neutral red (*a*). Several granules with their rods clump together (*b, c*), and the neutral red elements become situated at the surface of the combined food mass (*d*) and break up (*e*). A membrane differentiates around the food mass, and another outside the neutral red elements (*f*), this stage being reached in from 40 minutes to 1 hour. The neutral red elements now break up into spherules surrounding the food mass (*g*), which break up still further and stain less intensively, while the food mass itself begins to colour a faint pink (*h*) subsequently changing through orange to yellow. The food mass then shrinks and disappears (*j*), and the neutral red ele-

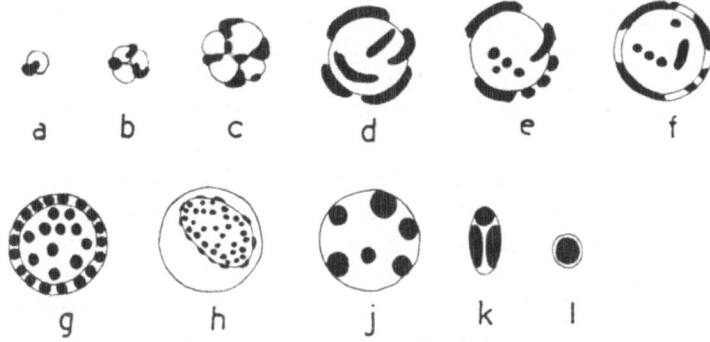

Fig. 23. Changes in a food vacuole of the ciliate *Ichthyophthirius*. Neutral red granules are shown in black. *a*, newly formed vacuole, with associated neutral red vacuole; *b—d*, stages in fusion of several vacuoles; *e—g*, formation of outer membrane around neutral red granules; *h—l*, shrinkage of food mass.
(From MACLENNAN 1936.)

ments fuse up again to form fewer but larger bodies (*k*). Fluid is now withdrawn from the vacuole (*1*), and the neutral red element itself diminishes over a period of many hours and disappears.

The ciliate *Tetrahymena insidiatrix* forms an open preparatory food vacuole in the presence of prey and when a victim enters this from the pharynx the preparatory vacuole is suddenly closed. In *T. insidiatrix* which has been exposed to very dilute neutral red, bright red globules appear around the preparatory vacuoles at the instant when it closes, and they subsequently fade as this vacuole shrinks (CLAFF, DEWEY, and KIDDER 1941). It is difficult to explain this sudden appearance of neutral red globules except as the sudden segregation of a substance capable of binding neutral red, carried out as part of a normal preparation for digestion.

The fusion of neutral red globules with newly formed food vacuoles was reported by VOLKONSKY (1930) in the choanocytes of calcareous sponges and in the leucocytes of sipunculid worms (1933). According to CHUIN (1929), in the scyphistoma larva of the jelly-fish *Chrysaora* food particles ingested by cells become surrounded by pre-existing neutral red-staining vacuoles, which fuse to form a food vacuole. Again, according to NOUVEL (1933), the spermatozoon of a cephalopod will enter a dicyemid parasite as though fertilizing an egg, and is digested intracellularly by it. Neutral red granules are stated to fuse with the layer of water which surrounds the sperm, as a preliminary to digestion. However the evidence available (Volkonsky 1934) regarding the Metazoa is extremely scanty, but this is not surprising as it is difficult to follow the changes in a single food vacuole in a multicellular animal. The risk of abnormality, however, is all the greater when it is difficult to assess the condition of the material. For this reason all the results on Metazoa must at present be regarded with the greatest suspicion.

Much more direct observation is needed of the relation between single food vacuoles and cytoplasmic granules. Evidence obtained without staining would be most valuable, and for this purpose recent new methods of microscopy may prove useful. Even in Protozoa which remain active for long periods under the experimental conditions, evidence from neutral red staining may be vitiated by the creation of abnormality. For instance it is well known that after vital staining minute 'excretory droplets' containing the dye may be exuded from the body surface of a ciliate, but there is no suggestion that this represents a normal physiological activity. Again, Andresen (1942) found neutral red globules in both halves of a *Pelomyxa carolinensis* which he had centrifuged, bisected, and then exposed to neutral red; but in specimens vitally stained before centrifuging the neutral red globules all went into the heavy half. The globules formed in the half from which all existing ones had previously been removed must have arisen *de novo*. Moreover he found that neutral red globules in *P. carolinensis* grow steadily larger. This merely indicates that the neutral red globules are not static; it does not necessarily follow that they are to be regarded as artifacts, although it may very probably be true. Moreover it does not follow that these or the excretory droplets are identical with the supposedly digestive neutral red globules. On the most adverse view, the latter would be regarded as a complete artifact, comparable with the 'excretory droplets' and passing perhaps into the food vacuoles through the vacuolar membrane, just as the excretory droplets do to the outside through the body surface. On the most favourable view, they represent a normal digestive process, which however is likely to be slowed down or interfered with by the presence of the neutral red. For instance the bacterial food of *Amoeba mira* fuses within the cytoplasm with vacuoles which stain with neutral red but are none the less genuine normal cytoplasmic inclusions visible without any stain. The weight of evidence suggests that the association of food vacuoles with neutral red globules represents, possibly in somewhat distorted form, a normal digestive activity.

Finally, it is possible that digestive enzymes enter food vacuoles by means other than droplets. They might pass through the vacuolar wall molecule by molecule, although in view of their large size special channels might be required; or they might be synthesised from amino acids, prosthetic groups etc., at the inner surface of the vacuolar wall. There is no evidence for either of these two possibilities.

It is not known whether and how enzymes are transferred from mitochondria into food vacuoles, but this possibility must be considered in view of the evidence presented in the next section.

Enzymes and Mitochondria

Important investigations have been made of the distribution of enzymatic activity in amoebae. The cytoplasmic inclusions were stratified by centrifugation and the amoebae were cut up into pieces. The amylase activity of *Amoeba proteus* was found to be correlated positively with the concentration of mitochondria in the pieces, and the results could best be interpreted by supposing that most or all of the amylase was in or on the mitochondria rather than the hyaloplasm or any other cell component (HOLTER and DOYLE 1938). In the giant amoeba *Pelomyxa carolinensis* the mitochondria are found in the heavy half after centrifugation, together with the nuclei, food vacuoles, and 'spherical bodies.' Both proteinase (HOLTER and LØVTRUP 1949) and amylase (SLADDEN, unpublished) activity are found predominantly in the heavy half. In homogenates of *Pelomyxa carolinensis* the proteinase is found to have lost its association with heavy constituents (probably mitochondria) and is found predominantly in the supernatant fluid (HOLTER 1954). Dipeptidase activity is associated with the hyaloplasm rather than with any inclusion which can be stratified within it (HOLTER and LØVTRUP 1949).

Various investigators have reported an association between mitochondria and food vacuoles, and VOLKONSKY (1930) regarded this as following the association of food vacuoles with the 'vacuome.' According to CAUSEY (1925, 1926), mitochondria collect around food vacuoles in *Endamoeba gingivalis* and in *Paramecium caudatum*. HORNING (1926) described the entry of mitochondria into the food vacuoles of *Amoeba* sp., but his figures are crude and do not carry conviction. In *Amoeba proteus* beta granules (mitochondria) come in contact with the vacuolar surface and aggregate there during the middle stages of digestion (2–8 hr. after ingestion of food) (MAST and DOYLE 1935 b), whereas they show no relation with food vacuoles in *Vorticella* sp. (HALL and NIGRELLI 1930). It is quite possible that there are differences in this respect between different kinds of Protozoa, or that in some cases the extent of association is too slight to be noticeable. Taken in conjunction with the evidence provided by HOLTER and his colleagues, the observations of MAST and DOYLE are suggestive and worthy of further investigation.

The Nucleus and Digestion

It has been shown by a number of investigators that enucleate portions of *Amoeba* spp. stop moving or move intermittently and abnormally whereas corresponding nucleated portions behave normally (various authors, e. g. WILLIS 1916, LYNCH 1919, and CLARK 1942). In *Trichomoeba schaefferi* the monopodal form and tail differentiation are lost without a nucleus (RADIR 1931). Stoppage occurs within 15 minutes when the nucleus is removed from *Amoeba sphaeronucleus*, and is quickly restored when a nucleus is replaced (COMANDON and DE FONBRUNE 1939 a and b). There is also general agreement that on removal of the nucleus from an amoeba the powers of feeding and digestion are greatly impaired. Usually enucleated portions do not feed (LYNCH 1919, BECKER 1926). CLARK (1943) observed an enucleated *Amoeba proteus* which had previously ingested a rotifer. This stayed alive for two days within the enucleated amoeba, although normally it would have died within 1–3 hours. When neutral red is added to the external medium containing amoebae which have been cut in two, the food vacuoles in the pieces without a nucleus colour less intensely than those in the nucleated portions (EDWARDS 1924).

Very much the same is true of *Stentor coeruleus* with regard to its meganucleus, as shown by SCHWARTZ (1935) in an interesting and important paper. After removal of the meganucleus the differentiation of the body gradually breaks down and the animal eventually dies. In the absence of the meganucleus the normal capacity for digestion is also lost; it is in fact impaired by removal of a large part of the meganucleus. Failure of digestive power is illustrated by the fact that after removal of the meganucleus from *Stentor* the nucleus of an ingested *Colpidium* retains its affinity for haematoxylin, although normally this is lost as digestion proceeds. The removal of all the micronuclei has no obvious adverse effects on differentiation, activity, or digestion.

The origin of neutral red granules in the neighbourhood of the meganucleus of *Paramecium*, as described by FORTNER (1933), has already been summarised (p. 17). It is interesting that the binding of neutral red has been attributed also by some workers to basophilic proteins containing ribonucleic acid (DUSTIN 1947) although more direct evidence as to this is required.

Another very interesting example of the connexion between the nucleus and digestion is provided by the observations of HOFENDER (1930) on the carnivorous dinoflagellate *Ceratium hirundinella*. In preparations stained with methyl green and acid fuchsin, the pink nucleoli lie embedded in the green nuclear matrix but with pink radiate processes, presumably of nucleolar material, extending into the cytoplasm. These processes are directed especially towards regions having pseudopodia, but after the ingestion of prey become associated with the food vacuole and (according to HOFENDER) even penetrate to the food contained within it (Fig. 24).

Thus there is no doubt that the nucleus is intimately connected with digestion, and it is no doubt significant that the nucleus is large in many secretory cells in Metazoa. However, there is no reason to suppose that the connexion with digestion is an exclusive one; on removal of the nucleus, cell activities in general are depressed. The relation between the nucleus and enzymatic activites has been reviewed by BRACHET (1954). After enucleation, the ribonucleic acid content of amoebae falls progessively and there is an initial fall in dipeptidase activity; the amylase and protease, which are associated with mitochondria, are not affected. It is likely that ribonucleic acid is concerned in the synthesis or activation of enzymes used in intracellular digestion, but the nature of the connection awaits a more general theory of ribonucleic acid function. Meanwhile we may vaguely suspect a sequence of events, foreshadowed but not generally established: the emergence of an influence—possibly in the form of ribonucleic acid or nucleotides—from the nucleus or nucleoli, the consequent formation of

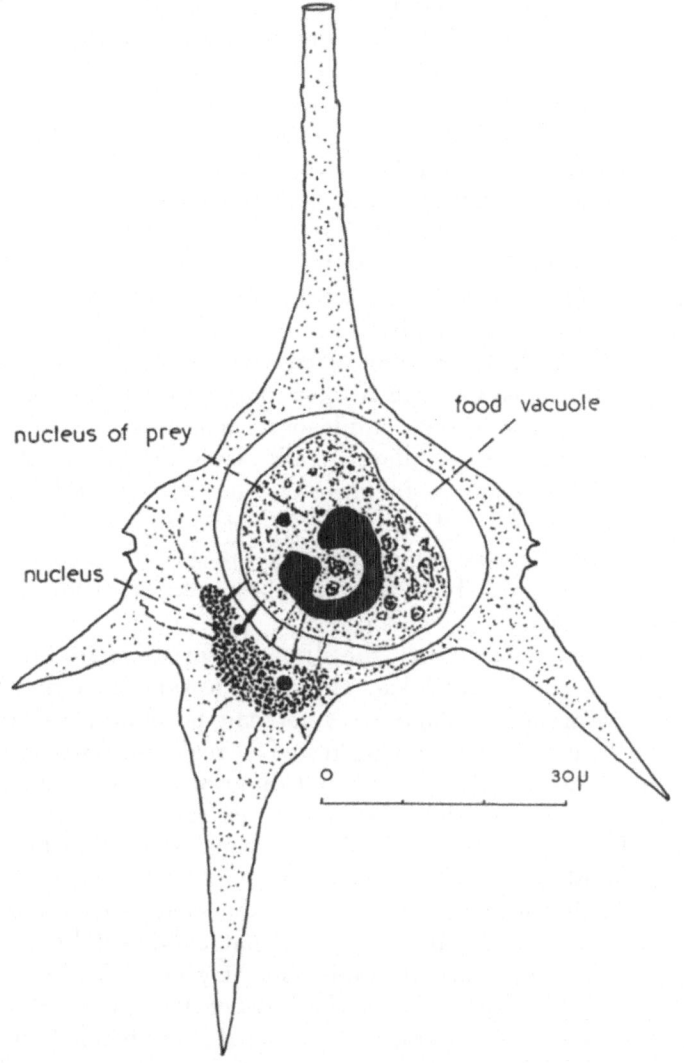

Fig. 24. The dinoflagellate *Ceratium hirundinella* with food vacuole containing a vorticellid ciliate. Tracks radiate from nucleoli in the nucleus of the *Ceratium*, some into the cytoplasm and some to the prey, which has shrunk on fixation.
(Traced from a colour figure by HOFENDER 1930.)

droplets staining with neutral red, and the association of these droplets with the food vacuoles. There is also the suspicion that the mitochondria play a part. It must be remembered that a number of different enzymes are concerned in digestion, and that their production and secretion may be effected by different mechanisms.

Action of Enzymes

It is clear that proteases, carbohydrases, and almost certainly lipases operate within food vacuoles. The visible corrosion and breakdown of protein and carbohydrate material is sufficient evidence in the case of protein and carbohydrate. The digestion of animal food could not progress effectively without the degradation of proteins, and animal food can be seen to be broken down in almost all cases in which digestion within food vacuoles is followed, in leucocytes, in Protozoa, and in the alimentary system of Metazoa. Intracellular carbohydrases are also widely found. However the power to digest starch is very weak or absent in *Hydra*, although it may be able to digest glycogen. Cellulose is digested within various flagellates symbiotic in termites (reviewed by Grassé 1952).

The presence of a lipase acting within a food vacuole is more difficult to establish because the subdivision of a fat droplet into numerous smaller ones is not a demonstration of enzymatic activity, and it is always possible that a fat, once emulsified, may pass through the vacuolar membrane and reappear free in the cytoplasm without any chemical breakdown and resynthesis having taken place at all. However, although the change from a pink to blue colour in fat droplets stained with Nile blue must be treated with some caution (Cain 1947), it seems likely that this does indicate a chemical degradation of neutral fat which may be ascribed to the action of an enzyme. This has been observed, for instance, in *Amoeba proteus* (Mast 1938).

The information obtained by the direct observation of the breakdown of solid material within food vacuoles is of a very general kind. Much more specific information about enzymes can be obtained from extracts, if one can be sure that the enzyme tested is really one which is normally used in intracellular digestion, and is not changed by the extraction process. The amylase, proteinase and dipeptidase extracted by Holter and his collaborators from amoebae are eligible for consideration in this connexion. The normal use of the amylase has yet to be demonstrated. Intracellular digestion seems the most likely function; the synthesis of polysaccharide may be expected to proceed by a route not catalysed by amylase; and the same applies to the normal catabolism of glycogen, although perhaps this should not yet be assumed in the case of the mobilisation of monosaccharide from glycogen reserves in an amoeba. It is not known whether the dipeptidase and tripeptidase found in human leucocytes function in digestion or synthesis (Fleisher 1955). In the case of one of the Metazoa, when an extract is made from an intracellularly-digesting tissue, it is necessary also to be sure that no extracellular digestive juice is also secreted. This condition appears to be fulfilled by the digestive gland of lamellibranchs, from which carbohydrases and other enzymes have been extracted.

Summary

1. Phagocytosis and the breakdown of organic material within vacuoles is widespread throughout the animal kingdom. It is the only method of

nutrition in many Protozoa and in Porifera, and it forms a part of the nutritional process in many other phyla, but not in the Insecta or vertebrates. In a more general sense, it is found in amoebocytes, leucocytes, or phagocytes, throughout the animal kingdom, and plays an important part in the destruction of degenerating tissue and in defence against infection.

2. Owing to the difficulty of seeing food vacuoles under normal healthy conditions in Metazoa, most of our knowledge is based on the Protozoa.

3. Various factors affect the ability of cells to ingest particles, so that selection takes place. Serological reactions are important in the case of leucocytes and the adhesion of the food to the cell surface is also important in other cases of "Umfließung" or "Import." Amoebae ingest in response to movement and possibly to chemical stimuli. In various ciliates a selection in relation to the particle size is carried out by the ciliary apparatus of the pharynx. It is possible that there is also a chemical selection, but this has not been established conclusively as yet.

4. In many cases—possibly in all cases—ingestion is the result of active movement on the part of the ingesting cell. The part attributed in certain cases to surface tension remains to be demonstrated.

5. Food vacuoles move within cells under the influence of cyclosis, and there is no fixed course, although certain directions may be followed. In ciliates a food vacuole is guided, or possibly propelled, during the initial part of its course by fibrils hanging from the base of the pharynx. The rhythmical uptake of food vacuoles in ciliates presents special problems in stimulation and possibly co-ordination.

6. Many food vacuoles become slightly acid soon after uptake. In *Paramecium* the acidity developed is considerable, and cannot be ascribed to carbon dioxide. The source of the acidity is not known.

7. There is evidence in a number of cases that globules staining with neutral red become closely associated with food vacuoles soon after ingestion. It is not known to what extent these globules are artefacts due to the presence of neutral red, but it seems likely that they do have some basis in normal digestive physiology. It is possible that some enzymes enter food vacuoles from or in the neutral red globules.

8. Certain digestive enzymes in amoebae are associated with mitochondria. Aggregation of mitochondria around food vacuoles has been reported, but more evidence is needed.

9. Digestive capacity is impaired in the absence of a nucleus. Neutral red globules and other globules associated with digestion have been described as originating near the nucleus. A sequence of events associating the nucleus with enzymes or other important factors in digestion is foreshadowed.

10. Proteins and carbohydrates disintegrate within food vacuoles, so that the presence of proteases and carbohydrases is indicated. On the evidence of Nile blue sulphate it also appears that fat may be hydrolysed.

I am glad to acknowledge the sources of the following Figures: Figures 1, 15, Protoplasma; Figure 2, Physiol. Zool. (by permission of the University of Chicago Press); Figures 3, 10, 19, 23, 24, Arch. Protistenk.; Figures 4, 8 (in part), 9, 13 (in part), 17, 18, 20, Biol. Bull. Mar. Biol. Labor., Woods Hole (Am.); Figure 5, Biodynamica; Figure 6, J. cell. comp. Physiol. (Am.); Figure 7, J. Parasitol. (Am.); Figure 8 (in part), Univ. Calif. Publ. Zool.; Figure 11, Bull. Sta. océanogr. Salammbô; Figure 12, J. Mar. biol. Ass. U. K. (by permission of the Council); Figure 13 (in part), La Cellule; Figure 14, Bull. Biol. Med. Expér. U. R. S. S.; Figure 16, Ann. N. Y. Acad. Sci.

References

Alexeieff, A., 1933: Phagocytose chez l'*Entamoeba histolytica*. Bull. Soc. Pat. exot. **26**, 909—913.

Andresen, N., 1942: Cytoplasmic inclusions in the amoeba *Chaos chaos* Linné. C. r. Lab. Carlsberg Sér. chim. **24**, 139—184.

— C. Chapman-Andresen, and H. Holter, 1952: Autoradiographic studies on the amoeba *Chaos chaos* with ^{14}C. C. r. Lab. Carlsberg, Sér. chim. **28**, 189—220.

— and H. Holter, 1945: Cytoplasmic changes during starvation of the amoeba *Chaos chaos*. C. r. Lab. Carlsberg, Sér. chim. **25**, 107—146.

Andrews, E. A., 1923: *Folliculina*; case making, anatomy and transformation. J. Morph. (Am.) **38**, 207—276.

— 1946: Ingestion organs in Folliculinids and in Stentors. J. Morph. (Am.) **79**, 419—444.

Arnold. G., 1909: Intracellular and general digestive processes in Planariae. Quart. J. microsc. Sci. **54**, 207—220.

Baker, J. R., 1942: The free border of the intestinal epithelial cell of vertebrates. Quart. J. microsc. Sci. **84**, 73—103.

— 1951: The absorption of lipoid by the intestinal epithelium of the mouse. Quart. J. microsc. Sci. **92**, 79—86.

Becker, E. R., 1926: The rôle of the nucleus in the cell functions of amoebae. Biol. Bull Mar. biol. Labor., Woods Hole (Am.) **50**, 382—391.

Beers, C. D., 1924: Observations on *Amoeba* feeding on the ciliate *Frontonia*. J. exper. Biol. **1**, 335—341.

Bernheimer, A. W., 1938: Fate of the crystals in amebas. Arch. Protistenk. **90**, 365—368.

Bessis, M. C., 1955: Cytologic aspects of immunohematology: a study with phase contrast cinematography. In "Leukocytic functions", Ann. N. Y. Acad. Sci. **59**, 665—1070. Editor, R. W. Miner.

Beutler, R., 1924: Experimentelle Untersuchungen über die Verdauung bei *Hydra*. Z. vergl. Physiol. **1**, 1—56.

Bishop, A., 1923: Some observations upon *Spirostomum ambiguum* (Ehrenberg). Quart. J. microsc. Sci. **67**, 391—434.

Boschma, H., 1925: On the feeding reactions and digestion in the coral *Astrangia danae*, with notes on its symbiosis with zooxanthellae. Biol. Bull. Mar. biol. Labor., Woods Hole (Am.) **49**, 407—439.

Bozler, E., 1924: Über die Morphologie der Ernährungsorganellen und die Physiologie der Nahrungsaufnahme von *Paramecium caudatum* Ehrb. Arch. Protistenk. **49**, 163—215.

Brachet, J., 1954: Nuclear control of enzymatic activities. In "Recent developments in Cell Physiology", editor J. A. Kitching, Colston Papers **7**, 91—102. Butterworths Scientific Publications, London, 206 pp.

Bragg, A. N., 1935: The initial movements of the food vacuole of *Paramecium trichium* Stokes. Arch. Protistenk. **85**, 420—425.

— 1936 a: Selection of food in *Paramecium trichium*. Physiol. Zoöl. **9**, 433—442.

— 1936 b: Observations on the initial movements of the food vacuoles of *Paramecium multimicronucleata* Powers and Mitchell with comments on conditions in other species of the genus. Arch. Protistenk. **88**, 76—84.

Bruyn, P. P. H. de, 1947: Theories of amoeboid movement. Quart. Rev. Biol. (Am.) **22**, 1—24.

Cain, A. J., 1947: The use of Nile blue in the examination of lipoids. Quart. J. microsc. Sci. **88**, 383—392.

Cameron, G. R., 1932: Inflammation in earthworms. J. Path. a. Bacter. **35**, 933—972.

Carter, H. J., 1856: Notes on the freshwater infusoria of the island of Bombay. No. 1. Organization. Ann. Mag. nat. Hist., 2nd series, **18**, 115—132 and 221—249.

Causey, D., 1925: Mitochondria and Golgi bodies in *Entamoeba gingivalis* (Gros) Brumpt. Univ. Calif. Publ. Zool. **28**, 1—18.

— 1926: Mitochondria in ciliates with especial reference to *Paramecium caudatum* Ehr. Univ. Calif. Publ. Zool. **28**, 231—247.

Chambers, R., and M. J. Kopac, 1937: The coalescence of living cells with oil drops. 1. *Arbacia* eggs immersed in sea water. J. cellul. a. comp. Physiol. (Am.) **9**, 331—343.

Chapeaux, M., 1893: Recherches sur la digestion des coelentérés. Arch. Zool. exp. gén., 3e série, **1**, 139—160.

Chuin, T. T., 1929: Les phénomènes cytologiques au cours de la digestion intra-cellulaire chez le scyphistome de *Chrysaora*. C. r. Soc. Biol. **102**, 557—558.

Claff, C. L., V. C. Dewey, and G. W. Kidder, 1941: Feeding mechanisms and nutrition in three species of *Bresslaua*. Biol. Bull. Mar. biol. Labor., Woods Hole (Am.) **81**, 221—234.

Clark, A. M., 1942: Some effects of removing the nucleus from *Amoeba*. Austral. J. exper. Biol. a. med. Sci. **20**, 241—247.

— 1943: Some physiological functions of the nucleus in *Amoeba*, investigated by micrurgical methods. Austral. J. exper. Biol. a. med. Sci. **21**, 215—220.

Claus, C., 1874: Die Gattung *Monophyes* Cls. und ihr Abkömmling *Diplophysa* Gbr. Schriften zoologischen Inhalts **1**, 27—33.

Comandon, J., and P. de Fonbrune, 1936: Mécanisme de l'ingestion d'oscillaires par des amibes. Enregistrement cinématographique. C. r. Soc. Biol., Paris **123**, 1170—1172.

— — 1939 a: Ablation du noyau chez une amibe. Reaction cinétiques à la piqûre de l'amibe normale ou dénucléée. C. r. Soc. Biol., Paris **130**, 740—744.

— — 1939 b: Greffe nucléaire totale, simple ou multiple, chez une amibe. C. r. Soc. Biol., Paris **130**, 744—748.

Cotte, J., 1904: Contribution à l'étude de la nutrition chez les spongiaires. Bull. sci. France et Belg. (Fr.) **38**, 420—573.

Dantec F. le, 1890: Recherches sur la digestion intracellulaire chez les Protozoaires. Ann. Inst. Pasteur **4**, 776—791.

— 1891: Recherches sur la digestion intracellulaire chez les Protozoaires (2e partie). Ann. Inst. Pasteur **5**, 163—170.

Davies, R. E., 1951: The mechanism of hydrochloric acid production by the stomach. Biol. Rev. **26**, 87—120.

Dembowsky, J., 1922: Weitere Studien über die Nahrungswahl bei *Paramecium caudatum*. Trav. Lab. Biol. gén. Nencki **1**, 1—16.

Dunihue, F. W., 1931: The vacuome and the neutral red reaction in *Paramecium caudatum*. Arch. Protistenk. **75**, 476—497.

Dustin, P., 1947: Ribonucleic acid and the vital staining of cytoplasmic vacuoles in animal cells. Symp. Soc. exper. Biol. **1**, 114—126.

Edwards, J. G., 1924: The action of certain reagents on amoeboid movement. II. Locomotor and physiological reactions. J. exper. Biol. **1**, 571—595.

— 1925: Formation of food-cups in *Amoeba* induced by chemicals. Biol. Bull. Mar. biol. Labor. Woods Hole (Am.) **48**, 236—239.

Emery, F. E., 1928: The metabolism of amino acids by *Paramecium caudatum*. J. Morph. (Am.) **45**, 555—577.

Fenn, W. O., 1921: The phagocytosis of solid particles. III. Carbon and quartz. J. gen. Physiol. (Am.) **3**, 575—593.

Fleisher, G. A., 1955: Peptidases in human leucocytes. In "Leukocytic functions." Ann. N. Y. Acad. Sci. **59**, 665—1070. Editor, R. W. Miner.

Fortner, H., 1928: Zur Kenntnis der Verdauungsvorgänge bei Protisten. Studien an *Paramaecium caudatum*. Arch. Protistenk. **61**, 282—292.

— 1933: Über den Einfluß der Stoffwechselendprodukte der Futterbakterien auf die Verdauungsvorgänge bei Protozoen (Untersuchungen an *Paramaecium caudatum* Ehrbg.). Arch. Protistenk. **81**, 19—56.

Frazer, A. C., 1946: The absorption of triglyceride fat from the intestine. Physiol. Rev. (Am.) **26**, 103—119.

George, W. C., 1952: The digestion and absorption of fat in lamellibranchs. Biol. Bull. Mar. biol. Labor., Woods Hole (Am.) 102, 118—127.

Glücksmann, A., 1951: Cell deaths in normal vertebrate ontogeny. Biol. Rev. 26, 59—86.

Goldacre, R. J., 1952: The action of general anaesthetics and the mechanism of response to touch. Symp. Soc. exper. Biol. 6, 128—144.

González, M. D. P., 1949: Sôbre a digestão e a respiração des Temnocephalas (Temnocephala bresslaui spec. nov.). Bol. Fac. Filos. Cienc. S. Paulo. Zool. Ser. 14, 277—325.

Graham, A., 1931: On the morphology, feeding mechanisms, and digestion of Ensis siliqua (Schumacher). Trans. roy. Soc. Edinb. 56, 725—751.

Grassé, P.-P., 1952 "Traité de Zoologie." La symbiose flagellés-termites, pp. 945—962. Tome 1, Fasc. 1, 1071 pp. Masson & Cie, Paris.

— 1953: "Traité de Zoologie." Tome 1, Fasc. 2. 1160 pp. Masson & Cie, Paris.

Gray, J., 1931: "A text-book of experimental cytology." 516 pp. Cambridge University Press.

Greeff, R., 1870—71: Untersuchungen über den Bau und die Naturgeschichte der Vorticellen. Arch. Naturgesch. 36, 353—384 und 37, 185—221.

Greenwood, M., 1887: On the digestive process in some rhizopods. Part II. J. Physiol. (Brit.) 8, 263—287.

— 1894: On the constitution and mode of formation of "food vacuoles" in infusoria, as illustrated by the history of the processes of digestion in Carchesium polypinum. Phil. Trans. B. 185, 355—383.

Grittner, I., 1951: Die Nahrungswahl des Pantoffeltierchens Paramecium caudatum Ehrb. Mikrokosmos 41, 62—65.

Hall, R. P., 1931: Vacuome and Golgi apparatus in the ciliate Stylonychia. Z. Zellforsch. 13, 770—782.

— and F. W. Dunihue, 1931: On the vacuome and food vacuoles in Vorticella. Trans. amer. microsc. Soc. 50, 196—205.

— and R. F. Nigrelli, 1930: Relation between mitochondria and food vacuoles in the ciliate Vorticella. Trans. amer. microsc. Soc. 49, 54—57.

Hirsch, G. C., 1925: Probleme der intraplasmatischen Verdauung. Ihre Beziehungen zur Resorption, Diffusion, Nahrungsaufnahme, Darmbau und Nahrungswahl bei den Metazoen. Z. vergl. Physiol. 3, 183—208.

Hofender, H., 1930: Über die animalische Ernährung von Ceratium hirundinella O. F. Müller und über die Rolle des Kernes bei dieser Zellfunktion. Arch. Protistenk. 71, 1—32.

Holter, H., 1954: Distribution of some enzymes in the cytoplasm of amoebae. Proc. roy. Soc. B. 142, 140—146.

— und W. L. Doyle, 1938: Über die Lokalisation der Amylase in Amöben. C. r. Labor. Carlsberg, Sér. chim. 22, 219—225.

— and S. Løvtrup, 1949: Proteolytic enzymes in Chaos chaos. C. r. Labor. Carlsberg, Sér. chim. 27, 27—62.

— and J. M. Marshall, 1954: Studies on pinocytosis in the amoeba Chaos chaos. C. r. Labor. Carlsberg, Sér. chim. 29, 7—26.

Hopkins, D. L., 1938: The vacuoles and vacuolar activity in the marine amoeba, Flabellula mira Schaeffer and the nature of the neutral red system Protozoa. Biodynamica 34, 22 pp.

— 1946: The contractile vacuole and the adjustment to changing concentrations in fresh water amoebae. Biol. Bull. Mar. biol. Labor., Woods Hole (Am.) 90, 158—176.

Hopkins, D. L., and K. L. Warner, 1946: Functional cytology of Entamoeba histolytica. J. Parasitol. (Am.) 32, 175—189.

Horning, E. S., 1926: Observations on mitochondria. Austral. J. exper. Biol. a. med. Sci. 3, 149—159.

Howland, R. B., 1929: The pH of gastric vacuoles. Protoplasma 5, 127—134.

Hughes, A., 1953: The growth of the embryonic neurite in tissue culture. J. Anat. (Proc. anat. Soc.) 87, 446.

Hyman, L. H., B. H. Willier, and S. A. Rifenburgh, 1924: Physiological studies on Planaria. VI. A respiratory and histochemical investigation of the source of the increased metabolism after feeding. J. exper. Zool. 40, 473—494.

References 51

Ivanic, M., 1933: Über die bei der Nahrungsaufnahme einiger Süßwasseramöben vorkommende Bildung cytostomähnlicher Gebilde. Arch. Protistenk. 79, 200—233.
— 1936 a: Über die mittels cytostomähnliche Gebilde vorkommende Gefangennahme und Einverleibung der Nahrung und deren Zerkleinerung bei einer Süßwasseramöbe (*Amoeba Entzii* spec. nov.). Cellule (Belg.) 44, 367—386.
— 1936 b: Recherches nouvelles sur l'ingestion des aliments au moyen de cytostomes chez quelques amibes d'eau douce (*Amoeba vespertilio* Penard et *Hartmanella maasi* Ivanic). Cellule (Belg.) 45, 179—206.
Jacek, S., 1917: Untersuchungen über den Stoffwechsel bei rhabdocoelen Turbellarien (*Stenostomum*). Bull. internat. Acad. Sci. Cracovie (Acad. pol. Sci.), Sci. nat., 8 B, 241—261.
Jennings, H. S., 1904: Contributions to the study of the behaviour of lower organisms. Carnegie Inst., Wash., 256 pp.
Jullien, A., 1928: Sur les phénomènes de phagocytose par les cellules sanguines de la seiche. Bull. Zool. Fr. 53, 87—89.
Kelley, E. G., 1931: The intracellular digestion of thymus nucleoprotein in triclad flatworms. Physiol. Zoöl. 4, 515—541.
Kepner, W. A. and W. C. Whitlock, 1921: Food reactions of *Amoeba proteus*. J. exper. Zool. 32, 397—425.
Kilian, E. F., 1952: Wasserströmung und Nahrungsaufnahme beim Süßwasserschwamm *Ephydatia fluviatilis*. Z. vergl. Physiol. 34, 407—447.
Kitching, J. A., 1938: On the mechanism of movement of food vacuoles in peritrich ciliates. Arch. Protistenk. 91, 78—88.
— 1948: The physiology of contractile vacuoles. V. The effects of short-term variations of temperature on a fresh-water peritrich ciliate. J. exper. Biol. 25, 406—420.
— 1956: Contractile vacuoles of Protozoa. Protoplasmatologia III D 3 a.
Koehring, V., 1930: The neutral-red reaction. J. Morph. (Am.) 49, 45—137.
Krijgsman, B. J., 1953: Die Resorption von physiologisch wichtigen Stoffen im Magendarmkanal bei Vertebraten und Invertebraten. Tabul. biol. Hague 21, Part 2, 203—239.
Levetzow, K. G. von, 1943: Zur Biologie und Verdauungsphysiologie der polycladen Turbellarien. Zool. Anz. Leipzig. 141, 189—196.
Lewis, W. H., 1931: Pinocytosis. Johns Hopk. Hosp. Bull. 49, 17—27.
Losina-Losinsky, L. K., 1931: Zur Ernährungsphysiologie der Infusorien. Untersuchungen über die Nahrungsauswahl und Vermehrung bei *Paramecium caudatum*. Arch. Protistenk. 74, 18—120.
Lucké, B., 1940: The living cell as an osmotic system and its permeability to water. Cold Spr. Hbr. Symp. quant. Biol. 8, 123—132.
Lund, E. J., 1914 a: The relations of *Bursaria* to food. I. Selection in feeding and in extrusion. J. exper. Zool. 16, 1—52.
— 1914 b: The relations of *Bursaria* to food. II. Digestion and resorption in the food vacuole, and further analysis of the process of extrusion. J. exper. Zool. 17, 1—43.
Lund, E. E., 1935: A correlation of the silverline and neuromotor systems of *Paramecium*. Univ. Calif. Publ. Zool. 39, 35—76.
— 1941: The feeding mechanisms of various ciliated Protozoa. J. Morph. (Am.) 69, 563—573.
Lynch, V., 1919: The function of the nucleus of the living cell. Amer. J. Physiol. 48, 258—283.
MacLennan, R. F., 1936: Dedifferentiation and redifferentiation in *Ichthyophthirius*. II. The origin and function of cytoplasmic granules. Arch. Protistenk. 86, 404—426.
— 1941: Cytoplasmic inclusions. Chapter 3, pp. 111—190, in "Protozoa in biological research." Editors: G. N. Calkins and F. N. Summers. Columbia University Press. 1148 pp.
Mansour, K., 1946: The zooxanthellae, morphological peculiarities and food and feeding habits of the Tridacnidae with reference to other lamellibranchs. Proc. Egypt. Acad. Sci. 1, 1—12.
Mansour-Bek, J. J., 1946: The digestive enzymes of *Tridacna elongata* Lamk. and *Pinctada vulgaris* L. Proc. Egypt. Acad. Sci. 1, 13—20.

Mansour-Bek, J. J., 1954: The digestive enzymes in Invertebrata and Protochordata. Tabul. biol. Hague 21, part 3, 75—367.

Marchant, J., 1952: Phase contrast and electron microscope studies of the appearance and behaviour of the white cells of normal human blood. Quart. J. microsc. Sci. 93, 395—412.

Mast, S. O., 1938: Digestion of fat by Amoeba proteus. Biol. Bull. Mar. biol. Labor., Woods Hole (Am.) 75, 389—394.

— 1942: The hydrogen ion concentration of the content of the food vacuoles and the cytoplasm in Amoeba and other phenomena concerning food vacuoles. Biol. Bull. Mar. biol. Labor., Woods Hole (Am.) 83, 173—204.

— 1947: The food vacuole in Paramecium. Biol. Bull. Mar. biol. Labor., Woods Hole (Am.) 92, 31—71.

— and W. J. Bowen, 1944: The food vacuole in the Peritricha, with special reference to the hydrogen ion concentration of its content and of its cytoplasm. Biol. Bull. Mar. biol. Labor., Woods Hole (Am.) 87, 188—222.

— and W. L. Doyle, 1934: Ingestion of fluid by Amoeba. Protoplasma 20, 555—560.

— — 1935 a: Structure, origin and function of cytoplasmic constituents in Amoeba proteus. I. Structure. Arch. Protistenk. 86, 155—180.

— — 1935 b: Structure, origin and function of cytoplasmic constituents in Amoeba proteus with special reference to mitochondria and Golgi substance. II. Origin and function based on experimental evidence; effect of centrifuging on Amoeba proteus. Arch. Protistenk. 86, 278—306.

— and W. F. Hahnert, 1935: Feeding, digestion, and starvation in Amoeba proteus. (Leidy). Physiol. Zoöl. 8, 255—272.

— and D. L. Hopkins, 1941: Regulation of the water content of Amoeba mira and adaptation to changes in the osmotic concentration of the surrounding medium. J. cellul. a. comp. Physiol. (Am.) 17, 31—48.

McCutcheon, M., 1946: Chemotaxis in leucocytes. Physiol. Rev. (Am.) 26, 319—336.

— 1955: Chemotaxis and locomotion of leukocytes. In "Leukocytic functions", Ann. N. Y. Acad. Sci. 59, 665—1070. Editor, R. W. Miner.

Mesnil, M., 1901: Recherches sur la digestion intracellulaire et les diastases des Actinies. Ann. Inst. Pasteur 15, 352—397.

Metalnikov, S., 1912: Contribution à l'étude de la digestion intracellulaire chez les protozoaires. Arch. Zool. expér. gén. 5e sér. 9, 373—499.

— 1916: Sur la digestion intracellulaire chez les protozoaires (La circulation des vacuoles digestives). Ann. Inst. Pasteur 30, 427—445.

Metschnikoff, E., 1878: Über die Verdauungsorgane einiger Süßwasserturbellarien. Zool. Anz. 1, 387—390.

— 1880: Über die intracelluläre Verdauung bei Coelenteraten. Zool. Anz. 3, 261—263.

— 1893: "Lectures on the comparative pathology of inflammation." Translated by F. A. and E. H. Starling. Kegan Paul, Trench, Trübner & Co. Ltd., London. 218 pp.

— 1905: "Immunity in infective diseases." Translated by F. G. Binnie. Cambridge University Press. 591 pp.

Millott, N., 1938: On the morphology of the alimentary canal, process of feeding, and physiology of digestion of the nudibranch mollusc, Jorunna tomentosa Cuvier. Phil. Trans. B. 228, 173—217.

Mitchison, J. M., 1952: Cell membranes and cell division. Symp. Soc. exper. Biol. 6, 105—127.

Moellendorff W. v., 1925: Beiträge zur Kenntnis der Stoffwanderungen bei wachsenden Organismen. IV. Die Einschaltung des Farbstofftransportes in die Resorption bei Tieren verschiedenen Lebensalters. Z. Zellforsch. 2, 129—202.

Mouton, H., 1902: Recherches sur la digestion chez les amibes et leur diastase intracellulaire. Ann. Inst. Pasteur 16, 457—507.

Mudd, S., M. McCutcheon, and B. Lucké, 1934: Phagocytosis. Physiol. Rev. (Am.) 14, 210—275.

Nelson, E. C., 1933: The feeding reactions of Balantidium coli from the chimpanzee and pig. Amer. J. Hyg. 18, 185—201.

Nierenstein, E., 1905: Beiträge zur Ernährungsphysiologie der Protisten. Z. allg. Physiol. 5, 435—510.

— 1910: Über Fettverdauung und Fettspeicherung bei Infusorien. Z. allg. Physiol. 10, 137—149.

NIERENSTEIN, E., 1910: Über die Natur und Stärke der Säureabscheidung in den Nahrungsvakuolen von *Paramecium caudatum*. Z. wiss. Zool. **125**, 513—518.

NOUVEL, H., 1933: Recherches sur le cytologie, la physiologie et la biologie des dicyémides. Ann. Inst. océanogr. Monaco. N. S. **13**, 163—256.

PARKER, T. J., 1880: On the histology of *Hydra fusca*. Quart. J. microsc. Sci. **20**, 219—224.

PENARD, E., 1905: Observations sur les amibes à pellicule. Arch. Protistenk. **6**, 175—206.

PITTS, R. F., and R. S. ALEXANDER, 1945: The nature of the renal tubular mechanism for acidifying the urine. Amer. J. Physiol. **144**, 239—254.

POLICARD, A., et M. BESSIS, 1953: Fractionnement d'hématies par les leucocytes au cours de leur phagocytose. C. r. Soc. Biol. **147**, 982—984.

POURBAIX, N., 1931: Contribution à l'étude de la nutrition chez les spongiaires. Bull. Sta. océanogr. Salammbô **23**, 3—27.

RADIR, P. L., 1931: A demonstration of mon-axial polarity in the naked ameba. Protoplasma **12**, 42—51.

RAY, D. L., 1951: Agglutination of bacteria: a feeding method in the soil ameba *Hartmanella* sp. J. exper. Zool. **118**, 443—465.

REICHENOW, E., 1921: Die Hämococcidien der Eidechsen. Vorbemerkungen und I. Teil. Die Entwicklungsgeschichte von *Karolysus*. Arch. Protistenk. **42**, 179—291.

REISER, R., M. J. BRYSON, M. J. CARR, and K. A. KUIKEN, 1952: The intestinal absorption of triglycerides. J. biol. Chem. (Am.) **194**, 131—138.

RHUMBLER, L., 1910: Die verschiedenartigen Nahrungsaufnahmen bei Amöben als Folge verschiedener Colloidzustände ihrer Oberflächen. Arch. Entw.mechan. **30**, 194—223.

ROESLER, R., 1934: Histologische, physiologische und serologische Untersuchungen über die Verdauung bei der Zeckengattung *Ixodes* Latr. Z. wiss. Biol. **28**, 297—317.

ROTHSCHILD, LORD, 1952: Spermatozoa. Sci. Progr., Lond. **40**, No. 157, 10 pp.

SAINT-HILAIRE, C., 1910: Beobachtungen über die intrazelluläre Verdauung in den Darmzellen der Planarien. Z. allg. Physiol. **11**, 177—248.

SCHAEFFER, A. A., 1910: Selection of food in *Stentor coeruleus* (Ehr.). J. exper. Zool. **8**, 75—132.

— 1916: On the behavior of ameba toward fragments of glass and carbon and other indigestible substances, and toward some very soluble substances. Biol. Bull. Mar. biol. Labor., Woods Hole (Am.) **31**, 303—326.

— 1917: Choice of food in ameba. J. Anim. Behav. **7**, 220—258.

SCHRÖDER, O., 1906 a: Beiträge zur Kenntnis von *Campanella umbellaria* L. sp. Arch. Protistenk. **7**, 75—105.

— 1906 b: Beiträge zur Kenntnis von *Epistilis plicatilis* (Ehrbg.) Arch. Protistenk. **7**, 173—185.

— 1906 c: Beiträge zur Kenntnis von *Vorticella monilata* Tatem. Arch. Protistenk. **7**, 395—410.

SCHWARTZ, V., 1935: Versuche über Regeneration und Kerndimorphismus bei *Stentor coeruleus* Ehrbg. Arch. Protistenk. **85**, 100—139.

SEMENOFF, W. E., 1937: Phases of phagocytosis in *Entamoeba histolytica* Schaudinn. Bull. Biol. Méd. expér. URSS **4**, 192—194.

— 1938: Further contribution to the study of phagocytosis in *Entamoeba histolytica* (Schaudinn, 1903). Bull. Biol. Med. expér. URSS **5**, 186—188.

SHAPIRO, N. H., 1927: The cycle of hydrogen-ion concentration in the food vacuoles of *Paramecium*, *Vorticella*, and *Stylonychia*. Trans. Amer. micosc. Soc. **46**, 45—53.

SINGH, B. N., 1937: Effect of centrifuging on *Amoeba proteus* (Y). Nature (Brit.) **139**, 675.

— 1945: The selection of bacterial food by soil amoebae, and the toxic effects of bacterial pigments and other products on soil protozoa. Brit. J. exper. Path. **26**, 316—325.

SMITH, D. T., H. S. WILLIS, and M. R. LEWIS, 1922: The behavior of cultures of chick embryo tissue containing avian tubercle bacilli. Amer. Rev. Tbc. **6**, 21—34.

TAKATSUKI, S., 1934: On the nature and function of the amoebocytes of *Ostrea edulis*. Quart. J. microsc. Soc. **76**, 379—431.

TRIGT, H. VAN, 1919: A contribution to the physiology of the fresh-water sponges (Spongillidae). Tschr. ned. dierk. Ver. **17**, 1—220.

USSING, H., 1954: Membrane structure as revealed by permeability studies. Pp. 33—41 in "Recent developments in cell physiology", Editor J. A. KITCHING, Colston Papers, 7, 206 pp. Butterworths Scientific Publications.

VOLKONSKY, M., 1929: Les phénomènes cytologiques au cours de la digestion intracellulaire de quelques ciliés. C. r. Soc. Biol. Paris **101**, 133—135.

— 1930: Les choanocytes des éponges calcaires. Les phénomènes cytologiques au cours de la digestion intracellulaire. C. r. Soc. Biol., Paris **103**, 668—672.

— 1933: Digestion intracellulaire et accumulation des colorants acides. Étude cytologique des cellules sanguines des sipunculidés. Bull. biol. France et Belg. (Fr.) **67**, 135—288.

— 1934: L'aspect cytologique de la digestion intracellulaire. Arch. exper. Zellforsch. **15**, 355—372.

VONK, H. J., 1924: Verdauungsphagocytose bei den Austern. Z. vergl. Physiol. **1**, 607—623.

WAGGE, L. E., 1955: Amoebocytes. Internat. Rev. Cytol. **4**, 31—78.

WEEL, P. B. VAN, 1949: On the physiology of the tropical fresh-water sponge. *Spongilla proliferans* Annand. I. Ingestion, digestion and excretion. Physiol. comp. **1**, 110—126.

WENRICH, D. H., 1941: Observations on the food habits of *Entamoeba muris* and *Entamoeba ranarum*. Biol. Bull. Mar. biol. Labor., Woods Hole (Am.) **81**, 324—340.

WESTBLAD, E., 1922: Zur Physiologie der Turbellarien. I. Die Verdauung. II. Die Exkretion. Acta Univ. Lund. **2**, 1—212.

WICHTERMAN, R., 1953: The biology of *Paramecium*. The Blakiston Company Inc., New York and Toronto. 527 pp.

WILBER, G. C., 1945: Origin and function of the protoplasmic constituents in *Pelomyxa carolinensis*. Biol. Bull. Mar. biol. Labor., Woods Hole (Am.) **88**, 207—219.

— 1946: The presence of lipase in *Pelomyxa carolinensis*. Biol. Bull. Mar. biol. Labor., Woods Hole (Am.) **91**, 235.

WILLIER, B. H., L. H. HYMAN, and S. A. RIFENBURGH, 1925: A histochemical study of intracellular digestion in triclad flatworms. J. Morph. **40**, 299—340.

WILLIS, H. S., 1916: The influence of the nucleus on the behaviour of Amoeba. Biol. Bull. Mar. biol. Labor., Woods Hole (Am.) **30**, 253—270.

WITTMANN, H., 1950: Untersuchungen zur Dynamik einiger Lebensvorgänge von *Amoeba sphaerunucleolosus* (Greeff) bei natürlichem „Zeitmoment" und unter Zeitraffung. Protoplasma **39**, 450—482.

WRIGHT, C. S., and M. C. DODD, 1955: Phagocytosis. In "Leukocytic functions". Ann. N. Y. Acad. Sci. **59**, 665—1070. Editor, R. W. MINER.

YONGE, C. M., 1923: Studies on the comparative physiology of digestion. I. The mechanism of feeding, digestion and assimilation in the lamellibranch *Mya*. J. exper. Biol. **1**, 15—63.

— 1926: Structure and physiology of the organs of feeding and digestion in *Ostrea edulis*. J. mar. biol. Ass. U. K. **14**, 295—386.

— 1931: Studies on the physiology of corals III. Assimilation and excretion. Great Barrier Reef Expedition 1928—29. Scientific Reports **1**, 83—92.

— 1954: Physiological anatomy of the alimentary canal in invertebrates. Tabul. biol. Hague **21**, No. 20, 24 pp.

ZACKS, S. I., and J. WELSH, 1953: Cholinesterase and lipase in the amoebocytes, intestinal epithelium and heart muscle of the quahog. *Venus mercenaria*. Biol. Bull. Mar. biol. Labor., Woods Hole (Am.) **105**, 200—211.

Protoplasmatologia. Handbuch der Protoplasmaforschung

Unter Mitwirkung hervorragender internationaler Fachleute herausgegeben von

L. V. Heilbrunn, Philadelphia, und F. Weber, Graz

Das Handbuch erscheint in selbständigen Einzelveröffentlichungen, die zu 14 Bänden vereinigt werden. Jeder selbständig erscheinende Handbuchteil ist einzeln käuflich. Bei Verpflichtung zur Abnahme des gesamten Handbuches, bei Vorbestellung der einzelnen Teile sowie für Abonnenten der Zeitschrift „Protoplasma" ermäßigt sich der Preis um 20%

Bisher sind erschienen:

Die makromolekulare Chemie und ihre Bedeutung für die Protoplasmaforschung. Von Prof. Dr. phil., Dr.-Ing. e. h., Dr. rer. nat. h. c., Dr. (C) h. c. **Hermann Staudinger,** und Dr. phil., Mag. rer. nat. **Magda Staudinger,** beide Staatliches Forschungsinstitut für makromolekulare Chemie der Universität Freiburg i. Br. **Band I. Grundlagen.** 1. Die makromolekulare Chemie und ihre Bedeutung für die Protoplasmaforschung. Mit 27 Textabbildungen. IV, 73 Seiten. Gr.-8°. 1954.
S 117.—, DM 19.50, sfr. 20.—, $ 4.65

Die submikroskopische Struktur des Cytoplasmas. Von Prof. Dr. **A. Frey-Wyssling,** Institut für Allgemeine Botanik der Eidg. Technischen Hochschule Zürich. **Band II. Cytoplasma.** A. Morphologie. 2. Die submikroskopische Struktur des Cytoplasmas. Mit 90 Textabbildungen. IV, 244 Seiten. Gr.-8°. 1955.
S 255.—, DM 42.50, sfr. 43.50, $ 10.10

The pH of Plant Cells. By Prof. Dr. **James Small,** The Queen's University Belfast, Department of Botany. With 3 figures. 116 pages. — **The pH of Animal Cells.** By Professor Dr. **Floyd J. Wiercinski,** Hahnemann Medical College, Department of Physiology, Philadelphia, Pa. With 7 figures. 56 pages. **Band II. Cytoplasma.** B. Chemie. 2. Spezielle Cytochemie und Histochemie. c. The pH of Plant Cells. The pH of Animal Cells. Gr.-8°. 1955.
S 270.—, DM 45.—, sfr. 46.—, $ 10.70

The Enzymology of the Cell Surface. By **Aser Rothstein,** Rochester, New York. With 21 figures. 86 pages. — **Tension at the Cell Surface.** By **E. Newton Harvey,** Princeton, New Jersey. With 13 figures. 30 pages. **Band II. Cytoplasma.** E. Cytoplasma-Oberfläche. 4. The Enzymology of the Cell Surface. 5. Tension at the Cell Surface. Gr.-8°. 1954.
S 168.—, DM 28.—, sfr. 28.80, $ 6.70

Chemistry and Physiology of Mitochondria and Microsomes. By **Olov Lindberg,** Ph. D., and **Lars Ernster,** Ph. D., beide Wenner-Gren's Institute, Stockholm. **Band III. Cytoplasma-Organellen.** A. Chondriosomen, Mikrosomen, Sphaerosomen. 4. Chemistry and Physiology of Mitochondria and Microsomes. With 32 figures. IV, 136 pages. Gr.-8°. 1954.
S 204.—, DM 34.—, sfr. 34.80, $ 8.10

Endomitose und endomitotische Polyploidisierung. Von Prof. Dr. **Lothar Geitler,** Botanisches Institut der Universität Wien. **Band VI. Kern- und Zellteilung.** C. Endomitose und endomitotische Polyploidisierung. Mit 44 Textabbildungen. IV, 89 Seiten. Gr.-8°. 1953.
S 140.—, DM 23.50, sfr. 24.10, $ 5.60

Active Transport through Animal Cell Membranes. By Dr. **Paul G. LeFevre,** Medical Branch, Division of Biology and Medicine, United States Atomic Energy Commission, Washington, D. C. **Band VIII. Physiologie des Protoplasmas.** 7. Aktiver Stofftransport. a. Active Transport through Animal Cell Membranes. With 31 figures. IV, 123 pages. Gr.-8°. 1955.
S 228.—, DM 38.—, sfr. 38.70, $ 9.—

Red Cell Structure and Its Breakdown. By Prof. Dr. **Eric Ponder,** The Nassau Hospital, Mineola, N. Y. **Band X. Pathologie des Protoplasmas.** 2. Red Cell Structure and Its Breakdown. With 58 figures. IV, 123 pages. Gr.-8°. 1955.
S 240.—, DM 40.—, sfr. 40.90, $ 9.50

Protoplasmatische Pflanzenanatomie. Von Dr. **Lotte Reuter,** Privatdozent an der Universität Wien. **Band XI. Vergleichende Protoplasmatik.** 2. Protoplasmatische Pflanzenanatomie. Mit 64 Textabbildungen. IV, 131 Seiten. Gr.-8°. 1955.
S 204.—, DM 34.—, sfr. 34.80, $ 8.10